中国沙漠变迁的地质记录和人类活动遗址调查成果丛书

主编：杨小平　副主编：张晓红　安成邦　张　峰　郑江华

万里古道瀚海沙

——环境考古视角下的中国沙漠及其毗邻地区的人类活动

安成邦　著

科学出版社

北　京

内 容 简 介

沙漠是一种独特的自然景观，干旱少雨是其普遍特征。中国的 12 个沙漠（沙地）横亘在北方，构成了辽阔的沙漠带或者沙漠弧，显著地区别于农耕区和草原游牧区。这里的人类活动历史悠久，有其自身的特征。本书从环境考古的角度，对中国沙漠带的人类活动做了系统的梳理，并对不同区域不同时期的人类活动特征进行了分析，对不同区域的影响因素进行了辨识，对东西方文化交流、丝绸之路变迁等内容也进行了讨论。沙漠就像是一个超级过滤器和缓冲器，把来自异域的狂风巨浪化作激越的溪流，使得东西方文明相通而没有相融。中国沙漠带的人类活动，是文明交流互鉴的生动写照！

本书可供环境考古、历史地理、气候变化等方面的科研工作者和爱好者阅读。

审图号：GS（2002）5101 号

图书在版编目（CIP）数据

万里古道瀚海沙：环境考古视角下的中国沙漠及其毗邻地区的人类活动/安成邦著. —北京：科学出版社，2022.10

（中国沙漠变迁的地质记录和人类活动遗址调查成果丛书）

ISBN 978-7-03-073579-9

Ⅰ. ①万…　Ⅱ. ①安…　Ⅲ. ①沙漠带-人类生存-研究-中国　Ⅳ. ①P942.73

中国版本图书馆 CIP 数据核字（2022）第 195830 号

责任编辑：孟美岑　柴良木/责任校对：何艳萍

责任印制：吴兆东/封面设计：北京图阅盛世

科学出版社 出版

北京东黄城根北街 16 号

邮政编码：100717

http://www.sciencep.com

北京建宏印刷有限公司 印刷

科学出版社发行　各地新华书店经销

*

2022 年 10 月第 一 版　开本：787 × 1092　1/16

2023 年 1 月第二次印刷　印张：12

字数：285 000

定价：169.00 元

（如有印装质量问题，我社负责调换）

《中国沙漠变迁的地质记录和人类活动遗址调查成果丛书》

编辑委员会

丛 书 序

我国地理位置独特，自然环境多样，但从气候格局来讲，可以划分为东亚夏季风环流主导的东部湿润季风区和以西风环流主导及处于西风-季风过渡区的我国干旱半干旱区，后者约占陆地国土面积的1/3，其中干旱半干旱区最引人关注的是沙漠景观。在中文语境中，沙漠包括了以流动沙丘为主的沙漠景观和半固定的沙地景观，面积约60万km^2，是生物生存最严酷的自然环境，也是我们人类面对的最严酷生存环境。正确认识国情、建设生态文明，都离不开对沙漠的科学认识。尤其是要以发展的眼光，把中国的沙漠放在历史的长河中，理解生态环境对人类活动的约束和促进、人类对自然环境的改造和影响。人类文明从何而来？中华文明因何而兴？沙漠区域在中华文明多源一体形成过程中有何作用？史前的跨大陆文化、技术和人群交流，历史时期的丝绸之路，以及新形势下“一带一路”倡议打通欧亚大陆实现一体化发展等都需要经过我国和中亚的干旱半干旱的沙漠地区，其对中华文明发展起到了什么作用？在新的国际竞争形势下，如何建设不同自然环境区域的生态文明？这些关键的科学问题，都是沙漠科学可以发力之处。

纵观人类文明的演化历史，人类社会的每一次进步，都和科学技术的发展相关。当前我国的科学事业正在蓬勃发展、方兴未艾，与沙漠相关的诸多学科，正在迎来最好的发展时期。习近平总书记多次强调，要努力建设中国特色、中国风格、中国气派的学科体系，更好认识源远流长、博大精深的中华文明，为弘扬中华优秀传统文化、增强文化自信提供坚强支撑。他还指出，要从历史长河、时代大潮、全球风云中分析演变机理、探究历史规律。值此民族复兴的伟大时刻，与沙漠相关的诸多学科，是大有可为的。

纵观数千年的灿烂历程，我们中华文明大多数时候都是开放、包容的，不仅向过去开放、向中华文化圈开放，也向未来开放、向世界开放。在航海时代到来之前，中华文明对外开放交流的主要通道是经过干旱半干旱的沙漠地区，其典型代表就是丝绸之路。说到丝绸之路，首先浮现在我们脑海中的场景是大漠驼铃、黄沙古道。其实，沙漠对世界文明和中华文明的贡献远远超出了这一范畴。目前已知的人类最早的文明都和沙漠环境关系密切，比如古埃及文明（周边沙漠和尼罗河冲积平原）、古巴比伦文明（沙漠、沼泽和草原）、古印度河谷文明（高原山地和塔尔沙漠）以及中华文明（高原、平原、西部浩瀚的干旱半干旱环境和沙漠）。

世界上的多数大沙漠和干旱区都是地带性的，与副热带高压的影响密切相关，比如撒哈拉沙漠，就是纬度地带性规律的体现。亚洲中部形成了世界上最大的中纬度内陆干旱和沙漠地带，横亘在欧亚之间，形成了世界上既是经向地带性也可以讲是最大的非地带性干旱区和沙漠景观，而且长期以来是绿洲农业和游牧经济的活动战场，存在历史悠久的强烈人类活动。它们的存在，是地球历史环境演化的结果，需要干旱的气候条件、强烈的风力作用、丰富的沙源供应和能够保持沙子积累的特殊地形，这四者缺一不可，否则就会形成荒漠的其他景观，如戈壁、岩漠、盐漠、泥漠等。沙漠是适应特殊气候条件下的一种自然景观，是生态环境多样性的体现，本身也是优美的，非人力可以强行改变，也不需要人类强行改变，“不为尧存，不为桀亡”。但有的沙漠的发生发展和人类活动密切相关，尤其是汉语语境中的沙地景观。沙漠并不全是黄沙漫天的单调景象，仅从色彩来说，就有红色的、金色的、白色的；沙漠的面貌是多样的，在风和日丽的时候，连绵的沙丘仿佛凝固的浪涛；而在暴风肆虐的时候，狂风卷携着黄沙，把一切都吞噬在直冲天际的滚滚沙尘之中。沙漠环境虽然艰苦，却不是不毛之地，我国的大沙漠如巴丹吉林沙漠内有上百个湖泊，湖泊被高大沙山环绕，湖边有草地、湖滨有胡杨，湖内有水草、有的有卤盐虫、有的有多种鱼类，湖上有候鸟及本地鸟，湖边有黄羊、有骆驼，跨越大沙漠边缘的高大沙山，沙漠内部绝对是另一番景象，已经成为人们欣赏自然风景的探险旅游之地。当然，在这严酷环境，生命一旦孕育，便都会奋力生长，因为艰苦的环境，往往可以磨砺伟大而顽强的生命。

沙漠里的河流和绿洲为人类的生产生活提供了基本的环境保障。但和农耕区、草原区相比，这里的环境更加脆弱，也更加易变。西域古代三十六国不少位于塔里木大沙海区域，且许多早已废弃。很多人听说过尼雅遗址的传说，它确实是深入塔克拉玛干沙漠之中的一个古城，尼雅遗址出土的汉代织锦护臂上“五星出东方利中国”八个汉字清晰可见。但因为尼雅河的变迁，当然更多的是向上游不断扩大的农业绿洲发展，导致径流减少，这里早已没有了富饶祥和的绿洲景象。这只是诸多沙漠演变以及人类活动遗址现状的一个缩影。

中国的沙漠地区自古以来也是多民族交错分布的区域，其绿洲、城镇和交通路线的变化往往与民族的迁徙、繁衍密切相关，长期以来也是影响社会稳定的重要因素。此外，沙漠地区自然环境恶劣、风沙活动频繁、环境变化剧烈，加之长期以来大量开发建设工程的实施，许多自然遗迹和人类遗迹面临着被损毁、侵蚀、埋压甚至永久消失的风险，在全球气候变化背景下生态环境恶化的问题愈加突出。

从科学研究的角度来看，对沙漠自然景观的形成与演变、历史环境变迁、干旱区人地关系的深入研究，都需要深入沙漠看沙漠并准确掌握沙漠的基本特征和人类活动的详细数据。对这一关键区域的研究必将对诸多国际学术界关注的重要科学问题，如全球气候变化的区域响应、农业和驯化家畜的跨大陆扩散、中西方文明和技术交流、人群迁徙等的深入研究起到重要的推动作用。从社会需求的角度来看，充分认识沙漠地区自然状况和人类活动的空间分布和存留现状，一方面可以为总结过去水土资源利用、绿洲开发、聚落城镇发展及其演变规律以及当下国家“山水林田湖草沙冰”一体化治理提供基础数据，另一方面可以对区域可持续发展、生态保护和国防建设起到警示和借鉴作用，同时也对揭示文物古迹的背景和内涵、提升旅游资源品位以及发展旅游经济起到促进作用。

杨小平、张晓虹、安成邦、张峰、郑江华等撰写的这套丛书是国家科技基础资源调查专项调查研究的结果，也是他们在中国沙漠及其毗邻地区过去多年来工作的一个阶段性总结。该丛书从我国八大沙漠、四大沙地的沉积地层记录和人类活动遗迹入手，运用地质、地貌、历史地理、环境考古、遥感等多学科研究方法，勾勒了气候变化背景下我国沙漠和绿洲的环境演化与变迁历史，总结了生态脆弱地区人类适应自然、利用自然、改造自然的宝贵经验与深刻教训。其对中国沙漠的环境演变、现状和特征，以及中国沙漠及其毗邻地区人地关系变迁、中西方文明交流等重大科学问题都有涉及。我很高兴看到这样一套丛书出版，期待以此为契机，给中国沙漠地区的科学研究、学科发展和人才培养注入新的活力，为实施科教兴国的战略做出新的贡献。

中国科学院院士
第三世界科学院院士
中国地理学会理事长

丛书前言

本套丛书是国家科技基础资源调查专项“中国沙漠变迁的地质记录和人类活动遗址调查”（2017FY101000）项目成果的系统梳理和全面总结。时光流转、四时更替，项目立项已五年有余。荏苒岁月中，来自九家项目联合申报单位的三十余位科研工作者紧密围绕项目目标团结协作，多位研究生积极参与科研实践并顺利完成学业，一起为推动祖国沙漠科学研究事业的发展做出了应有贡献。我们的目标简单来讲就是努力提升对我国沙漠环境演变与人类适应的认知水平。这种认知提升一方面源于借助新的技术手段和工具对沙漠地区地质、地貌和人类活动遗迹的广泛野外考察及室内样品分析，另一方面源于对历史文献记录和现代各种观测数据的准确解读。

本套丛书由 5 部各成体系又相互关联的专著组成，它们是《中国沙漠与环境演变》《历史时期中国沙漠地区环境演变与人地关系研究》《万里古道瀚海沙——环境考古视角下的中国沙漠及其毗邻地区的人类活动》《中国北方沙漠/沙地沙丘表沙的粒度与可溶盐地球化学特征》及《中国北方沙漠/沙地调查数据库标准研制、应用与典型沙丘类型遥感识别》。回想起来， 2016 年盛夏时节，当看到科技部科技基础资源调查专项申请指南中有一个方向为“中国沙漠变迁的地质记录与人类活动遗迹调查”时，大家难掩激动与兴奋。犹记得当时一起深入讨论，并通力合作起草申请书的场景。五年多来，项目组成员的考察足迹遍布我国八大沙漠、四大沙地及毗邻地区，在艰苦的野外环境中挥汗如雨，寻找沙漠环境变迁与人类活动的印记。野外考察期间，虽偶有沙漠陷车、酷暑、疫情之扰，所幸一一克服；至今想来，颇为欣慰。团队成员虽成长于不同年代，学科领域也不尽相同，却凭借着对科研工作的诚挚热爱凝心聚力。作为此项目的阶段性研究成果，本丛书是团队集体讨论与合作的结晶。自项目构思伊始，团队每一位参与者都付出了大量的时间和精力，我们殷切希望这种合作精神能够不断发扬光大。

在项目实施过程中，相关领导部门给予了我们莫大的关怀与指导，让我们能够满怀激情地工作。我们特别感谢科技部基础研究司、国家科技基础条件平台中心和教育部科学技术与信息化司的领导及有关负责同志对我们工作的领导与指导；感谢浙江大学地球科学学院、浙江大学科研院、复旦大学科研处、兰州大学科研处、新疆大学科研处等部门对项目的管理、监督和支持。

项目专家组为本项目的顺利实施提供了极大的指导与帮助，值此丛书出版之际，谨向专家组组长陈发虎院士，专家组成员郑度院士、杨树锋院士、周成虎院士、陈汉林教授、董治宝教授、鹿化煜教授、吕厚远研究员等表示诚挚的谢意。在整个项目的实施过程中，我们也有幸得到了多位前辈、专家的热情帮助和广泛支持。囿于篇幅，我们难以将成书的全部过程展现在前言里，也难以将为本项目的顺利实施和本丛书的撰写工作提供无私帮助的全体专家学者一一提及。但我们仍想借此机会，对叶大年院士、杨文采院士、傅伯杰院士、葛剑雄教授、黄鼎成研究员、黄铁青研究员、郄秀书研究员、周少平研究员、雷加强研究员等的悉心指导和鼎力支持表示衷心感谢。值得一提的是，陈发虎院士自始至终都对本项目的具体内容提出了诸多建设性意见，并在百忙中挤出时间为本丛书作序。我们也由衷感谢科学出版社韩鹏编审对本套丛书的详细审阅、编辑和修改。

“不积跬步，无以至千里；不积小流，无以成江海。”希望本套丛书的出版能形成良好的开端，引导更多的有志之士尤其是青年学者投身于沙漠研究之中，引起社会各界的关注与支持，为国际舞台中发出中国沙漠科研之声作出应有的贡献。

在成书过程中，虽然我们得到了多位前辈、学者的指导与指点，但因水平所限，丛书中难免还有诸多不足之处，我们热忱欢迎广大读者不吝指正。

杨小平　张晓虹　安成邦　张　峰　郑江华

本书前言

很多年前读到智利诗人巴勃罗·聂鲁达的诗，里面说仙人掌“而且，你庄严地/抬起长满了刺的/正直的头/你的头孤单单地/露出在大地上[①]”，当时觉得沙漠好可怕。后来身临其境的时候，深为沙漠的景象所震撼：一碧如洗的天幕下，沙丘连绵，如同无数道凝固的金色浪涛，一直延伸到遥远的地平线，如果再有群马奔腾，你就会不知不觉地热血沸腾。这就是沙漠的多面性，从不同的视角、不同的时刻、不同的尺度，人们看到的沙漠都是不一样的。这正如沙漠与人类活动的关系，有的人觉得沙漠是人为破坏的后遗症，誓言要把它改造成万亩良田，有的人认为沙漠自有其存在的道理，不可强行种草种树。我们对于沙漠的认识在革新，沙漠在人类活动中的重要性却无稍减，是我们无法忽略的自然因素。

中国沙漠总面积约 70 万 km^2，其中比较大的沙漠（沙地）有 12 个，如果连同 50 多万平方千米的戈壁在内，总面积为 128 万 km^2，约占全国陆地总面积的 13%[②]。从地理空间来看，大致分布在大兴安岭—燕山—长城一线以北、以西的广大区域，断断续续构成了一个巨大的弧形，可称为中国的沙漠带或者沙漠弧。延续数千年的丝绸之路，越过重重的沙漠和雪山，把人类最悠久的文明联系在一起。东西方的文化交流带来了什么样的后果？丝绸之路为什么要取道沙漠？沙漠对中国文化和中国文明有何意义？研究这许许多多的科学问题，都需要深入了解沙漠地区人类活动的历史。

中国的沙漠多有交通要道穿过，人类活动遗迹异常丰富。目前，我们对中国沙漠地区的人类活动还没有系统、完整地梳理过，对这里人类活动的全貌也还缺乏了解，对不同沙漠区的人类活动的区别和联系尚未深入认识。本书从环境考古的角度，综合运用多学科的手段，对中国 12 个大的沙漠（沙地）及其毗邻区域的人类活动做了全面的调查分析，重现每个区域的人类活动脉络，总结每个区域的人类活动特点，从宏观的角度对沙漠地区人类活动及其驱动因素进行了剖析，意图总结沙漠区人地关系的基本规律，为以后的研究和管理提供历史经验借鉴和科技基础支撑。

本书第一章简要介绍了中国沙漠的分布及地理特征，以及中国沙漠对人类活动的影响，概括性地讨论了中国的沙漠与文化交流。第二章说明了沙漠及其毗邻地区人类活动遗址调查分析方法。第三—七章详细呈现了不同区域沙漠的人类活动的脉络、基本特征；按照沙漠的地理位置及其相互之间的关系，把全部 12 个沙漠（沙地）分为 5 个组团进行了

---

① 巴勃鲁·聂鲁达. 聂鲁达诗选. 邹绛, 蔡其矫, 等, 译. 成都: 四川人民出版社, 1983.

② 吴正. 中国的沙漠. 北京: 商务印书馆, 1995.

分析：新疆的三个沙漠（古尔班通古特沙漠、塔克拉玛干沙漠、库姆塔格沙漠）作为一组，柴达木盆地沙漠单独为一组，阿拉善高原的巴丹吉林沙漠、腾格里沙漠、乌兰布和沙漠为一组，鄂尔多斯高原的毛乌素沙地、库布齐沙漠为一组，内蒙古东部的浑善达克沙地、呼伦贝尔沙地、科尔沁沙地为一组；首先由每一组沙漠（沙地）给出从旧石器时代以来的人类活动脉络，然后分析生业特征等主要的人类活动特点，最后再详细介绍每一组所具有的最鲜明的独特特征，如新疆沙漠的丝绸之路，毛乌素沙地的古城（包括史前与历史时期）等。第八章是全书的总结，讨论了文化互鉴视野下的史前欧亚草原文化对中国沙漠带的影响、中国沙漠带生业模式变迁与农业畜牧业起源及传播、中国沙漠及其毗邻地区对中华文明的贡献等科学问题。

沙漠带是农耕带与草原带的连接带与过渡带，但又有区别。沙漠带不是可有可无的存在，它就像是一个超级过滤器和缓冲器，把来自异域的狂风巨浪化作激越的溪流，使得东西方文明相通而没有相融。如果没有沙漠带，亚欧大陆上的人类活动历史将会是截然不同的面貌。把握住这一点，我们就能深刻体会沙漠带人类活动的独特性及其在中华文明史乃至人类文明史上的地位。

这些年的研究工作中，新疆文物考古研究所、甘肃省文物考古研究所、浙江大学、内蒙古大学、复旦大学、新疆大学等单位的朋友们给我提供了极大的便利和支持，在此致以无限的谢忱！团队成员对我的工作提供了充分的智力支撑和时间支撑，硕士研究生郑力源、刘露雨绘制了部分图件，博士研究生卢超、张永也有贡献。再次谢谢各合作单位的朋友们、我的团队成员和我的学生，你们的好意和辛劳，我一直未曾忘却！是你们成就了我。最后，感谢陈发虎院士对我一直以来的指导和包容，感谢冯兆东教授对我的启迪和教诲。

虽然初始的设想很宏大，但本人水平有限，最终呈现在大家面前的书稿却有些骨感。书中不足之处，敬请读者批评指正。

安成邦

2022 年元月于兰州大学祁连堂

目　录

第一章

中国的沙漠与人类活动

对于沙漠，不同的人有不同的认识。唐代诗人岑参笔下的沙漠荒凉而遥远："黄沙碛里客行迷，四望云天直下低。为言地尽天还尽，行到安西更向西。"从这首景象雄浑、意境阔大的古诗中，可以体会到初临沙漠的茫然和眺望远方的豪情。李贺未曾到过沙漠，就发挥自己的想象，写下了雄奇而瑰丽的景象："大漠沙如雪，燕山月似钩。何当金络脑，快走踏清秋"，抒发了渴望建功立业、纵情驰骋的热望。由此可知，对于大众来说，沙漠是一种熟悉而又陌生的自然景观，到底什么样的地貌或者景观属于沙漠呢？

首先，沙漠往往都是干旱少雨的，中国最干旱的地方就是塔克拉玛干沙漠。所以，说起沙漠，我们不会想起松涛林海，浮现在我们脑海中的会是绵延起伏的沙丘，或者偶然出现的盐湖，以及仙人掌等耐旱的植物。沙漠中的动植物往往都是适应了相对干旱的气候的。例如，著名的风滚草，当气候变得干旱的时候，它们会把自己的根从沙土里收缩回来，全身的枝条收缩成一团，随着风在沙漠中四处飘荡，沿途播撒下自己的种子。一旦条件合适，如沙漠中突然下了一场雨，这些种子会快速发芽，继而抽枝开花（袁国映，2008）。

其次，沙漠的地表一定是沙，这是它和戈壁的最大区别。戈壁也很干旱，但它的地表覆盖的是砾石或者粗砂，或者直接是裸露的岩石。可以想象一下著名的黑戈壁，这里的地表要么覆盖着大大小小的砾石，要么是巉岩裸露的矮丘，砾石历经岁月的磨砺，在干旱的气候条件下，在表面形成了一层厚 1mm 左右、乌黑发亮的深褐色铁锰化合物层，宛如涂上了一层黑色的油漆（中国黑戈壁地区生态本底科学考察队，2014）。沙漠因为地表基本都是比较松散的沙，所以非常容易起沙。沙漠地区每年的起沙风可以达到 300 天以上，成为全球首屈一指的粉尘源地。

最后，沙漠是多种多样的。有的沙漠非常荒凉，如塔克拉玛干沙漠，流沙广布，每年的春夏季节，沙尘肆虐；有的沙漠相对温和，甚至能看到小片的草原，如科尔沁沙地。有的沙漠非常广袤，纵横数百上千公里，有的沙漠非常小，甚至被草原湖泊等隔断成不同的小片。当然，在物质组成等方面（如微量元素），不同的沙漠也会略有差异（朱震达等，1980）。

沙漠不是人类活动的禁区，与此相反，沙漠是人类文明诞生和发展的重要区域。我们熟知的人类最早的文明诞生地——两河流域，有大大小小的许多沙漠，更不用说古埃及文明和古印度河文明，都是沙漠里开出的文明之花。也有人说，沙漠深处，生长着不朽的印第安文明（章夫，2017）。即使在被称为“干极”的智利的阿塔卡马沙漠，这里的年降水量小于0.1mm，但人类在此居住的历史达到了几千年，且人口还在不断地增加（宋绍鹏，2017）。2015年，这个几百年没下过雨的沙漠居然破天荒地下了一场大雨，大雨过后，那些藏在沙漠里的休眠花朵开遍了整个沙漠，五颜六色的，给这个常年灰黄的沙漠带来了无限的生机。

但是，沙漠的自然环境对于普通人来说，是个很大的挑战。我们都知道玄奘西天取经的故事，真实的故事当然不会如同《西游记》所描绘的那般有无数的神仙菩萨来排忧解难，真正历史上的玄奘法师是靠着自己坚忍不拔的意志，克服了常人难以想象的困难，走过了一个又一个的沙漠。他甫一离开大唐的疆界，就进入了莫贺延碛（今日敦煌、哈密之间的哈顺戈壁），“四顾茫然，人鸟俱绝。夜则妖魑举火，烂若繁星；昼则惊风拥沙，散如时雨。虽遇如是，心无所惧。但苦水尽，渴不能前。是时四夜五日，无一滴沾喉，口腹干焦，几将殒绝……”（《大慈恩寺三藏法师传》）。这段记载，清楚地说明了进入沙漠最关键的就是饮用水是否充足，其次是风沙影响（“惊风拥沙，散如时雨”）。

所以，沙漠中的人类活动大多集中在河流沿岸或者河流尾闾的绿洲上。例如，著名的沙漠遗址圆沙古城，即使它现在被沙漠侵蚀、覆盖，但在它的兴盛时期，必然是不同的，当时克里雅河尾闾的绿洲应该比现在大，气候比现在湿润（杨小平等，2021）。随着沙漠各方面的变化（气候变化或者水系变化所导致，或者人类活动所引起），人类活动必然会有响应，如流沙扩张时居民地的迁徙、流沙固定时人类活动的增加。但同时，人类活动必然会对沙漠本身产生影响，如人类的不当垦荒引起的固定沙丘的活化、草地沙化等现象（景爱，2000；孙永刚，2007；巫新华，2019）。

沙漠中非常干旱，不适宜人类生活，但却能够很好地保存人类活动的遗迹。也正是因为这样的特质，考古工作者才能够从新疆的沙漠里发现数千年前的干尸，找到印有“五星出东方利中国”的古代丝绸。从某种程度上说，沙漠是人类活动遗迹的天然保存库。中国北方的沙漠，保存了大量人类活动的信息。

第一节　中国沙漠的分布及地理特征

中国的沙漠主要分布在干旱半干旱区（朱震达，1989），从地理空间来看，大致分布在大兴安岭—燕山—长城一线以北的广大区域，断断续续构成了一个巨大的弧形，可称为中国的沙漠带或者沙漠弧（图 1-1）。这个沙漠弧可以分成东西两段：西段基本都称为沙漠，东段多称为沙地。具体来说，西段首先是新疆的沙漠，包括了塔克拉玛干沙漠、古尔班通古特沙漠、库姆塔格沙漠，其西南的青藏高原上的柴达木盆地等有柴达木盆地沙漠等分布，向东是阿拉善高原上的巴丹吉林沙漠、腾格里沙漠、乌兰布和沙漠。东段是贺兰山以东直至大兴安岭的广大区域，依次有鄂尔多斯高原北部的库布齐沙漠、其南部的毛乌素沙地，以及内蒙古东部的浑善达克沙地、科尔沁沙地和呼伦贝尔沙地。西段除了青藏高原上的沙漠被山脉阻隔、相对孤立外，新疆地区和蒙古高原上的沙漠，通过戈壁，东西贯通，共同构成了巨大的内陆干旱区域。东段的沙漠（沙地），除了库布齐沙漠和毛乌素沙地相邻外，浑善达克沙地、科尔沁沙地以及呼伦贝尔沙地周围皆被草原所环绕。浑善达克沙地和科尔沁沙地相距最近，中间被大兴安岭的余脉所隔开。

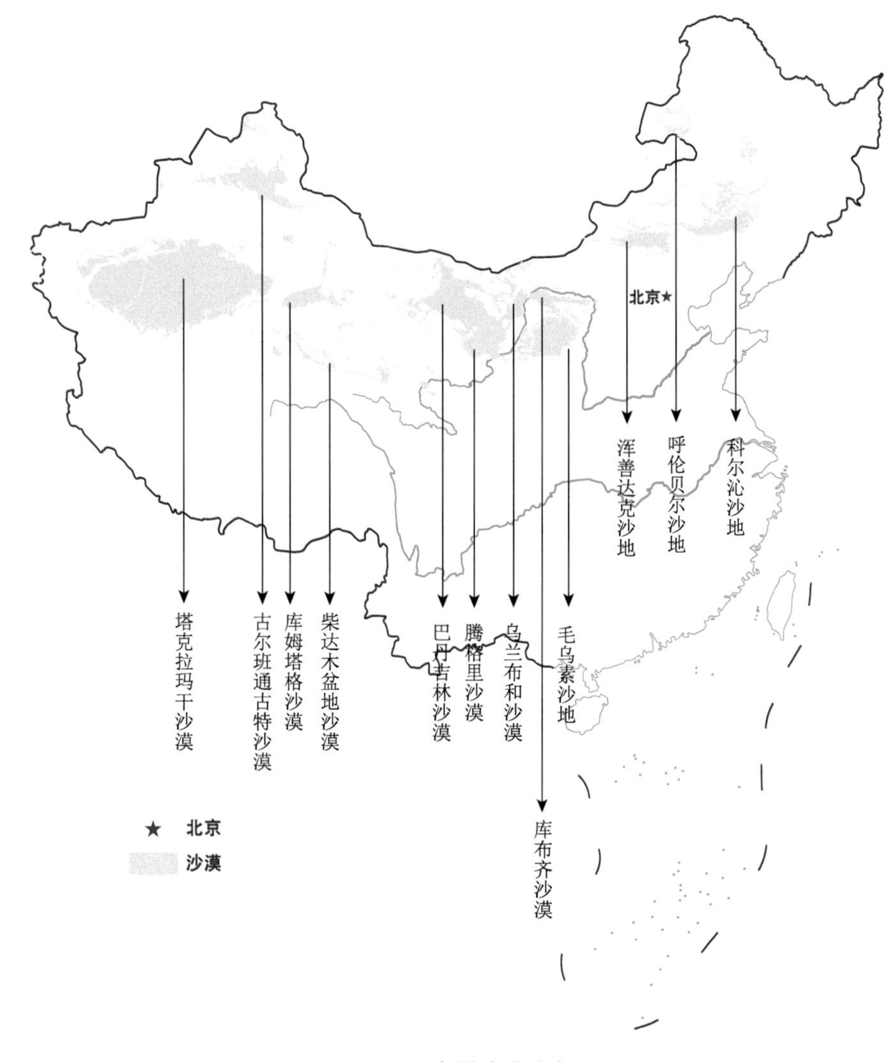

图 1-1　中国沙漠分布

一、中国 12 个沙漠（沙地）的概况

翻开任何一版《中国自然地理图集》，我们都可以发现，虽然都是沙漠（沙地），但它们的降水、气温、地貌等地理特征方面各不相同。塔克拉玛干沙漠位于新疆塔里木盆地，是我国最大的沙漠，也是世界第十大沙漠。其大致分布范围是 77°E～90°E，37°N～41°N，

东西大致超过 1000km，南北宽约 400km，面积超过 33 万 km^2（中国科学院兰州沙漠研究所，1980）。其北部是高峻的天山，其南部是巍峨的昆仑山，所以塔克拉玛干沙漠处在一个相对封闭的位置，平均年降水量不超过 100mm，最低只有几毫米；而平均蒸发量却高达 2500～3400mm。发源于周边山地的河流向沙漠方向流动，供养了大大小小的绿洲。沙漠里沙丘绵延，流动沙丘很多。昼夜温差较大，而且风力活动频繁（李江风，2003）。唐诗里描述的“轮台九月风夜吼……随风满地石乱走”在这里可以算是相当写实的描述了。

相对于塔克拉玛干沙漠而言，古尔班通古特沙漠可以说是相当“安静乖巧”的了，从面积上来说，它仅次于前者，是我国的第二大沙漠，面积约 4.88 万 km^2（朱俊凤和朱震达，1999）。它的具体位置在新疆准噶尔盆地中央，玛纳斯河以东及乌伦古河以南，大致位于 84°E～91°E，44°N～46°N。相比较而言，这里的降水要多一些，年降水量 70～150mm，境内绝大部分为固定和半固定沙丘，流动沙丘不多（魏文寿和刘明哲，2000）。尤其在每年冬天，当冬雪陆续降下，沙漠被薄薄雪层覆盖，从空中俯瞰，大地一片洁白，牧人驱赶的牧群在雪地上留下的路线像是在巨大的画布上画下的优美线条。

库姆塔格沙漠不比前两者有名，但和它关系紧密的罗布泊、敦煌以及楼兰古城可谓是大名鼎鼎。其分布范围为 90°E～94°E，39°N～40°N。具体来说，其北至敦煌雅丹地质公园，南抵阿尔金山，西以罗布泊“大耳朵”为界，向东一直绵延至敦煌鸣沙山附近。总体而言，其地势呈现出南高北低的格局，气候极端干旱，年降水量在 30mm 以下，是干燥多风的区域，一年之中 8 级以上大风天数多达 100 天（赵勇等，2010）。该沙漠面积不大，但因为地处甘肃与新疆之间的交通要冲，在古代非常有名，且以变幻莫测、极其恶劣的自然环境而闻名。库姆塔格沙漠及其紧邻的哈顺戈壁，构成了古代通向西域的险途。玄奘法师途经此处西去取经，数次遇险，后来在《大慈恩寺三藏法师传》中，用“夜则妖魑举火，烂若繁星；昼则惊风拥沙，散如时雨”来形容这里的环境。

柴达木盆地沙漠位于青藏高原东北部的柴达木盆地内，是我国唯一一个位于高海拔地区的沙漠，位于 100°E～102°E，37°N～38°N，总面积约为 3.49 万 km^2（朱俊凤和朱震达，1999）。柴达木盆地沙漠的一个显著特征就是高海拔，平均海拔高于 2800m，柴达木盆地沙漠四周被各种山脉所环绕，包括阿尔金山脉、祁连山山脉等。柴达木盆地沙漠自然环境非常脆弱，风蚀风化非常严重，风蚀地貌分布集中而且多，占盆地内沙漠总面积的绝大部分，由于各种风蚀地貌的分割，导致沙丘、戈壁、盐湖、盐土平原交错。沙丘比较集中的是在盆地西南部的祁曼塔格山、沙松乌拉山北麓等地，形成一条大致呈西北-东南向的断续分布的沙带。柴达木盆地沙漠由于受到特殊的自然条件的作用，形成了如贝壳梁、芦苇船、雅丹地貌等非常奇特的地貌。柴达木盆地沙漠气候干燥，其西部年降水量仅为 10～25mm，东部年降水量为 50～170mm，常年的降雨量都非常小，由于位于高海拔地区，常年风多且大。同时常年受到西风环流的控制，风沙活动主要集中在春季（吕嘉，2003）。另外，共和盆地等处也有零星沙地。青藏高原上的这些沙漠及周边，游牧文化留下的遗迹有很多。

巴丹吉林沙漠、腾格里沙漠、乌兰布和沙漠都位于阿拉善高原，在空间上通过戈壁荒漠基本相连，其西部紧邻河西走廊。巴丹吉林沙漠，位于 98°E～104°E，39°N～42°N，具体来说，地处内蒙古自治区阿拉善盟阿拉善右旗北部，雅布赖山以西、北大山以北、弱水以东、拐子湖以南，面积 4.43 万 km^2，但近些年巴丹吉林沙漠的面积有所扩大，已经超过古尔班通古特沙漠，成为我国新的第二大沙漠（朱金峰等，2010）。高耸的沙山、神秘的鸣沙、静谧的湖泊、圣洁的寺庙，共同构成了巴丹吉林沙漠独特的迷人景观，沙漠冲浪更是吸引了许多游客前往。巴丹吉林沙漠年降水量不足 40mm，但是沙漠中的湖泊竟然多达 100 多个。这些湖泊周边是史前及历史时期人类活动比较集中的区域。

腾格里沙漠位于巴丹吉林沙漠以南，地理位置是 102°E～106°E，37°N～40°N。其向南可以抵达宁夏境内，向东抵达银川北部，向西则快到达黄河，总面积约 4.3 万 km^2。腾格里沙漠分布着广泛的沙丘，由于风活动频繁，所以这些沙丘以流动沙丘为主。流沙的扩张，一直困扰着周边的区域。相较于巴丹吉林沙漠来说，这里的年降水量已经增加到 100mm 以上，湖泊更多（苏俊礼等，2016），其边缘的猪野泽更是从汉代以来就记述不绝。

乌兰布和沙漠位于我国的内蒙古自治区阿拉善盟和巴彦淖尔市范围内，乌兰布和沙漠的西部有巴丹吉林沙漠，向东邻近黄河和库布齐沙漠。具体来说，乌兰布和沙漠北至狼山，东近黄河，南至贺兰山麓，西至吉兰泰盐池，总体的地势为由南向西倾斜，面积不是很大，总面积约为 1 万 km^2（朱俊凤和朱震达，1999）。乌兰布和沙漠虽然处于黄河附近，但是降水仍然不多，多年平均降水量为 102mm，年均蒸发量大于 2000mm，可以说气候非常恶劣。沙漠南部多流沙，中部多垄岗形沙丘，北部多固定和半固定沙丘（李新乐等，2018）。这里因为毗邻黄河，地下水比较丰富，垦殖的历史较为悠久。汉代在这里设置了三封、临戎等县，归朔方郡管辖，昭君出塞的故事，就发生在这里。王昭君前往匈奴和亲，是从乌兰布和沙漠的鸡鹿塞离开汉境，前往漠北的（孟洋洋，2016；王绍东和郑方圆，2015）。

到贺兰山以东，沙漠（沙地）的面貌为之一变。首先是年降水量大大增加，库布齐沙漠东部的年降水量可达 400mm 以上。这个沙漠的形状相当独特，黄河在中华大地上画了一个大大的“几”字，该沙漠就紧贴着“几”字弯的南岸，东西长数百公里，南北宽不超过 50km，总面积约 1.61 万 km^2（朱俊凤和朱震达，1999），经过近些年的大力治理，流动沙丘的数量大为减少。库布齐沙漠地势相对平坦，多为河漫滩地和黄河阶地，加上降雨量较大，以及濒临黄河、地下水丰富，历代垦殖不绝。

毛乌素沙地是我国的四大沙地之一，位于 107°E～111°E，37°N～39°N，横跨内蒙古自治区、陕西省和宁夏回族自治区的交接区域，面积约 4.14 万 km^2（王熙章和李红燕，1994）。毛乌素沙地的南部是著名的黄土高原，其四个方向都没有高山或者河流作为明显的边界，沙丘基本是固定或者半固定的，同时降水较多（250～400mm），植被相对丰茂。前些年流沙广布，荒漠化扩张，近些年随着治理力度的加大，流沙基本被固定，植被覆盖进一步增加（郑玉峰等，2015）。这里不仅史前遗迹众多，历史时期的遗迹也随处可见。

浑善达克沙地位于内蒙古中部锡林郭勒草原南端，地处 112°E～117°E，41°N～44°N，东西长约 450km，南北平均宽约 80km，面积 2.14 万 km^2（景爱，2002）。这里距北京直线距离 180km，是离北京最近的沙源。浑善达克沙地地势总体表现为东高西低，多为固定和半固定沙丘，流沙面积不大。受东亚季风影响，境内沙丘呈西北西-东南东方向排列。沙地边缘广布丘陵、剥蚀低山，西北部发育典型温带草原，南部区域沙丘连绵不断。年降水量由沙地东南 400mm 向西北（约 150mm）递减（刘树林等，2005）。明显区别于中国沙漠弧西段的沙漠，浑善达克沙地有相对丰富的河流，主要有东部的西拉木伦河，东南部的滦河和闪电河，北部的锡林河，中部高格斯台河和公格尔音郭勒河。沙地内分布有 110 个面积不等的内陆湖泊（泡子），东部多为淡水湖，西部主要为盐碱湖（吴正，1995）。这些大大小小的湖泊为迁徙的候鸟提供了极佳的中途栖息地，每到迁徙季节，群鸟翔集，蔚为壮观。

科尔沁沙地位于 119°E～124°E，42°N～45°N，具体来说，位于我国东北平原的西部、内蒙古自治区东南部，东部以吉林省双江县为界，西部以内蒙古自治区翁牛特旗巴林桥为界，北部和南部介于大兴安岭东麓丘陵和燕山北部之间，沙地面积 3.51 万 km^2，年降水量可达 300～400mm，沙地东南部邻近半湿润区，降水量相对更高（渠翠平等，2009）。科尔沁沙地是京津沙尘暴的发源地之一，该地区环境最突出的特点是风大。亲临其地，就可以看到这样的景观：沙地与草原交错出现，除了大片草地外，还有零星的小片森林，自然条件优越。在新石器时代，科尔沁地区保存着大量红山文化与富河文化等遗迹，这说明那时人类已经开始在这里生息与繁衍。在古代，这里算是水草丰美之地，如契丹、乌桓、匈奴与东胡，都曾在这里驻牧（赵哈林等，2003）。

呼伦贝尔沙地可谓是我国纬度最北的沙漠（沙地），地理位置为：117°E～121°E，47°N～49°N，面积近 1 万 km^2（景爱，2002）。具体来说，地处内蒙古自治区呼伦贝尔市中部，呼伦贝尔草原腹地，东与大兴安岭西麓丘陵相邻，西与克鲁伦河、呼伦湖相连，南与蒙古国接壤，北至海拉尔河北岸。总体地势四周高，中间平坦。沙地相对不连续，海拉尔河南北两岸、呼伦湖东岸、乌尔逊河与伊敏河、辉河右岸的平原上，分布三条大的沙带与零星沙丘堆积，多为固定、半固定的沙丘，草原与沙地相互镶嵌，倒也不失为一种独特的景观。气候处于半干旱半湿润的过渡地带，年降水量达 280～400mm（赵慧颖，2007）。河网分布比较密集，有几大湖泊与河流，主要湖泊有呼伦湖、贝尔湖，主要河流有海拉尔河、额尔古纳河、伊敏河、克鲁伦河和乌尔逊河等。这里地处欧亚草原带的东端，人类活动历史悠久，著名古人类学家裴文中先生命名的“扎赉诺尔文化”就在这里，其历史超过了 1 万年。

以上这些大大小小的沙漠（沙地）共同组成了中国北方的沙漠弧。虽然因为气候变化和人类活动，其边界曾出现过不同程度的变化，但其主体的地理位置，基本没有大的变化，这为中国北方的人类活动，提供了独特的环境条件。

二、中国沙漠的地貌类型

沙漠地貌最主要的塑造力量是风力。风既可以侵蚀，也可以堆积，所以沙漠中的地貌基本可以分为两类：风蚀地貌和风积地貌。

风力对地表物质的吹蚀和风沙的磨蚀作用，统称风蚀。常见的风蚀地貌类型有风蚀石窝、风蚀蘑菇、风蚀洼地、雅丹等。闻名遐迩的乌尔禾魔鬼城、哈密魔鬼城等都是风蚀地貌的典型。风蚀在岩石表面形成的蜂窝状外貌，即为风蚀石窝；在垂直节理发育的不坚硬的岩石中，基部受风蚀作用强，上部受风蚀作用弱，逐步形成上大下小的蘑菇状岩体，即为风蚀蘑菇，如果上下大小基本一致，往往称为风蚀柱；风蚀造成的小而浅的碟形洼地，即为风蚀洼地，往往沿着主风向伸展，如果风蚀洼地加上流水的作用，会形成大型风蚀洼地；河湖相堆积物地区或者岩石松软地区发育的风蚀柱、风蚀垄和风蚀洼地相间的地貌形态就是雅丹地貌。库姆塔格沙漠的白龙堆就是自古驰名的雅丹地貌，《汉书·西域传》中记载："楼兰国最在东垂，近汉，当白龙堆，乏水草。"

沙是比较松散的沉积物，在风力的堆积作用下，沙漠里形成了多种多样的地貌，常见的风积地貌类型有流沙、沙堆、沙垄、沙丘等。所有的风积地貌基本都和沙丘有关，或者是形成中的沙丘，或者是消失中的沙丘，都是风力堆积作用形成的不同形态。

流沙就是松散得好似水一样流动的沙。通常语境中的流沙是沙漠当中在风力吹动下平铺的无形状的沙地，或者是随着风力像水一样蔓延的片状散沙。还有一种很危险的像沼泽一样可以陷人的流沙，出现在水分比较多的区域，如河流附近。这种流沙是当一片散沙带的水分达到饱和时，普通沙子就会像液体一样运动，从而形成的。如果被沙子捕获的水分无法从中脱离，就会形成液化土，液化土无法再承受重量，人或者动物走上去，就会迅速地下陷进去。有两种方式（上涌的水流和人的活动）可使沙子的流动程度增加，最终形成流沙（默青，1984；王霖，2005）。

沙堆，是沙在风力的搬运下，遇到阻力或者风力减弱，开始在一处堆积而成。它可以看作是沙丘和沙垄形成的初始阶段。例如，在沙漠中有时可以见到，一棵比较大的红柳或者梭梭，在它的背风方向，因为红柳或者梭梭的阻挡，风力减弱，沙子沉积下来，堆成了一堆，这就是最初始的沙堆（刘树林，2007）。

沙丘是沙子在风的作用下堆积成的小丘状或者垄状的一种地貌形式。所以，它可以看作是"长大"了的沙堆。沙丘有大有小，高大沙丘的高度可以达到数百米。根据形态，沙丘主要有以下三大类：①新月形沙丘，又称横向沙丘。平面如新月，沙丘两侧有顺风向前延伸的两个尖角，高度一般在数米至十余米。迎风坡为凸坡，较平缓；背风坡为凹坡，坡度较陡。其形成过程可分为饼状沙堆阶段、盾状沙丘阶段、雏形新月形沙丘阶段和新月形沙丘形成阶段。风沙流流经沙堆产生风速和气压变化，沙堆顶风速大，气压小，背风坡风速小、气压大，沙堆背风坡形成涡流，将沙子堆于沙堆背风坡的两侧，并形成背风坡两尖角之间的马蹄形小凹地，凹地继续扩大，雏形新月形沙丘形成。再通过不断加积，沙丘增大，背风坡的沙粒因重力下滑，涡流再吹向两侧，发育两翼，典型的新月形沙丘便形成。新月形沙丘相互连接形成新月形沙丘链、复合新月形沙丘和复合沙丘链等形态。当横向沙丘在地面上遇植物灌丛阻碍时可以形成抛物线沙丘，平面形状与新月形正好相反。继续发育形成平行低矮的双生沙垄。②纵向沙垄。沙丘形态的伸展向与主要风向基本一致，在平面上呈长条状展布，最长达数十千米，高数十米，宽数百米。沙源丰富时形成复合型纵向沙垄。③在一个或若干个方向占优势的多方向风、风力较均匀的多方向风作用下，在山前或地形较复杂的地区可形成金字塔沙丘、蜂窝状沙丘等（费多罗维奇，1962；朱震达等，1980）。

根据地表的活动程度，沙丘又可分为固定沙丘和流动沙丘。顾名思义，固定沙丘的地表基本固定，形态也基本固定，地表往往被植被覆盖或者部分覆盖，起风时，沙丘上的沙粒基本不发生移动。流动沙丘与之相反，地表植被稀少，在风力作用下，沙丘沙顺风向移动，导致沙丘整体顺着风向移动（陈广庭和王涛，2008）。

植物在沙堆、抛物线沙丘、树枝状沙垄等风积地貌的形成中，也有着重要作用。固定、半固定沙丘也不断发生变化。沙丘形态可能会因为风向、植被等变化而变化，也可能会因为接受风积而增高、扩大和延伸。因为自然条件改变或人类活动的影响，固定、半固定沙丘可转变为流动沙丘；反之亦然（朱震达，1989）。

三、中国沙漠的形成及其气候环境变化

1. 沙漠的形成

新生代之初距今 6500 万年，也就是从恐龙灭绝的那个时期起，地球的气候没有以前那么温暖湿润了。尤其是随着印度板块和欧亚板块的碰撞，青藏高原逐步隆升，进而引发亚洲内陆干旱程度增加、特提斯海退缩（它曾经覆盖到塔里木盆地）。在青藏高原隆升、全球降温以及新的盆地-山脉的地貌格局影响下，距今 340 万年以后，现代沙漠格局的雏形逐渐形成。青藏高原地区自晚新生代以来的强烈隆升，特别是青藏高原北部及东北部昆仑山、祁连山和贺兰山的隆升，促成了高原东北缘和北缘大型沉积盆地的形成，为沙漠发育提供了良好的场所，这些新隆起的山脉除了阻挡来自亚洲季风的水汽输入，还为盆地提供了大量的碎屑物质，为沙漠的形成准备了物质条件。干旱区的河流把这些碎屑堆积到盆地或者湖泊中，为沙漠的形成做好了最后的准备（朱震达，1989）。所以，中国西部干旱区沙漠的形成可以归结为“隆升—河湖—沙漠”模式，即：中国西部干旱区的沙漠主要发源于地球构造引起的山地隆升，继而形成大的山地-盆地的地貌组合，山地的碎屑物质被河流等搬运到盆地或者湖泊中，干涸湖盆、河流和冲/洪积扇为沙漠的形成准备好了物质，这些物质在风力的主导下形成了沙漠。

我国西北干旱区的降温与干旱化是同时发生的。晚新生代全球降温的直接表现是北半球冰盖的形成和增大。格陵兰岛冰盖出现在距今 700 万年，北极冰盖的形成在距今 270 万年以前（Larsen et al.，1994；Haug et al.，2005）。概括来说，距今 340 万年以前，塔克拉玛干沙漠西部和古尔班通古特沙漠出现；距今 280 万年以前，塔克拉玛干沙漠和古尔班通古特沙漠开始扩张，但塔克拉玛干沙漠东部的罗布泊地区还没有形成沙漠；距今 90～60 万年，塔克拉玛干沙漠、古尔班通古特沙漠继续扩张，柴达木盆地沙漠、巴丹吉林沙漠、腾格里沙漠出现并形成；距今 15 万年以前，中国西北的大型沙漠进一步扩张，中国东部的沙漠和沙地开始出现和扩张。

按照物源来划分，沙漠可以划分为两大类（朱震达等，1980；吴正，2009）：一类是在干旱区的基岩风化以后就地起沙，如毛乌素沙地北部、浑善达克沙地西部、鄯善附近的小片沙漠等；另一类是以水成沉积物（河流、湖泊、冲洪积沉积）为物质来源，如塔克拉玛干沙漠、古尔班通古特沙漠、库姆塔格沙漠、柴达木盆地沙漠、巴丹吉林沙漠、腾格里沙漠、乌兰布和沙漠、库布齐沙漠、浑善达克沙地、科尔沁沙地等。

2. 全新世中国沙漠的气候变化

240多万年前地球进入第四纪，其气候特点是冰期-间冰期交替，古气候学者称为旋回。旋回的时间（即周期）以万年计，但是并不稳定，冰期气候寒冷，间冰期气候温暖。最近一个旋回开始于约13万年前，那时地球气候与现代的温暖程度大致相当（图1-2），到2万年前左右达到最冷，称为末次冰盛期（last glacial maximum，LGM）（Waelbroeck et al., 2002）。在每个冰期-间冰期旋回中，温暖时期是比较短暂的，一般为1万～2万年。末次冰盛期之后处于冰消期（冰盖消融的时期），北半球陆地上的劳伦泰冰盖（在北美）、斯堪的纳维亚冰盖（在北欧）相继瓦解。但是，就在气候已回暖到接近现代的情况下，又发生了一次激烈的气候波动，称为“新仙女木”事件。以北大西洋北部为中心，气候迅速变冷。但是寒冷仅持续了1000年左右，又快速回暖，所以称为气候突变。这是末次冰期中最后一次气候突变。“新仙女木”事件之后，即进入全新世。

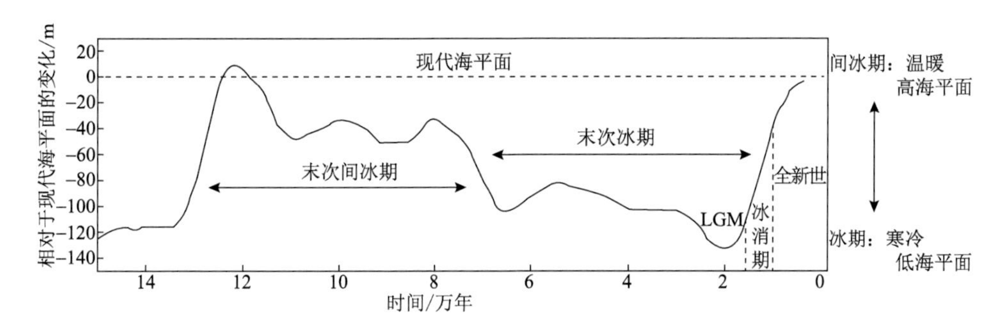

图1-2　末次间冰期以来的海平面变化

横坐标0代表现代

全新世是最年轻的地质年代，从距今1.15万年以前开始。全新世与更新世的界限，以末次冰期结束、气候转暖为标志，因此又称为冰后期。作为间冰期，全新世气候温暖湿润，此时人类已进入现代人阶段，但是仍不断出现冷干气候事件。这些冷干事件一般只持续几百年，但是对人类社会的发展却有很大的影响，我们都知道人类文明主要是在全新世期间产生并繁荣起来的。

我国大部分区域受东亚夏季风影响，夏季温暖湿润，通常称为季风区；西北内陆主要受中纬度西风的影响，比较干旱，被许多学者称为西风区或者西风影响区，两者的界限就是季风边界，古人所谓“春风不度玉门关”比较恰当地说明了这种分界，玉门关以西基本不受现代季风的影响。

从机制上来说东亚夏季风通常是指东亚对流层低层盛行的西南气流，而我国东部夏季风降水出现在最强西南气流中心前端，这个降雨带的位置就位于西北太平洋副热带高压的西北侧。因而，当东亚夏季风环流偏强时，盛行在我国东部的西南气流或副热带高压偏强，并推进到更偏北位置，伴随着异常南风盛行在我国东部，常常造成东部季风雨带位置偏北，最终导致中国北方降水更多。

就目前的研究结果来看，全新世东亚夏季风降水最强盛时段发生于中全新世，即距今

8000～3000 年（Chen et al.，2015）。类似地，黄土高原上的古土壤大多数形成于距今 8600～3200 年；在此期间，毛乌素沙地、浑善达克沙地、科尔沁沙地、呼伦贝尔沙地等四个沙地的风沙活动减弱（Chen et al.，2015）。在中全新世气候湿润期，腾格里沙漠南部边界向北退缩了 20km 左右（冯晗等，2013）。也有许多湖泊记录指示，中全新世的气候湿润期结束于距今 4000 年左右（Xiao et al.，2004；Wen et al.，2010）。不论如何，它们都指示在龙山时代及以后，中国季风区的气候湿润程度下降，风沙活动增强。而在西风区，气候湿润程度在中晚全新世增加。这种干湿交替的变化，在大的时空尺度上具有一致性（图 1-3）。

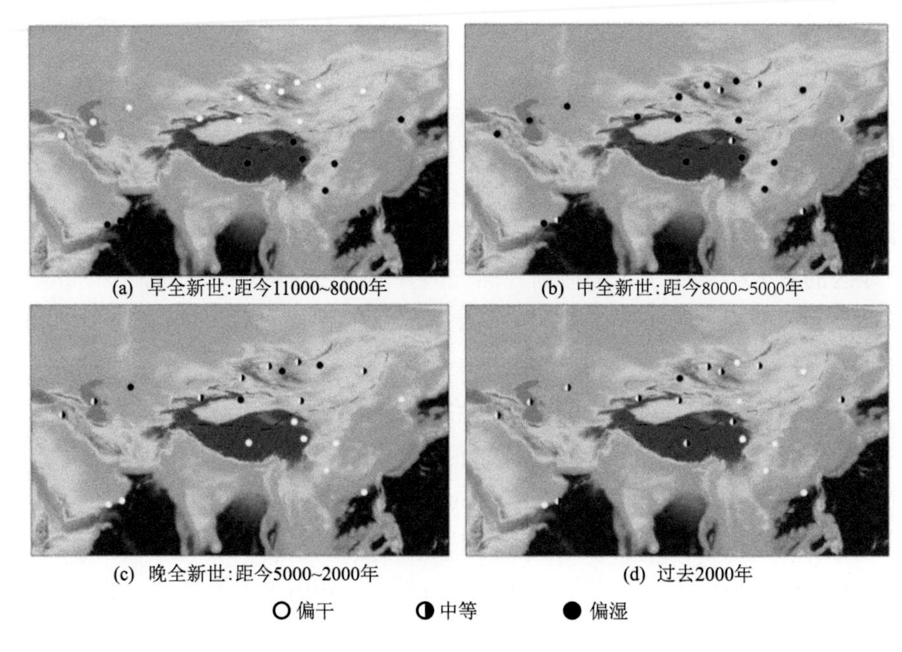

图 1-3 全新世期间不同地点的干湿条件时空变化示意图

图中虚线代表季风边界

我国的西风影响区主要是新疆，现代气候条件极端干旱，地貌以巨大的山地-盆地为特征，盆地中自然景观主要为沙漠/荒漠，每年向大气中输送大量的粉尘。对天山的全新世气候记录的研究表明，西风影响区在早全新世较为干旱，在中晚全新世相对湿润（Chen et al.，2008）。但风沙活动的记录表明，距今 3500 年之后，塔克拉玛干沙漠等地的风沙活动明显增强（Han et al.，2019）。

第二节 中国沙漠对人类活动的影响

沙漠对人类活动的影响是无法忽视的。从我们人类的角度出发，对于沙漠的观感也很复杂。有的人热爱沙漠，对其雄浑壮美赞不绝口；有的人痛恨沙漠，尤其是沙尘漫天的时候，恨不得让沙漠“搬家”。而从沙漠的角度出发，沙漠为人类活动提供了一种相对独特的条件，使得人类不得不去适应它。

相对于地球 45 亿年的历史而言，人类是个非常年轻的物种，其历史只有区区数百万年，欧亚大陆发现的最早的人类活动历史也不过 200 万年左右。但对于我们个体的寿命而言，数百万年是非常漫长的。为了区别不同时期的人类活动，通常把人类活动的历史从古至今分为旧石器时代、新石器时代、青铜时代、铁器时代等（安金槐，1992），进入人类文明时期，已经史有明文，不再细分。从这些时代的名称就可以看出，划分不同时代的标志主要是技术水平。

所谓旧石器时代，是从人类出现到距今一万年左右的漫长时期。中国的旧石器时代开始于 250 万年以前，在一万多年前结束。由于时间漫长，考古学家有时又把这个时期分成三个较短的时期，即旧石器时代早期（距今 20 万年以前）、旧石器时代中期（距今 20 万～5 万年）和旧石器时代晚期（距今 5 万～1 万年）。旧石器时代早期的人们逐渐能制作不同用途的石器，像两面打击成型的手斧、砍砸器、刮削器、尖状器之类。在距今 130 万～50 万年，不同地区的古人类发明了人工控制天然火的技能，在法国埃斯卡利洞穴和北京的周口店洞穴均发现了人工用火的痕迹。火的使用是一个巨大的飞跃，从此人类具有了征服自然的最犀利的武器。火可以被用来驱赶野兽、加工木器，导致人类猎取动物的水平空前提高，披毛犀、野牛、剑齿象等大型野兽也成了原始人的捕获物。火还给人带来温暖和安全，可以想象，在凄风苦雨的夜晚，熊熊燃烧的火堆不仅给原始人群驱散了寒冷，也使得周边的动物望而生畏，保护人们安全。用火加工过的食物不仅更加美味，而且易于咀嚼和消化。旧石器时代中期，人类开始向现代人过渡。工艺复杂的狩猎工具——石球和石矛头开始出现，这意味人类的狩猎能力大大提高，并且捕猎对象开始出现地区差别。例如，在这一时期的人类洞穴住所中，大量堆积着兽骨，有的以熊骨为主，有的以鹿骨为主，有的以猛犸象骨或羚羊骨为主。除捕猎动物之外，此时人类还创造出加工植物的技术，如使用砾石研磨器、磨槌、捣槌等工具去皮和制粉。旧石器时代晚期，不仅石器的类型更加多样，而且技术更加复杂的弓箭、投矛等复合型工具开始出现。技术的进步，使得不同区域间的差别越来越大（陈淳，1994；焦天龙，2008）。我国旧石器时代遗址非常多，如北京周口店遗址、宁夏水洞沟遗址、新疆通天洞遗址等。

新石器时代是石器时代的最后一个阶段，以使用磨制的石器为标志。大约从一万多年前开始，结束的时间因区域社会发展水平的不同而不同，但大部分发生在距今 5000～2000 年的时间段。例如，两河流域在距今 5000 年以前就进入了文明阶段，而北欧等地进入文明阶段的时间要晚得多。有的学者特别强调农业起源和陶器制作的意义，认为它们是新石器时代最鲜明的特征。但从实际情况来看，世界各地这一时代的发展道路很不相同。有的地方在农业产生后的很长一段时期里没有陶器，因而被称为前陶新石器时代或无陶新石器时代；有的地方在 1 万多年以前就已出现陶器，却迟迟没有农业的痕迹。例如，蒙古国和西伯利亚地区有个别遗址的陶器年代接近 1 万年，但这里的磨制石器一直不是很发达，农业出现的年代很晚。概括来看，全球最早进入新石器时代的是两河流域的新月形地带。这一地区具有典型的地中海气候，冬季多雨温和，夏季干燥炎热，有适于栽培的野生谷物和易于驯养的动物，从旧石器时代中期到晚期，文化的发展已有相当的基础，因而成为最早出现农业和养殖业的地区。中亚地区在距今 8000～7000 年以前进入新石器时代，其代表为分布于土库曼斯坦境内的哲通文化。中国的黄河和长江流域在距今一万年左右进入新石器时代，逐步形成了北方粟作农业和南方稻作农业的区域特色（张之恒，2004）。

青铜时代以使用青铜器为标志，青铜器在人类生活中占据重要地位（杜建民，1993）。青铜到底是什么？青铜是红铜（纯铜）与锡或铅的合金，颜色因埋在土中氧化而变得青灰，故名青铜。世界各地进入这一时代有早有晚，有的区域在青铜时代就已经进入了文明时期，故可以称为青铜文明，有的区域在青铜时代仍没有进入文明时期。最早进入青铜时代的是两河流域，在距今 6000～5000 年已使用青铜器。商周时代是我国青铜时代的鼎盛时期，我们从孩提时代的课本中就已经认识后母戊（司母戊）大方鼎、四羊方尊等重器了。

铁器时代顾名思义，以能够冶铁和制造铁器为标志，当时生产工具和武器多以铁为原料。铁的硬度和韧性都比铜要好，生产出来的工具效率更高。已知世界上最早锻造铁器的是赫梯帝国，时间在公元前 1400 年左右。世界上出土的最古老冶炼铁器是安纳托利亚北部赫梯先民墓葬中出土的铜柄铁刃匕首，距今约 4500 年。中国在公元前 5 世纪大部分地区已使用铁器，目前发现的最古老的冶炼铁器是甘肃省临潭县磨沟寺洼文化墓葬出土的两块铁条，距今 3510～3310 年（陈建立等，2012）。铁器时代的中国中原地区，已经进入文明时代，所以直接使用朝代纪年。而新疆等地，一直到汉代，才进入历史时期，铁器时代结束。

中国北方的沙漠和草原交错分布，使得沙漠在人类活动的历史中扮演的角色更加独特鲜明。这里的沙漠对人类活动的影响，可以归结为以下几个方面。

一、沙漠对人类活动的空间格局的影响

相对于阡陌纵横的农耕区和草丰水碧的草原区，沙漠地区对人类生存来说是相对严酷的。严酷性的第一点是缺水，因为缺水，可利用的动植物资源相对有限；第二点是夏有酷暑、冬有严寒，昼夜温差大；第三点是风沙肆虐，流沙之害，即使是古人亦深知，《楚辞》中说：“魂兮归来!西方之害，流沙千里些。”

水是生命之源。从医学角度讲，水分占人体的 58%～67%（刘景铎，2003）。印度的“圣雄”甘地，为了抗议英国人的殖民统治，他多次进行绝食抗议，最久的记录是曾经绝食抗议达 21 天。虽然 21 天不进食，但仍然需要不时饮水（左淑正，2010）。动植物也一样，在动植物的生命活动中，水分作为一个重要的条件，对动植物的生存起着决定性的作用。它们的一切正常的生理活动，只有在一定的细胞水分含量的状况下才能进行，生命才能得到延续。除了极少数的例外，如盐生植物，绝大多数动植物需要生活在淡水或者微咸水环境中（左淑正，2010）。沙漠之中最为紧缺的就是水资源，尤其是淡水。为了获得可利用的淡水资源，沙漠中的人类活动往往聚集在湖滨、河岸以及绿洲上。这就从地理环境的大格局上决定了人类活动的空间分布范围。

二、沙漠对不同区域间的连通性的影响

沙漠不仅从空间上分割了草原和绿洲，而且沙漠本身的特征会把打破这种分割的路径限定在相当有限的区域。有种说法是，草原上处处是路，与之相反，沙漠中处处是陷阱。流沙的危害无须赘言，即使在固定沙丘地带，在没有现代的筑路技术以前，车马都是很难通行的。所以很多沙漠都被略带夸张地形容为“死亡之海”“不可穿越之地”。玄奘法师在通过敦煌—哈密之间的沙漠戈壁地带时，尽量选择有泉水的路线前进。可惜泉水的位置是有限的，在漫长的旅程中，他还要仰仗随行的马匹驮着的水囊。一次他不慎弄翻了水囊，五天四夜滴水未进，沙漠又极度闷热，玄奘法师生命垂危，即将陷入昏迷，幸亏他骑行的老马曾经数次往来于这条沙漠之路，在他恍恍惚惚中由这匹马驮着他找到了水源，人马俱得新生（心海法师，2011）。

既然沙漠如此艰险，我们为什么不绕开呢？答案只有一个，我们之所以选择艰险，是因为我们别无选择！

有时候穿越沙漠，是因为除此以外，别无他途；有时候穿越沙漠，是因为可以取得捷径，争取时间。在 1949 年解放战争时期，发生过一次真实的事件。1949 年，人民解放军重兵逼近新疆。当大军行进至阿克苏时，得到紧急情报：盘踞在西陲重镇和田的中外反动势力，正在密谋策动大规模武装暴乱，形势十分危急，我军须快速进军，力争在局势糜烂之前一举击垮顽匪。当时在传统上，从阿克苏到和田有两条路：一条是沿公路经喀什、莎车到和田；另一条是过巴楚，顺叶尔羌河到莎车，再转向和田。这两条路都绕行沙漠边缘，沿途有水有粮，且路况良好，但路途较远，行军时间很长，会留给反动势力充裕的时间。经过再三权衡，解放军指战员决定横穿“死亡之海”——数千人马穿越塔克拉玛干沙漠腹心地带，出奇兵，抢在对方动手之前打他个措手不及！1949 年 12 月 5 日，数千人马开始在膝盖深的沙中艰难地向沙漠腹地进军。到第 9 天，部队的饮用水全部用尽，被迫宰杀骆驼和战马，饮血止渴！就是在这样的坚持下，他们在第 12 天终于穿出沙漠，犹如神兵天降，突然兵临和田城下。盘踞在此的反动势力惊慌失措，随即土崩瓦解（朱晓明，2016）。

沙漠往往把不同的绿洲分割成一个个相对独立的个体，塔里木盆地青铜时代小河墓地居民的基因就表现出相当的孤立性，尽管在文化上其与周围紧密联系（Zhang et al.，2021）。所以沙漠的规模和性质就在很大程度上决定了这些绿洲之间的联系程度和连接路径。在更大的空间范围内，沙漠通道只是迫不得已的最后一个选择，所以从宏观上决定了该区域陆地上基本的交通商路的走向。

三、沙漠对人类生产生活的影响

沙漠对人类的影响可以分为两个层次：一是沙漠对生活在该区域的居民的影响；二是沙漠对生活在此区域之外，甚至全球的影响。就沙漠所在的区域而言，沙漠首先提供了一

种完全不同于草原或者农耕地带的生产生活条件，人类生产生活中的各方面都要适应沙漠环境。例如，我们都知道被美誉为“沙漠之舟”的骆驼，它们是人类历史上相当长时间里沙漠地区最有效的运输力量。“无数铃声遥过碛，应驮白练到安西”就是对这种情况的生动描述。而骆驼之所以能担此重任，和它的生理特性很有关系。在长期的进化中，骆驼形成了适应沙漠环境的一系列生理特性，如无论是单峰驼还是双峰驼，都进化出了超强的耐渴能力，不仅如此，它们的直肠可以吸收掉粪便里的水分，以致新鲜的骆驼粪便可以直接拿来做燃料。更加让人惊叹的是，骆驼可以忍受体重损失25%的脱水，它们血液中的红细胞是椭圆形的，而不是常见的圆形，这可以让血液在因缺水而极度浓缩时还能保持流动性（左淑正，2010）。

沙漠环境的严酷性，决定了这里的生产生活基本都是在小规模、有限范围内的。就人本身来说，沙漠独特的气候和环境特征，对人的生理和心理会造成很大的影响。在沙漠地区的单调环境下，人体可出现一系列生理功能的改变，而这些变化，必将会直接或间接地影响人体各分器官的功能变化，甚至引起疾病。有研究表明，新疆石油工人的高血压发病率和其生活环境有一定的关系（李榕等，2019）。沙漠地区的高温、浮尘等都会对人的身体造成损害。

对于沙漠之外区域的人类生产生活的影响，最广为人知的就是肆虐于北半球冬春季节的沙尘暴了。每到冬春时节，土壤含水量因干旱而进一步降低，加上地表植被枯萎，地表极其干燥松散，抗风蚀能力很弱。大风把沙漠及其边缘地带的大量沙粒和微尘吹入近地大气层形成风暴。这样的风暴挟带大量的尘粒，会传播到非常远的地方，甚至可能会绕地球一周。每年袭击我国北方大部分地区的沙尘暴来源有两个：一是“内尘”，来源于我国北方的沙漠戈壁地带；二是“外尘”，来源于蒙古国境内的沙漠戈壁（孙筱平和杨再，2002）。

然而，沙漠和沙尘暴除了给人类生存环境带来危害，也是有意想不到的益处的。沙漠是气溶胶的重要来源地之一，而随沙尘暴等天气现象扬起的气溶胶对于太阳辐射具有散射作用，可以引起降温，相当于给地球增加了一个“遮阳伞”（叶笃正，2004）。另外，浮尘微粒进入大气，为水汽的凝结提供了凝结核，从而影响云的形成、云的辐射特性和降水。更重要的是，这些尘粒飘入海洋，可为上层海洋带来生物可利用的营养元素（如N、P、Fe 等），相当于为海洋提供了重要的“肥料”，从而改变浮游植物的初级生产过程及群落结构，对海洋的营养循环和碳循环产生影响，甚至对陆地生态系统都会产生影响（Bristow et al.，2010）。

第三节　中国的沙漠与文化交流

沙漠并非荒无人烟的“无人区”。这里曾经有过不同类型、不同规模的文化。在古代就有学者认识到沙漠环境对人类文明发展的重要性，14 世纪的阿拉伯历史哲学家伊本·赫勒敦（Ibn Khaldun）曾将文明分为两类，一是“沙漠文明”，二是“定居文明”（伊本·赫勒敦，2015）。中国北方沙漠弧的存在，不仅对该区域内的文化产生了影响，而且对更大范围内的文化发展和交流产生了影响。

中国沙漠对区域内文化的影响，主要表现在沙漠对当地文化性质的影响。以塔克拉玛干沙漠为例，这里极端干旱的气候把农牧活动紧紧地“绑定”在主要的河流和绿洲地带。单纯的游牧和农业在这里很难存在，只有农牧混合才可能最大程度地利用生产资源，获得稳定的生活基础，这种情形持续了数千年（安成邦等，2020b）。即使外来的强大势力，也要适应这里的环境，才能获得发展，西州回鹘就是突出的例子。回鹘汗国是公元 8～9 世纪游牧在中国北方的强大势力，曾影响东亚和中亚的政治形势近百年时间。公元 840 年，庞大的回鹘汗国在天灾人祸的情形下，遭强敌突袭而溃散，其部族主要分成三支西迁。其中一支先到龟兹，后到高昌，逐步建立了西州回鹘，并在历史的进程中分化融合形成了今天的维吾尔族等民族（王文光和段红云，1997）。从草原来到沙漠绿洲地带，生产生活逐渐由游牧-狩猎转变成农耕游牧。它们为什么不保有原来的文化特性，转变成和数千年来该区域文化一样的面貌呢？这就是环境的力量，在沙漠绿洲地带，农牧混合才是最稳定的生产方式。

在大航海时代以前，跨大陆的交流主要通过陆地交通。中国北方沙漠弧地处欧亚大陆东西交通的关键区域，不同规模的文化交流始终在这里发生，其中最为重要的是丝绸之路以及与之相关的文化交流。丝绸之路是沟通古代欧亚大陆东西的大通道。根据所经区域的不同，可以分为草原丝绸之路、绿洲丝绸之路、高原丝绸之路、海上丝绸之路等不同的路线（王建新，2013；徐朗，2020；葛剑雄，2021）。其中草原丝绸之路、绿洲丝绸之路、高原丝绸之路都和中国沙漠弧有关系。从发展历史来分析，这条东西通道的形成时间可以追溯到青铜时代（林梅村，2015）。所以这些通道的形成绝非一人之力和一时之功，而是东西方不同的文化、不同的先驱共同开拓的结果，张骞就是其中的杰出代表。张骞“凿空西域”的壮举，使得辽阔的中亚和东亚实现了大规模的互通互联，西域的历史从此成为中国历史的一部分，进而使中亚的草原-沙漠地带成为连接中国与西方文明的关联地带（杨巨平，2007）。

中国沙漠弧之所以成为连接东西方的天然桥梁、沟通南北方的自然通道，就在于其不可替代的地理位置。丝绸之路的形成和通畅，不仅带动了商贸的大繁荣，也推动一波波的文化传播的浪潮（彼得·弗兰科潘，2016）。例如，史前就已经出现的中国粟、黍和源于西亚的小麦等作物的西传，不仅给旧大陆带来食物的多样化，也塑造了沙漠弧及周边区域的农牧业特点。而丝绸之路带来的不同文化的交融，可谓是随处可见。中国古代文学多有描述西域歌舞、胡人宝物。西亚的古代文学中也不乏关于中国文化的记载。有个关于中国和罗马绘画的传说在古代波斯广泛流传，传说古代西方的征服者亚历山大大帝和统治欧亚大陆东部的中国皇帝在筵席上都认为自己的民族更有智慧，于是请来罗马画家和中国画家同场竞技，一决高下。两人各自在大厅里相对的墙上作画，中间用遮帘隔开，彼此也看不见。绘画完毕，拉开遮帘，人们惊得目瞪口呆，两面墙上画得一模一样，不差一丝一毫，全都精美绝伦。原来中国画家将墙壁打磨成一面光洁无比的镜子，把罗马画家所画的美景全映入其中（奥尔罕·帕慕克，2007）。这个故事的流传，无疑折射出古代西方对中国技术的赞叹！

而对于今日世界影响最大的，无疑是沿着草原-绿洲丝绸之路东西方涌动的突厥化和伊斯兰化浪潮（杜培，2010），基本勾勒了今日中亚和西亚的政治底图。佛教、儒教的传播，浓重地烙印在东亚-东南亚等地的文化中（吴焯，1992；姜林祥，2004）。早期来中国传教的佛教僧人并非来自印度，而是多来自中亚安息国等地。例如，著名的僧人安世高，本名清，原为安息国太子，自幼就因为其孝行而著名，且信奉佛教，当其父去世以后，安世高继承王位，但一年之后，就把王位让给了叔叔，出家为僧。学成后，他曾遍游西域诸国，弘传佛法。东汉桓帝建和二年（公元 148 年）安世高到达洛阳。不久即通晓汉语，开始以“口解”或“文传”方式翻译佛经，《高僧传·安世高传》中称赞说：“其先后所出经论，凡三十九部，义理明析，文字允正，辩而不华，质而不野”，无疑是中国佛教史的第一人。今日中亚、新疆等地虽然多信奉伊斯兰教，但在伊斯兰化以前，佛教、琐罗亚斯德教（祆教）、摩尼教等宗教在这里留下了许多遗迹（陈良，1983；李进新，2003；赵洪联，2013）。例如，新疆多地发现汉唐时期的佛教寺院、壁画，以及石窟等。

东西方文化交流的历史不仅塑造了旧大陆的文化，也给了沙漠-草原地带发展的机会。这是因为从古至今，中国北方沙漠弧所处的特殊地理位置为中原与欧亚草原、中原与中亚、中原与南亚大陆之间，所以从史前文化的萌动到现代化浪潮席卷而来的历史进程中，都让沙漠弧地带深度地参与到波澜壮阔的历史脉动中，使得中华文明之花与世界文明之花更加艳丽。

第二章

沙漠及其毗邻地区人类活动遗址调查分析方法

“大漠孤烟直，长河落日圆”，这样苍凉壮阔的景象从孩提时代就烙印在我们的心里，是我们对沙漠景观和人类活动的最直观的心理认知。沙漠给人类活动提供了独特的环境条件，从旧石器时代直至当下，人类活动在沙漠中留下了许许多多的遗址。大漠自古多雄奇，大漠寻珍的传奇故事也是许多影视剧酷爱的题材。然而，科学调查自有其规范，寻宝式的调查不但效率低，而且会对文物本身有一定的损害。要从沙漠里系统地调查先民留下的遗址，必须要有严谨科学的调查方法，才能取得理想的效果。欧阳修的“欲责其效，必尽其方”，正说明了恰当的方法的重要性。

第一节　沙漠地区人类活动遗址的内容和特征

沙漠在普罗大众的心中是边荒遥远之地。然而，从中国沙漠的分布可知，中国的沙漠紧邻着中国北方的农耕区，两者的关系早已密不可分。“烽火动沙漠，连照甘泉云”，占据中国北方草原沙漠地区的游牧民族，与中原农耕民族之间经历了多次的碰撞融合，共同铸就了中华文明。“长风几万里，吹度玉门关”，玉门关内关外早已结成了牢不可破的整体，留下了无数的物质和非物质的遗存。

沙漠及其毗邻地区的人类活动遗址很丰富，可以说，从旧石器时代以来，这里的人类活动绵绵不绝。这些遗址中，有名闻遐迩的古城，如被许多人歌颂过的受降城：“回乐烽前沙似雪，受降城外月如霜”；也有仅剩断壁残垣的古寺，被多少摄影爱好者在晨光夕照中凭吊；更多的是籍籍无名的生活遗址，如沟渠、瓦片等，在岁月的轮回中逐渐沧桑。

沙漠地区自然条件严酷，人类活动往往局限在有限的区域，且空间变化比较大，湖滨、河流两岸都是人类活动相对集中的区域，但随着河流的改道等变迁，人类活动的区域和内容也会发生变化。举例来说，位于黑河下游的额济纳地区原来是古居延绿洲所在地，紧邻巴丹吉林沙漠，如今黑城、古居延城、绿城等多座古城废墟、汉长城遗址以及大面积风蚀弃耕地残存在茫茫沙海中，早已干涸的古渠道时断时续，历历在目。耕地、草场、房屋等一旦被废弃，就会逐渐被风沙侵袭，当然，也有的遗址是因为风沙的侵袭而不得不废弃。

其中，古城是最引人注目的一类遗址。首先，这些城址年代久远，是我国古代文明和悠久的丝路文化的具有权威性的历史标本。河西地区最早的城址可追溯到春秋战国时期，而大多数城址则筑于汉唐时期，内蒙古东部几个沙地的古城多筑成于辽金时期，为世界上年代久远、保存较好的古城实物群。其次，这些城址种类多样，规模不等，形态各异，富于变化。依其种类，既有州郡城、县城，又有乡城、村堡、驿站；既有军城、守捉城，又有戍所、关塞，可以构成一列完整的古代行政、军事城址系列。依其规模，有的十分壮观雄伟，规制宏大，有的则较为小巧，周长仅数十米。依其形制，有的城垣设置齐备，有瓮城、马面、雉堞、龙尾等守御设施，城周更有羊马城、护城壕附属设施；有的则仅存四壁，其余建筑荡然无存；有的城中有城，垣内套垣，构成二重、三重墙垣，形同“算盘”“回”形等复杂的构造；有的则构筑简单，仅仅有一道围墙。依其平面形状，有的方正规整，有的则多有变化，呈现出圆形、三角形、梯形、台阶形、不规则形等形状。最后，这些城址均与许多重大历史事件相联系，张骞“凿空西域”、霍去病西征……，无一不在这里留下历史的足迹。

除此而外，聚落、沟渠、道路等遗址也比较常见。经历历史的风雨，有些遗址屡有文献记载，有的则不见于文献。但不论哪一种情形，都需要实地调查才能确定其基本特征和目前的状态。沙漠地区普遍相对干燥，沙随风走，“轮台九月风夜吼……随风满地石乱走”，古人的描写虽有夸张，但强烈的风沙活动可能会在较短的时间里面改变局地的地貌，导致古今的许多文字记载很难一一对照。更有甚者，直接改变了遗址的埋藏条件。许多被风沙掩埋的古城地区在沙暴发生后往往会有铜钱、陶片等文物出露地表，这就是风沙把埋藏在地下的文物吹蚀了出来。所以，正确认识沙漠及其毗邻地区人类活动遗址的内容和特征，有利于更有效地发现沙漠地区人类活动留下的遗址。

从埋藏条件来说，沙漠及其毗邻地区人类活动遗址可分为三类：埋藏遗址、半埋藏遗址和地表散落遗址（图 2-1）。

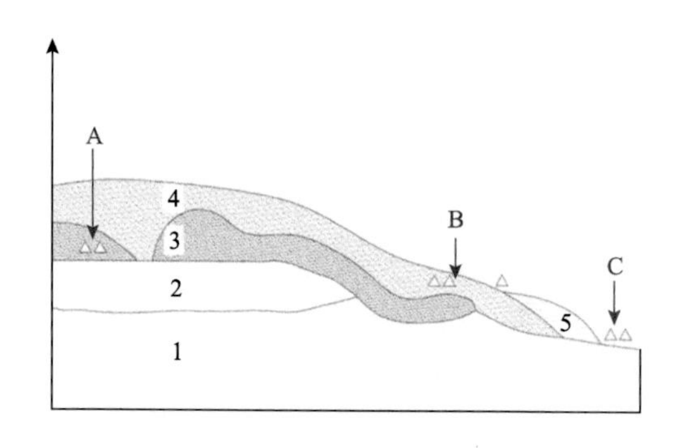

图 2-1　不同埋藏条件的遗址

A 是埋藏遗址，B 是半埋藏遗址，C 是地表散落遗址；数字 1～5 代表不同的地层单元

埋藏遗址是指遗址完全被后期的风沙所掩埋，地表完全看不到遗址的任何形貌特征，只有在人工开掘的剖面或者流水、风蚀造成的断面上可以看到遗址的部分内容。在流动沙丘较多的区域，这类遗址比较多，往往有比较完整的地层序列，很适合采集相关样品。

半埋藏遗址是指遗址部分或者全部被风沙掩埋，但通过航测、遥感、卫星影像或者野外调查仍然可以看到遗址的部分内容，可以大致判定为人类活动遗址。例如，许多著名的古城受风沙侵袭，处于半埋藏状态。

地表散落遗址比较复杂，它们往往是风沙把其他地点的人类活动遗物搬运到地表而成，分布范围大小不一，一般没有地层，只能采集一些散落的人工制品，如陶片、器物残片等。

从遗址本身的功用性质来划分，可以分为以下几类。

古聚落：是人类居住所留下的遗址，包括永久性聚落和临时性聚落，前者如城池、居民点、军事要塞等，后者如季节性宿营地、临时军营等。许多古城都可以看作永久性聚落，它们被使用的时间在数十年甚至更久，如大家熟知的楼兰古城，就使用了数百年时间。临时性聚落如修筑沟渠的民夫临时居住的营地，在工程完工后，即被废弃。

生产遗址：是人类各种生产活动留下的遗址，如农田、灌渠、水井、谷仓、牧场、矿山等。它们有的已经被埋藏，如很多沟渠已经被风沙掩埋；有的保存比较完好，如矿山遗址，往往可以看到矿坑和废弃的矿渣。

交通信息遗址：是过去人类交通和信息流通所留下的遗址，包括道路、驿站、烽火台等，它们往往构成网状，不会孤立存在。例如，著名的悬泉置，就是整个河西走廊驿站系统中重要的一个节点。

文化遗址：是过去人类文化活动的留存，包括石窟、寺庙、雕塑、岩画、墓葬等，代表着过去人类文化精神层面的活动。

可将每一处遗迹相对集中的地方看作一个遗址，同一个遗址内的遗迹内容是相互有联系的。例如，一个古城遗址，它内部可能会有居住区、官衙区、手工业区、军营等划分，城外会有道路、护城河等附属设施，它们虽然互不相同，但相互联系，共同组成了古城遗址的整体。

每个遗址调查内容主要包括如下。

（1）遗址的地理位置：包括分布、范围、经纬度等基本地理信息；

（2）遗址的数量特征：指的是规模、面积、高度、厚度等基本空间数量特征；

（3）遗址的定性特征：主要是判明其建筑方式、形制、结构等文化属性；

（4）遗址的时代特征：确定其行政级别、建制、建造、使用和废弃年代等时代属性；

（5）遗址的形态特征：通过调查整理，确定平面形状、解剖形状等形态属性。

沙漠地区因为相对干燥的埋藏环境，所以物品保存比较完整。但暴露在地表的遗址，因风沙活动的强烈侵蚀，往往受损比较严重。而被风沙掩埋和半掩埋的遗址，需要非常艰苦的调查才能窥其全貌，所以正确的调查方法就显得特别重要。

第二节 主要的调查和采样方法

对沙漠及其毗邻地区人类活动遗址的调查分析基本可以分为两个方面的工作：第一个方面是野外调查，第二个方面是室内分析，这两个方面是相互联系，缺一不可的。

在进行野外调查之前，首先要对前人的工作进行系统梳理，找到下一步调查的线索。如果不进行充分的前期准备，贸然驾车直驱沙漠，无疑是盲人骑瞎马，浪费时间精力。

故而，首先要全面搜集前人的成果，作为野外调查的基础；先系统检索各种历史文献资料，如正史资料、地方史资料以及明清以来各县市的地方志和历史档案等，查阅提取有关遗址的详细信息；然后检索与古遗址有关的文物地图、文物单位目录等考古资料，搞清文物的分布位置、年代、形制特征等；再搜集研究区域的地质、地貌、水文、植被、生态、气候、土壤等方面材料，熟悉研究区的自然和社会环境背景，便于针对性地制定野外工作计划。

对前人没有调查的区域，分析遥感影像、Google Earth 图像等，先确定可能存在人类活动遗址的区域。中国沙漠分布范围十分辽阔，利用遥感技术作为前期基本调查手段是最佳的选择。遥感图像作为一种综合性的地理信息源，提供了具有全息性质的可见景观实体影像。借助于遥感影像，可以由此及彼、由表及里，超越直接的形象，获得极其丰富的二次信息。将遥感技术作为一个基本手段，主要是因为它具有如下独特优势：一是宏观性，利用遥感影像可以使几百至数千平方公里的范围内一览无遗；二是能较容易地锁定靶区，能够在众多信息中筛选出最能说明探测目标的信息或信息集中区；三是能扩展人眼的识别范围，发现一些已不存在的古代遗址或地面上无法找到的遗址；四是无破坏性；五是提高了工作效率。因此，遥感影像是沙漠及其毗邻地区人类活动遗址位置、规模和分布范围最重要的途径。另外，遥感影像与地图、全球定位系统（GPS）一道，提供了目标空间定位的多样化方式。

分析影像首先要收集或购买研究区航片、卫星影像、地形图与专题地图等资料，做好基础资料准备。然后将航片、卫星影像及地形图图件，通过数字化输入计算机，经过纠正使之具备高斯-克吕格地图投影坐标系，为各类信息的集成建立统一的地理基础，为野外考察中 GPS 定位、制图、面积量算奠定基础；为了人类活动遗址判别的便利性，对图像进行直方图调整、目的性增强、大范围拼接，并建立调查区数字高程模型（DEM），将其与遥感影像复合，为逼真再现地理环境以及遗址判读创造条件。

在资料预处理过程中，遥感影像增强是较为关键的环节。遥感影像增强旨在突出有用信息，扩大不同影像特征之间的差别，提高对图像的解译和分析能力。增强处理可分为波谱特征增强（突出灰度信息）、空间特征增强（突出线、边缘、纹理结构特征）及时间信息增强（针对多时相而言）。从数学形式看，又可划分为点处理（如线性扩展、比值、直方图变换等）和邻域处理（如卷积运算、中值滤波、滑动平均等）。对于多期遥感影像，还要进行最佳波段组合。利用影像的原始波段生成新波段，也有助于提高影像的可解译性及分类精度等。常用的增强方法有主分量变换（即 KL 变换）、彩色合成、密度分割、边缘增强、反差增强、比值增强、专题抽取、空间和定向滤波、影像相减、比值处理等。但是，图像增强是相对的，对某类对象效果较好的增强方法未必适合于另一类对象。因此要在使用时试验出视觉效果比较好、计算复杂性相对小又合乎应用要求的方法。

通过航片、卫星影像及地形图等的综合处理，圈定可能存在人类活动遗址的区域，根据该区域的气候、地貌等条件，结合前人的调查结果，编制野外调查预案。

一、野外调查方法

完成了以上各种情况的前期准备，就可以开始野外工作。在野外，到达确定的调查区域后，根据调查目的（初步筛查还是详细调查）、调查区域的地理特征（地貌、水文、气候等）的不同，有三种调查方法：

一是无人机航拍，在视野受限的连片沙丘等地区，这是一种比较有效的筛查方法。通过无人机在较高空域的拍摄，可以确定较大范围的地表特征的变化，快速判定是否存在人类活动遗址。这种调查方法特别适合调查沟渠、长城、古城等线状或者面状的大型遗址的初步确认。

二是地面调查，沙漠中的河流沿岸、湖泊周边，以及山前地带，往往是人类活动遗址较多的区域。选定方向，沿某个特定方向或沿着河流、山脉等具体地理目标，肉眼观察地表，快速判定目标物是否为人类活动遗址。这种方法适合小范围分布的遗址确认，如散落地表的石器、陶片等。

三是没有明显标志物的区域，这里的地表基本都是沙漠或者灌丛沙堆，看不出明显变化，但根据前人的研究结果或者遥感影像等线索，很可能存在人类活动的遗存。这时候只能选择根据前期线索圈定的区域，把区域网格状划分为更小的区域单元，逐一详细调查每个单元内的情况，获得需要的信息。

一旦通过调查，确定了遗址所在，就要深入细致地考察，确定遗址的分布范围、规模大小、形态特征，以及城堡、遗址、农田、渠道、散落的文物等方面状况，特别是主要遗址的兴废沿革等方面状况；通过现场对耕地、灌渠、房址等遗存的直接观察，并与遥感影像对照，对遥感解译标志进行调整；对有代表性的典型遗址可进行地层分析。对野外无法定年的陶片、建筑构件等，可以请考古专家从形制上予以鉴别。对于难以确认年代的或似是而非的，采集炭屑、木头、植物种子等遗物，以便用常规 ^{14}C 或 AMS ^{14}C 进行实验室测年。对有些特别重要但有争议的陶瓷片，可利用释光技术测定年代（OSL 测年）。

每个遗址首先确定其经纬度、海拔等地理位置信息，然后利用激光测距仪、皮尺等工具，分别初步测定其范围以及长度、宽度、地层厚度（如果有地层的话）等基本的数量特征，再根据前期整理的资料和现场发现的文物线索，判断遗址的大致年代、形制等时代和定性特征。如果是比较大的遗址，如古城、聚落等遗址，要现场绘制平面图，供后期整理。

对于沙漠中比较有名的遗址来说，大多数遗址已为地方文物考古和管理部门所掌握，野外考察的主要任务在于对已发现遗址的规模、形制的测量和判别，要现场测量各角点的坐标，以及遗址的高度、厚度、海拔，绘制平面图和立体图，并考察记录遗址周边的地形地貌环境、与其他遗址的联系性等。

二、采样方法

完成了初步的测量等工作，就要进行样品采集，以供进一步在室内进行分析。样品采集时，根据后期研究目标的不同，采样方法也有差别。

（1）系统采样。例如，对一个埋藏遗址，该如何采集年代样品呢？如图 2-2 所示，对每一个层位都采集年代样品，以供后期系统分析该遗址的历时性变化：何时开始利用？利用了多长时间？何时被埋藏？

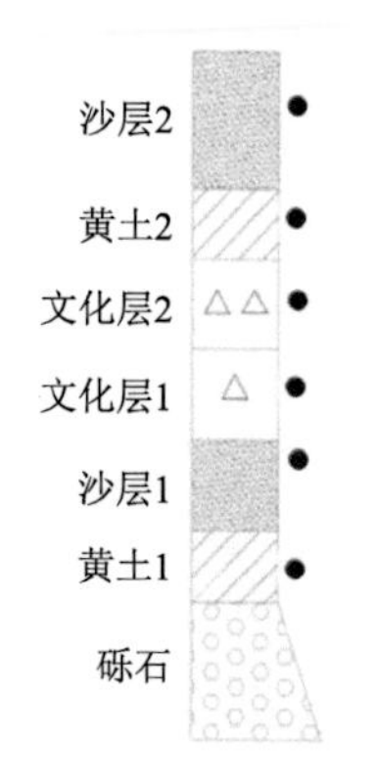

图 2-2　埋藏遗址逐层采集年代样品
黑色圆点代表采样点的位置

（2）随机采样。对大量类同样品的采集，只随机选取其中的个别样品，带回实验室分析。例如，某个遗址地表散落大量同时期的陶片，就没有必要全部采集带回，只需要选择两三片分析其基本特征就可以了。

（3）定向取样。如果遗址中遗址单位沿着某一个方向排列，空间分异比较显著，就可以沿着贯穿最多遗址单位的方向，逐一采集样品。例如，在一个聚落遗址里面，能明显分出房屋、广场、灰坑等遗址单位，就可以沿着最大贯穿的方向，采集石器、骨骼、植物、土样等样品，以供后期研究。

采样量的多少，根据后期的分析目标而定。例如，如果是测年样品，AMS^{14}C 年代样品只需要数克即可；如果是同位素分析的样品（质子数相同、中子数不同的同一元素的不同核素互称同位素，同一元素的两个或多个同位素往往有相同或相似的化学性质，在元素周期表中不相区分），数十克就足矣；如果是浮选样品，则需尽量多地取样，但各遗址单位的取样量要基本一致，便于相互比较。

遗址中的动植物材料是采样中重要的收集内容。中国沙漠及其毗邻地区在清代以前，常见的作物有小麦、大麦、粟、黍等。家畜多为马、牛、羊、骆驼等。它们在不同区域、同一区域的不同时段，其组合都是有变化的，调查中要特别注意。这主要是因为，这些作物和家畜传播的时间和路线是有差异的，它们出现的次序和组合特征可能会反映丰富的文化交流意义。

目前比较一致的看法是，大麦、小麦起源于距今 1.1 万年的新月地带（Heun et al.，1997；Badr et al.，2000；Zeder，2011），粟、黍种植最早出现在全新世初期的中国北方（Lu et al.，2009；Yang et al.，2012），水稻稍晚出现于中国的长江下游（Liu et al.，2007；Fuller et al.，2009），玉米的驯化比之上述几种则要晚得多，约起源于距今 6000 年的中美洲（Piperno and Flannery，2001）。与以食用为目的的植物驯化不同，对动物的驯化除将人所能消化的或不能消化的材料转化为肉食资源外，也可以用作骑乘、驮运等其他目的（Diamond，1999；Marshall et al.，2014）。沙漠及其毗邻地区几种重要的大型家养动物，如牛、马、山羊、绵羊、骆驼等，起源于不同的地区。山羊和绵羊最早约为距今 1.2 万年以前在西亚开始被驯化（Zeder and Hesse，2000；Chessa et al.，2009）；牛大约同时期分别在西亚和南亚被驯化（Loftus et al.，1994）；家猪有两个独立的早期起源中心，分别为中东和中国北方，驯化时间均在距今 1 万年前后（Vigne et al.，2009；Cucchi et al.，2011）；关于狗的驯化时间，目前还没有定论，但可以肯定的是在早全新世即已完成（Skoglund et al.，2015）。以上为第一批被驯化的几种大中型动物。马的驯化起源于距今 6000 年前后的中亚草原（Outram et al.，2009）；驯化的驴最早在北非出现（Beja-Pereira et al.，2004；Rossel et al.，2008）；骆驼驯化约在距今 5000 年的中亚干旱区完成（Peters and Driesch，1997）。对遗址中的动植物样品，除了采集浮选样品，还要适当收集样品供实验分析用。

第三节　主要的实验分析方法

实验分析是后期整理的基础。通过前期准备和详细的野外调查，对遗址已经有了初步的研判。实验分析就是对前期研判的检验。如果实验结果与前期研判不一，则要仔细分析其原因：是实验分析错误？还是野外调查有误？如果实验和采样环节没有问题，是否认识有误？是否需要进一步的野外调查？如果实验结果与前期研判一致，则应详细列出遗址的内容和特征，并进行系统分析。

所以，实验分析是调查必不可少的组成部分。实验分析的主要内容包括年代测定、碳氮稳定同位素分析，以及遗址的空间分析等。

一、年代测定

年代测定主要用两种方法：^{14}C 年代测定法和释光年代测定法。

碳在自然界中分布很广，构成人体的有机物（糖、蛋白质、核酸、脂类）都是以碳原子作为骨架，所以人又被戏称为“碳基生物”。碳与人的生活息息相关，我们吸入氧气，呼出二氧化碳。我们赖以生存的一日三餐的美食都是以碳水化合物为主体的。另外，我们熟知的以化合物形式存在的碳有：煤、石油、天然气、动植物、石灰石、白云石、二氧化碳等。可以说，碳是人类最早接触到的元素之一，也是人类利用得最早的元素之一。从人类诞生之日起，就和碳有了密切接触，人类在学会了用火以后，木材燃烧后残留下了木炭；日常生活中利用的动植物残留在遗址中（如植物的茎秆和动物的骨头），这些残留也含有碳。房屋等建筑遗址中，建筑用木材、柴草等也含有碳。所以，自从有了人类活动，碳就成为人类永久的“伙伴”了，遗址中的含碳材料就是很好的测年物质。

碳原子有 6 个质子，因为中子数的不同，现代已知的同位素共有 15 种，从 ^{8}C 直至 ^{22}C，自然界中最常见的碳同位素是 ^{12}C、^{13}C、^{14}C（分别称为碳十二、碳十三、碳十四）。^{12}C 和 ^{13}C 具有稳定性，占地球碳含量的 99%以上。

大气中的 ^{14}N 不断受到宇宙射线中粒子的轰击，形成 ^{14}C。新形成的 ^{14}C 由于受到氧化作用，会被氧化成二氧化碳存在于大气中。在生物界，动物主要通过自身直接或间接从植物体内获得 ^{14}C，而植物通过自身进行光合作用，将大气中的二氧化碳形成固定碳，最终形成植物有机体。在水域中，所有的含碳的物质如水生物、碳酸盐类等均含有 ^{14}C。此外，死亡后的动植物遗体以及由其腐烂后所在的淤泥、土壤等也同样含有 ^{14}C。

^{14}C 具有放射性，会周期性地衰变（通俗地来说，就是按照时间的流逝，按比例变少）。一般认为 ^{14}C 半衰期是 5730±40 年，即每经过 5730±40 年衰减至原来的一半。一方面已有的 ^{14}C 不停地衰变减少，另一方面自然界则不断在大气高空产生新的 ^{14}C，这就使得在长期交换过程中，大气中的 ^{14}C 含量保持相对恒定。相应地，二氧化碳中的 ^{14}C 也趋于一个平衡的状态。相同地，人和动植物等生物体在活着的时候，体内的 ^{14}C 也会因为呼吸作用和大气不停地交换 ^{14}C，使得生物体内所包含的 ^{14}C 也保持和大气相同的水平。然而在这些生物体死亡以后，停止呼吸，就会中断与大气圈、生物圈的碳交换，^{14}C 含量会受到放射性衰变的影响不断减少。所以，在实验室可以通过测定样品中剩余的 ^{14}C 含量，来估算它的年龄。这就是放射性 ^{14}C 测年的基础。

有两种实验技术测定 ^{14}C，一种是常规 ^{14}C 方法，另一种是以清数残留的 ^{14}C 原子数目为基础的加速器质谱测定技术，即 AMS^{14}C（仇士华，2015）。常规方法测定需要样品量大，实验测定周期长，往往要数月时间，优点是对于实验条件要求比较低，价格相对低廉。相较于常规 ^{14}C 方法，AMS^{14}C 主要优势在于所需样品量较少与所需时间短，测定周期在数周或一两个月，能够快速得到年代结果，一些商业运营的测年实验室，可以在两到三天内测定样品的年代（当然收费会非常高），缺点是实验条件要求高，测试设备昂贵，价格居高不下。

释光的测年主要用于陶瓷等高温制品的年代测定。自然界中的矿物大多以晶体形式存在。晶体内部的分子呈一定规律排列，比较稳定，有固定的熔点（如水晶，主要成分是二氧化硅，熔点是 1713℃）。非晶体主要是人工制品，如玻璃、沥青等，没有固定的熔点。玻璃的主要成分也是二氧化硅（与水晶类似），玻璃由固体转变为液体是在一定温度区域（即软化温度范围）内进行的，它与结晶物质不同，没有固定的熔点。人为加工而成的非晶体破坏了晶体的稳定结构，因而是不稳定的，随着时间的推移，这些人工制品吸收外界的能量，非晶体内部的分子在不停地运动直到晶体结构稳定下来，缓慢地朝着晶体的方向转化。可想而知，时间越久，吸收的能量越多，转化成的晶体越多。我们可以肯定地推测，在同等环境条件下，宋代瓷器吸收的能量比清代瓷器吸收的多，当然有更多的非晶体转化成了晶体。测定这些人工制品吸收的外界能量的多少，就可以推断其制成的年代。

自然界当中，辐射能量是无处不在的。除了宇宙射线带来的辐射能之外，放射性矿物等都会释放辐射能。在元素周期表上，原子序数大于 83 的都是放射性元素。除此之外，很多元素都有同位素，同位素又可分为稳定同位素和放射性同位素，如前文提到的 ^{12}C 和 ^{13}C 是稳定同位素，^{14}C 是放射性同位素。放射性物质有 α、β 两种衰变方式，因为它们分别释放出 α、β 两种射线，多余的能量以 γ 射线的方式释放。放射性元素的存在是如此广泛，以致土壤、水体、岩石、大气，乃至于人体中都含有不同数量的放射性元素。如此广泛的辐射的存在，为陶瓷等人工制品的晶体化过程提供了外界能量源。

制作陶瓷所用的陶土或瓷土中含有大量的矿物晶体，如石英、长石和方解石等，其中石英的主要成分是二氧化硅。这些晶体在受到外界辐射（如α、β和γ等射线）的作用时，在微观结构上产生了变化，并积累了相应的能量。在烧制器物时，胎土中的石英、长石、方解石等矿物晶体千万年原始累积的释光能量都会因烧制时的 900～1300℃高温而全部释放掉，这就好比把钟表的指针拨到了零。从它烧成之日开始，该陶瓷器将重新开始吸收外界辐射能量，这就相当于钟表开始滴答运行。由于陶瓷器件所接受的辐射主要来自陶瓷本身和自然环境所含的微量放射性杂质（如 U、Th、^{40}K 等），它们的放射性剂量相对恒定，因此吸收能量的多少便和受辐射时间长短成正比。释光测年就是通过测量该器物内累积的辐射能计算其年龄。简而言之，陶片中的辐射总量（主要来自 U、Th 和 ^{40}K 等放射性元素和宇宙射线）除以接收的速率（U、Th、^{40}K 含量以及宇宙射线的年剂量率），即可得到器物的制成年代（A）。其中，周边环境辐射总量用等效剂量（D_e）表示，后者用环境剂量率（D）表示。年代计算公式为：$A=D_e/D$。

由此可知，陶窑的残壁、炼炉的渣等也可以用来做释光测年。陶瓷是最常见的可用释光测年推定其年代的样品。当然，陶瓷器制成以后，又曾经经过回炉煅烧，或者其他方式的大火煅烧（如房屋失火），会在一定程度上影响释光年代的准确性。

获得了年代数据，结合器物特征，就可以推断地层和遗址的年代。根据遗址中上下地层的年代的分布，可以推断遗址的使用时间、埋藏时间等。

二、碳氮稳定同位素分析

通过对动植物样品形态鉴定，确定其种类和数量以及相互之间的关系（如农作物种子和杂草），初步推断当时该区域的农牧业面貌。个别遗址还要进行碳氮稳定同位素的分析，结合动植物遗存的发现，共同分析遗址的生产面貌。在麦类作物传入中国以前，即距今大约 4000 年，北方居民以粟、黍为主要粮食来源，南方居民多食水稻。

绿色植物利用叶片中的叶绿素将空气中的水和二氧化碳固定，转化为可供有机体吸收的能量，释放出氧气的过程称为植物的光合作用。因光合作用中同化二氧化碳后最初产物的不同，其中利用卡尔文循环（又称 C_3 循环）羧化二氧化碳，产物为三碳化合物 3-磷酸甘油酸的称为 C_3 植物；利用哈奇－斯莱克途径（又称 C_4 途径）固定二氧化碳，产物为四碳化合物苹果酸或天门冬氨酸的称为 C_4 植物（图 2-3）。一般情况下，C_4 植物对二氧化碳的利用率高，光合反应效率高于 C_3 植物，较好地适应高光、高温、低二氧化碳浓度以及干旱的生境（Sage et al.，1999）。常见的作物中 C_3 植物有水稻、大麦、小麦、豆类、马铃薯等，常见的 C_4 植物有粟、黍、玉米、高粱等。此外自然界还有一类多汁的植物遵循景天酸代谢途径（又称 CAM 途径），称为 CAM 植物，一般生境为荒漠地带，常见的代表性植物有仙人掌、甜菜、菠菜等。

植物固定二氧化碳的途径不同，各自对 C 同位素的分馏系数不同，C_3 植物的分馏系数为 1.026，C_4 植物为 1.013（郑淑蕙，1986），因轻的同位素优先发生反应，植物固定的二氧化碳比率高于二氧化碳，结果导致 C_3、C_4 植物的 $\delta^{13}C$ 值存在显著差异（O’Leary，1988），

从而可以根据 $\delta^{13}C$ 值来区分 C_3、C_4 植物。在维持生命有机体的各项组成中，氮元素为蛋白质的主要构成元素之一，此外还是叶绿素、酶、维生素等的重要组成成分。不同于自然界中以多种形式广泛存在的 C，自然界 99%的 N 以 N_2 的形式存在于大气中或溶解在海洋中，其余则和其他元素结合形成各种氮的化合物，空气中 N_2 的 N 同位素值作为国际通用标准，其 $\delta^{15}N$ 值被认定为 0。与 C 同位素相同，动物取食植物、动物，同样会记录作为食物的植物、动物的 N 同位素值。N 的同位素值沿着食物链逐级升高，即“营养级效应”（trophic effect），为认识食物链提供证据。稳定同位素分析有助于深入分析遗址中的生产状况和人与动物的摄食来源。

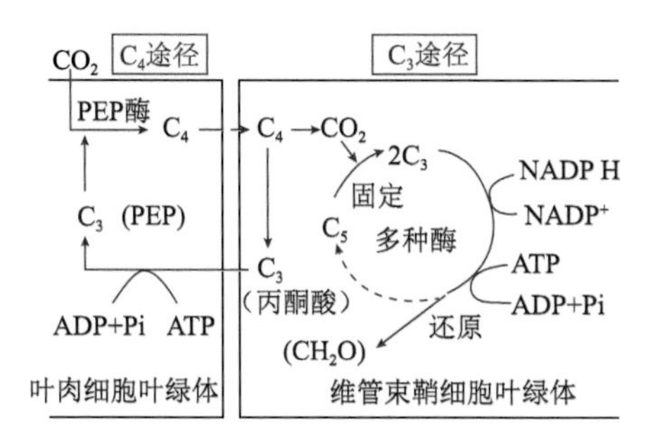

图 2-3 C_3 植物和 C_4 植物光合作用途径的差异（O’Leary，1988）

PEP：磷酸烯醇丙酮酸；NADP：烟酰胺腺嘌呤二核苷酸磷酸；$NADP^+$：还原型烟酰胺腺嘌呤二核苷酸磷酸；ATP：腺苷三磷酸；Pi:磷酸基团；ADP：腺苷二磷酸

三、空间分析

对于遗址的形状、平面图、剖面图等特征，主要依赖野外调查中的测量数据，在电脑上绘制精细的平面形状，然后根据高程、地层等数据绘成剖面图。

获得一个区域所有调查的遗址数据以后，结合文献资料，确定遗址的时代。以地理信息系统为信息综合集成平台，以叠加在数字地形模型上并经过增强的遥感图像为重要信息源，通过对历史文献、考古资料、遥感影像、GPS 测量资料和实验测年资料，结合实地考察结果进行综合分析，确定遗址地物的空间分布；根据当地社会发展的历史阶段性，制作典型时期人类活动遗址分布图，并利用地理信息系统技术分析其时空变化的特征，获得对该区域人类活动遗址的总体认识。

空间分析的基础是把每个遗址看作具有空间属性的点。空间点模式分析的理论源于 20 世纪 60 年代的计量革命，最早是借鉴植物生态学中的理论并将其扩展到其他的研究领域。空间点模式的研究一般是基于所有观测点事件在地图上的分布，也可以是样本点的模式（毕硕本，2015）。空间点模式的分析基础依赖于事件点的空间坐标信息，除此之外，事件点也可以包含其他如时间、规模等属性信息（苑振宇，2014）。自然界中任何一个带有空间位置信息的个体都能被抽象为一个空间点数据，“点”的模式在自然与社会经济中都是普遍存在的。点的空间分布的基本模式有：规则、分散、随机和聚集（张海，2014）。点模式分析主要关注空间点分布的聚集性和离散性问题，所以点模式分析主要针对点的含义、疏密、数量、分布与状态、动态变化等方面，并逐渐形成了四种主要方法：第一种是基于空间点的基本分布特征（如分布中心、形状和方向等特征）的分析方法，如标准差椭圆（SDE）；第二种是基于空间点密度的分析方法，其主要依据研究范围内空间点出现的频率、密度等特征，如核密度估计（KDE）；第三种是基于空间点距离的分析方法，其主要依据研究范围内空间点的最近邻距离，如平均最近邻（ANN）指数；第四种是基于空间点位置和属性的分析方法，其主要依据空间点所带有的特殊属性，如莫兰指数（Moran's I）等。本书主要采用以下方法进行人类活动遗址空间分布模式研究。

1）分布重心

人类活动遗址分布重心参照高靖易等（2019）的方法，认为各个时期人类活动遗址点的几何中心具有活动中心的含义，有助于我们找到更多各时期人类活动遗址点的主要分布区域。其计算方法如下：

$$\bar{X}=\frac{1}{n}\sum_{i=1}^{n}x_i \tag{2-1}$$

$$\bar{Y}=\frac{1}{n}\sum_{i=1}^{n}y_i \tag{2-2}$$

式中，$\bar{X}$为各时期人类活动遗址中心经度坐标；$\bar{Y}$为各时期人类活动遗址中心纬度坐标；n为各时期遗址总数；i为遗址个数；x_i为第i个遗址点的经度坐标；y_i为第i个遗址点的纬度坐标。

2）标准差椭圆（方向分布）

标准差椭圆是用来度量一组数据空间分布方向的算法，是空间统计分析方法中揭示空间要素方向性分布特征的经典算法。标准差椭圆被广泛应用于自然、社会、经济等领域空间发展格局研究（谢文全等，2021）。人类活动遗址点位置的空间分布，在各个方向上的离散程度明显不同（苏巧梅等，2020）。标准差椭圆由长轴、短轴、旋转角、圆心四部分组成，其圆心表示平均中心，长半轴反映遗址点分布的主导方向，短半轴表示遗址点的分布范围，椭圆扁率越大，方向性越明显。其基本算法是以平均中心作为起点，对x坐标和y坐标的标准差（SDE_x，SDE_y）进行计算。因此标准差椭圆可以揭示遗址点分布的中心趋势、离散趋势及方向趋势等空间特征。其主要计算表达式如下：

$$\mathrm{SDE}_x=\sqrt{\frac{\sum_{i=1}^{n}(x_i-\bar{X})^2}{n}} \tag{2-3}$$

$$\mathrm{SDE}_y=\sqrt{\frac{\sum_{i=1}^{n}(y_i-\bar{Y})^2}{n}} \tag{2-4}$$

式中，x_i为第i个遗址点的经度坐标；y_i为第i个遗址点的纬度坐标；$\bar{X}$，$\bar{Y}$为算术平均中心的坐标；n 为各时期遗址总数；i 为遗址个数。

$$A=\sum_{i=1}^{n}\overline{x}_i^2-\sum_{i=1}^{n}\overline{y}_i^2 \tag{2-5}$$

$$B=\sqrt{a^2+b^2} \tag{2-6}$$

$$C=2\sum_{i=1}^{n}\overline{x_i}\,\overline{y_i} \tag{2-7}$$

式中，以正北方向为0°，顺时针旋转；$\overline{x}_i$，$\overline{y}_i$ 为经纬度坐标相对于平均中心的差值。

$$\delta_x=\sqrt{\frac{2\sum_{i=1}^{n}\left(\overline{x}_i\cos\theta-\overline{y}_i\sin\theta\right)^2}{n}} \tag{2-8}$$

$$\delta_y=\sqrt{\frac{2\sum_{i=1}^{n}\left(\overline{x}_i\sin\theta-\overline{y}_i\cos\theta\right)^2}{n}} \tag{2-9}$$

式中，δ_x 为 x 轴的标准差；δ_y 为 y 轴的标准差。

3）核密度估计（KDE）

核密度估计是一种用于估计概率密度函数的非参数估计方法，采用平滑的峰值函数来拟合观察到的数据点，从而对真实的概率分布曲线进行模拟（张达等，2020）。任何地理事件都可抽象为一个事件点，其可以在空间的任何位置发生，但是在不同位置出现的概率高低不同。核密度估计认为区域内任意一个位置都有一个可测度的事件密度（也称强度），该位置的密度可以通过其周围单位面积区域内的事件点数量来估计（苑振宇，2014）。事件点的上方存在一个平滑曲面，该曲面在事件点处值最高，并与点的距离呈现负相关，距离等于带宽时曲面值为零，从而可直观地表现出遗址点在空间分布上的聚集程度。其主要计算公式如下：

$$f(x)=\frac{1}{r^2}\sum_{i=1}^{n}\left\{\frac{3}{n}\left[1-\left(\frac{d}{r}\right)^2\right]^2\right\} \tag{2-10}$$

式中，i 为输入点；r 为搜索半径，即带宽；d 为点 i 和 (x,y) 位置之间的距离。

4）平均最近邻指数（ANN）

平均最近邻指数计算是判断点要素分布模式的一种有效算法，用来表示点要素在空间上相互邻近程度的指标之一（张海，2014）。平均最近邻指数是一种基于最近邻距离的分析方法，最近邻距离是指研究区域内某一点与其周围点的欧几里得距离最短的距离。其基本原理是在实际数据中任意选取其中一点，并将其离得最近的点的平均距离与随机分布模式下的预期最近邻距离进行比较，以其比值来判断“点”的空间聚集性。平均最近邻指数用于评价要素的集聚程度，其计算公式如下：

$$\text{ANN} = \frac{\overline{D_0}}{\overline{D_\text{E}}} \tag{2-11}$$

$$\overline{D_0} = \frac{\sum_{i=1}^{n} d_i}{n} \tag{2-12}$$

$$\overline{D_\text{E}} = \frac{0.5}{\sqrt{n/A}} \tag{2-13}$$

式中，$\overline{D_0}$ 为最近邻平均观测距离；$\overline{D_\text{E}}$ 为期望的平均观测距离；n 为各时期遗址点个数；A 为研究区面积。当 ANN >1 时，空间点均匀分布；当 ANN =1 时，空间点随机分布；当 0< ANN <1 时，空间点集聚性分布。

第三章

新疆沙漠及其毗邻地区的人类活动

新疆古称“西域”，位于中国西北部，是一个集合了干旱与湿润、闭塞与畅通、繁华与荒凉的奇异地理单元。新疆的面积约为 166 万 km^2，是中国面积最大的省级行政区，其陆地边境线 5600km，周边与 8 个国家毗邻，依次为蒙古国、俄罗斯、哈萨克斯坦、吉尔吉斯斯坦、塔吉克斯坦、阿富汗、巴基斯坦、印度（新疆对外文化交流协会，1992）。

以中国自身的视角看新疆，新疆是中国的西北边陲；从亚欧大陆的角度看新疆，新疆却是亚洲的地理中心和亚欧大陆的“十字路口”，这是新疆最为鲜明的地理位置特征。这里不仅是大航海时代以前连通东西方的交通要道，也是连接南亚次大陆与欧亚草原带的交通枢纽，自古以来商旅不绝，交通地位非等闲可比。“轮台东门送君去，去时雪满天山路”“碛中草死骆驼鸣，万里却望长安城”，大漠驼铃一直是普罗大众对西域的直观认识。但就新疆本身的发展历史来说，除了商业，农牧业占据更重要的地位。

“西域”这一名称最早见于西汉史学家司马迁的《史记》。公元前 92 年，匈奴日逐王在西域设置“僮仆都尉”，管理西域各国，并从各国征收赋税。可以说，匈奴王庭是中国历史上第一个整合新疆诸绿洲的政权。汉武帝时期，匈奴人盘剥西域各地粮饷，并经常侵扰汉朝边境，成为西汉王朝的隐患。汉武帝刘彻派遣张骞出使西域以通各国从而建立联盟，并同匈奴展开作战。其后屡和屡战，直至汉元帝建昭三年（公元前 36 年）陈汤灭郅支单于之战结束，至此，汉朝与匈奴的百年大战结束，北匈奴灭亡，南匈奴归附称臣。新疆从汉代起纳入了中国的版图（厉声，2006）。

在地缘文化上，今日的新疆处于伊斯兰文化、斯拉夫-东正教文化、印度文化、东亚儒家文化的交汇处。但在历史上，新疆及周边的文化经过了多次嬗变。尤其是丝绸之路的兴衰给这里的文化交汇与发展施加了深刻的影响，但反过来，文化冲突与融合也极大地影响了丝绸之路的发展。不同文化的轮转更替，在新疆留下了丰富的人类活动遗址。

新疆的地貌特征通常被概括为“三山夹两盆”：由北向南为阿尔泰山、准噶尔盆地、天山、塔里木盆地、昆仑山。其实，更形象地来说，新疆的地貌更像是一个躺平了的巨大的手写体的字母“E”，其中，巨大的一竖自南向北分别由帕米尔高原-天山南脉-阿拉套山-塔尔巴哈台山-萨吾尔山等组成，自南向北高度逐步降低：帕米尔高原海拔基本在 4500m 以上，主要山峰均在 6000m 以上，是亚洲著名的“山结”；到天山南脉，海拔基本在 3000m

以上；天山在伊犁河谷分成了南北两支，构成了一个向西开口的河谷，是古代丝绸之路非常重要的通道；越过伊犁河谷，就到了天山北脉的阿拉套山，其主峰厄尔格吐尔格山海拔4569m，山势向东北越来越低平，到阿拉山口附近，海拔已经下降到了2300多米，阿拉山口已经成为现代欧亚大陆桥重要的对外通道；阿拉套山以北的塔尔巴哈台山-萨吾尔山，总体比较低矮，阿拉套山的最高峰塔斯套山海拔不到3000m，两山的海拔都在3000m以下（杨利普，1987）。

阿尔泰山、天山、昆仑山-阿尔金山分别构成了“E”的三横。绵延于新疆东北境的阿尔泰山是中、蒙、俄三国的界山。更为重要的是，阿尔泰山是欧亚内陆干旱地带的绿色长廊。该山位于欧亚大陆中部，呈西北-东南走向，绵延超过2000km；其北部位于欧亚草原带内部，东连萨彦岭，西接哈萨克丘陵，北邻西西伯利亚平原；其南部深入亚洲中部戈壁荒漠地带，成为瀚海荒原中的“湿润半岛”，额尔齐斯河、鄂毕河等河流都发源于此（Mikhaylov and Owen，1999）。元朝人耶律楚材在《西游录》中描绘阿尔泰山“松桧参天，花草弥谷”“群峰竞秀，乱壑争流”，和周边的戈壁瀚海形成鲜明对比。它位于中国境内的山段，呈西北-东南走向，延伸约400km。山体较为低矮、平缓，从山麓到顶呈阶梯状逐渐抬升。中国境内最高峰为横跨中俄边界的友谊峰，海拔4374m［整个山脉最高峰是俄罗斯境内的别卢哈山（Belukha），海拔4506m］（杨利普，1989）。阿尔泰山草原繁茂，自然景观独具特色，而且水源充足，河流两岸沃壤广袤，自古以来就是优良的牧场。发源于阿尔泰山南坡的河流，如哈巴河、布尔津河、克兰河、喀拉额尔齐斯河等均注入额尔齐斯河。

天山东西横跨中国、哈萨克斯坦、吉尔吉斯斯坦和乌兹别克斯坦四国，全长约2500km。中国境内天山山脉由三列平行的褶皱山脉组成，绵延1700多公里，占地57万多平方公里，占新疆全区面积约1/3（胡汝骥，2004）。山势西高东低，山体宽广。通常划分天山的三脉是：天山北脉有阿拉套山、科古琴山、博罗科努山、博格达山等；天山中脉（主干）有乌孙山脉、那拉提山、艾尔温根山、霍拉山等；天山南脉有科克沙尔山、哈尔克山、贴尔斯克山、喀拉铁克山等（胡汝骥，2004）。东西横亘于新疆中部的天山山脉，不仅是北疆与南疆的分界线，也是新疆最重要的农牧之地。天山具有典型的山地垂直自然带谱，为各种动植物和人类栖息提供了丰富多样的环境。自古以来，天山是新疆的中心。“天山有雪常不开，千峰万岭雪崔嵬”，发源于山地冰雪地带的河流形成了许许多多的湖泊，并滋润了山麓地带大大小小的绿洲，滋养了这里灿烂的文明。

“E”的三横中最长的是新疆南部的昆仑山-阿尔金山，它们也是新疆与西藏、青海的分界线。昆仑山比阿尔泰山和天山都要高峻，但新疆所在的昆仑山北坡受青藏高原北侧下沉气流的影响，气候干旱，山地垂直植被带不发育，仅仅在昆仑山西部的部分区域出现了高山林带，其余大部分区域，从山麓至高山带，均以荒漠植被占统治地位。因气候干旱，相比天山而言，发源于昆仑山北侧的河流较少。阿尔金山脉东西部高，中部低（海拔为4000～4200m）。海拔5000m以上的区段发育着现代冰川，新疆所在的山地北坡呈极端干旱荒漠山地的植被垂直带谱（杨利普，1987）。

在“E”的三横中间的准噶尔盆地、塔里木盆地都向东开口，向西相对封闭。但相比较而言，准噶尔盆地西部的阿拉套山-塔尔巴哈台山等都比较低矮，山间可通行的垭口较多，尤其是位于阿尔泰山和萨吾尔山之间的额尔齐斯河谷，地势低平，便于通行。明末清初俄国使臣进入北疆就是由此而入（约翰·弗雷德里克·巴德利，1981）。阿尔泰山从西北向东南绕过准噶尔盆地的北部和东部，山间可通行的垭口不少，且准噶尔盆地的东南部通过戈壁与蒙古国的戈壁相连，其间不存在山地障碍。由于准噶尔盆地西部的缺口为盆地带来较为湿润的气流，所以年降水量可达 100～200mm，也使得盆地中的古尔班通古特沙漠不是特别干旱，活动沙丘很少。

塔里木盆地西、南、北三个方向被昆仑山-阿尔金山、帕米尔高原以及天山紧紧包围，只有东方，通过戈壁与我国甘肃、蒙古国境内的沙漠戈壁接壤。周边这些山脉地势高峻，极大程度上隔断了外来水汽进入盆地内部，所以盆地内部极端干旱，沙漠戈壁广布。塔克拉玛干沙漠中流动沙丘面积约占沙漠面积的 85%，且多为高大的新月形流动沙丘，高度一般为 100～150m，高的达 200～300m。罗布泊洼地是塔里木盆地的最低部分，为盆地水系的最后归宿，海拔只有 780m（吴正，1995）。由罗布泊东南向东延伸至甘肃省敦煌西部的是库姆塔格沙漠。罗布泊的东部和东北部，经长期风蚀作用，形成与风向大致平行的风蚀墩与风蚀凹地相间的“雅丹”地形，因其形状蜿蜒似龙，顶部多有白色的盐壳层，古人谓之“白龙堆”，此处经常灾风肆虐，夜间厉风吹过千奇百怪的风蚀地，发出高高低低的呜咽低嚎，犹如鬼啸，使得往来行旅闻之色变（屈建军等，2004）。如此独特的地理环境格局，极大地影响了新疆沙漠及其毗邻地区的人类活动遗址的时空分布。

第一节　人类活动的基本脉络

一、古尔班通古特沙漠及其毗邻区域的人类活动脉络

新疆的三大沙漠中，古尔班通古特沙漠独居北疆准噶尔盆地的中心，周边发源于阿尔泰山南坡、天山北坡的大大小小的河流为该沙漠及其周边的绿洲提供了持续性的水源，加上这里可达 100～200mm 的年降水量，为人类活动提供了相对适宜的环境，该沙漠及其周边人类活动的遗址历史悠久。

其中通天洞遗址和骆驼石遗址是最为知名的旧石器时代遗址。通天洞遗址，位于准噶尔盆地西北部的吉木乃县托斯特乡阔依塔斯村东北的一处花岗岩洞穴遗址，海拔 1810m，这里不仅有丰富的旧石器时代遗存，而且有新石器时代、青铜时代的遗存。2016～2020 年发掘期间，发现了距今 45000 多年以前的旧石器中期向晚期过渡的文化层堆积，出土石器、铜器、铁器等各类编号标本和动物化石 3000 余件（于建军，2021）。

骆驼石遗址位于古尔班通古特沙漠西北边缘的戈壁上，区域地形由西北向东南倾斜，遗址所在有一处形似“骆驼”状的雅丹地貌，地表仅有少量的稀疏的骆驼刺、白刺等旱生植被。骆驼石遗址中的石制品均属就地取材，即古人类从裸露于地表的大石块上设法剥离所需的石料，然后再敲敲打打，作进一步的加工。时至今日，仍可见骆驼石遗址中石制品

散布于周边约 20km^2 的范围内。骆驼石遗址是一处以石叶技术为主要特征，包含两面加工技术的石器制造场所，时代处于旧石器时代晚期早段（朱之勇等，2020）。通天洞遗址和骆驼石遗址的存在，说明至少在 45000 年前，人类活动已经到达了古尔班通古特沙漠周边的区域。

目前已经确定的新石器时代遗址仅通天洞一处，所以略而不论。青铜时代的遗址在这个区域就很多了，但基本都在沙漠周边的绿洲草原地带。其中，阿尔泰山南麓、东天山北坡是青铜时代遗址最为密集的区域。西天山北坡和阿拉套山-塔尔巴哈台山-萨吾尔山东坡的博乐、塔城等地也有较多青铜时代的遗址（韩建业，2007）。

如果要说区域差异的话，准噶尔盆地西侧和北侧的青铜时代遗址多为畜牧狩猎性质，而盆地南侧青铜时代遗址多农牧混合。以古尔班通古特沙漠东南缘的四道沟遗址为例。该遗址位于木垒县境内天山的北坡山前地带。遗址位于流水分割成的长条形山梁上，地形绝佳。这个山梁西有小河，东有冲沟。南部也有小沟与天山北麓的台地相互隔离，只有向北逐步缓坡下降。站在山梁上四面眺望，周边的动静皆入眼底，实在是安家立户的好地方。山梁上长满了荒草，都已经枯黄了，踩上去像是铺了厚厚软软的毯子。可以想象，当年这里周边草茂林丰的景象，林间草丛有狐兔出没，灌丛中有各色的浆果，是人类生活繁衍的好地方。这里地形得天独厚，且气候相对湿润，完全可以支撑粟、黍等旱作农业。在早期的发掘中，就发现有粟、黍等作物的种子，反映出这里生态多样，经济方式相应多样（郭物，2012）。

在盆地周边，铁器时代的遗址也很多，比较著名的有乌孙土墩墓。乌孙土墩墓是我国古代在西北地区过着游牧生活的古老民族——乌孙人的坟墓。乌孙人始见于西汉初年，族源为商周时代的昆夷、昆戎。乌孙人原游牧在河西走廊的敦煌、祁连山，它是哈萨克族人的主要祖先之一。公元前 161 年，乌孙人在匈奴人的支持下赶走了大月氏，入居伊犁河流域，对伊犁河流域的开发和奠定祖国的西北版图起到了重要作用。公元前 105 年，乌孙昆莫猎骄靡畏惧匈奴的强大，于是派遣使者献马，要求与汉朝联姻，汉武帝欣然接受，便在公元前 105 年将江都王刘建的女儿细君公主嫁给乌孙王猎骄靡，后来由于细君公主非常不适应乌孙国的生活习俗，两年之后便病死了。细君公主死后，乌孙王继续向汉武帝请求联姻，于是，汉武帝又把楚王刘戊的孙女解忧公主嫁给了乌孙王军须靡，军须靡死后，其从兄弟肥王翁归靡继位，按照乌孙人的习俗，解忧公主改嫁翁归靡，并生了三男两女。解忧公主性格坚强、果敢，能够协助翁归靡处理国家大事。细君公主和解忧公主的两次和亲，体现了汉朝和乌孙国双方主动要求修好结盟的愿望。细君公主和解忧公主都为汉朝与乌孙以及西域各国间的友好做出了贡献，对密切西域各国与汉朝的关系、促进西域经济的发展和后来汉朝统一西域方面都产生了积极影响（王聪延，2021）。

乌孙土墩墓的土墩通常高 7～8m，大土墩的底周可达 200～300m，每个群落有几个至几十个不等，墓葬的布局不仅有南北走向、链状呈单行或多行排列形式，而且还有近似马蹄形、品字形和散状不规则排列形式，大都以南北方向排列，而且都以奇数为群。

乌孙土墩墓在温泉县有 2 处，博乐市有 4 处，精河县有 5 处，共计 11 处，坟丘 150 座。各处墓葬数量的多少差别很大，集中的地方墓葬有几十座，稀少的地方仅有 2～3 座。

封土堆积的大小差异也很大，最大的土墩墓底径有近百米长，高十几米，最小的底径仅有2～3m 长，高度却不到 1m。大多数墓顶均有坍塌的凹坑。有的封土堆积植被和当地的草原植被相同，有的封堆却是黄土、细砂、砾石堆积而成的。

20 世纪 60 年代以来，经发掘研究发现，这些土墩墓下均为竖穴墓室，大型墓的墓室中有木棺，有殉葬的奴隶以及大量的牲畜，出土的文物有大量的铁器、丝织物、细泥红陶及金戒指、金耳环等（巴依达吾列提和郭文清，1983）。

汉代以后，西域逐渐纳入祖国的版图。文化发展受中原的影响越来越大，中原形制的城池等大型遗址开始出现，尤其是在唐代，在古尔班通古特沙漠南缘的绿洲之地建设了许多城市，如吉木萨尔县境内的冯洛守捉城。守捉，按照唐朝的制度，是朝廷在边地的驻军机构，目前已知的守捉，主要分布在陇右道与西域，大致相当于今天甘肃、新疆等地。《新唐书•兵志》：“唐初，兵之戍边者，大曰军，小曰守捉、曰城、曰镇，而总之者曰道”，意思是唐代边兵守戍者，大者称军，小者称守捉、城、镇。唐代北庭治下在新疆北部境内沿着天山东西向交通线上的冲要之地有一系列的守捉城，根据史书记载（欧阳修和宋祁，1997），至少有：罗护守捉、赤亭守捉、独山守捉、张三城守捉、沙钵城守捉、冯洛守捉、耶勒城守捉、俱六城守捉、张堡城守捉、乌宰守捉、叶河守捉、黑水守捉、东林守捉、西林守捉等。《新唐书•地理志》中关于北庭大都护府的描述有：“自庭州西延城西六十里有沙钵城守捉，又有冯洛守捉”，守捉之下还有“烽”“戍”，守捉附近一般有城有镇。

现存的冯洛守捉城是个大致四方形的古城，城内南北长 262m，东西长 129m，东墙中间靠墙似乎有一大型建筑，仅存南北两墙坍塌以后所形成的高台。城东是一大片的钻天杨，在秋日的阳光下，金黄的叶片构成了彩色的背景，与城西灰蒙蒙的荒漠形成了鲜明的对比。遗存被破坏得很厉害，乡村公路把古城从中一分为二。在公路劈开的城墙上，墙残高 2m，墙基很宽，接近 15m。考察中，我们在城内发现有陶纺轮、铁渣等，可见这个城在当时除了驻防，还有一定的生产功能。

这个区域除了汉唐时期的古城，还有不少清代的古城。从这些古城的分布来看，地理环境和人类活动对它们的影响很大。以清代马桥古城为例。马桥古城其实是东西相邻，隔河而望的两座古城的合称，位于呼图壁以北 80 多公里的沙漠中。清同治年间，新疆遭受阿古柏入侵，烽烟遍地。当地居民在高四等人的带领下，于同治四年（1865 年）在洛克伦河两岸跨河筑城，抗敌自保。因河道将城区分为东西两部分，不利交通，故在河上架设木桥，供一人一骑通行。该桥取名马桥，该城也因桥而得名。当时因为土匪横行，所过之处化为焦土，河流上游的灌溉工程不复存在，水流得以顺着河道到达马桥古城所在的沙漠地带，不但增加了防守的护城河，而且保证了军民依托城池且战且耕（余骏陲，1993）。

1869 年 7 月，迪化（今乌鲁木齐）民团首领徐学功收复景化（今呼图壁）城。后因孤军无援，撤至马桥子城，与高四合力，筑马桥子附城，徐学功、高四等即以此二城为据点，率领民团和难民且耕且战，抗击阿古柏匪徒和沙俄侵略者，保家卫国。1877 年，左宗棠率领的清军驱除阿古柏等匪徒后，逃到沙漠边缘的难民陆续返回自己的家园，在上游恢复生产，引水灌溉，使地处呼图壁县河下游的马桥子地区，水量越来越少，生产难以为继，马桥子城逐渐废弃（张莉等，2004）。

所以，这个古城的存在与废弃，是地理环境与人类活动紧密联系的产物。今天，这里紧贴古尔班通古特沙漠，古城的四面都是荒漠梭梭和红柳，城北有垄状沙丘，完全被灌丛覆盖。西面不远处是新疆生产建设兵团的棉田，一排整齐的钻天杨枝繁叶茂，像是整整齐齐列队的军人。一台拖拉机轰隆隆地从路上开过，打破了荒野的沉寂。古城系夯筑而成，和我们考察过的多数古城相比，墙体比较单薄，城内的建筑可见残破的土墙，有的房屋轮廓尚在。站在写满沧桑的古城墙上，缅怀先贤，对英雄致敬，深刻感受到要珍惜今日民族团结的大好局面。

这里的古城，也有不同于中原形制的。其代表就是位于古尔班通古特沙漠西北缘的准噶尔古城。准噶尔古城是准噶尔汗国都城遗址，又称"道尔本厄鲁特古城"，蒙古语即"四卫拉特古城"之意。

1634年，准噶尔部首领哈喇忽刺去世，其子巴图尔珲台吉即位，旋即实行对外扩张政策，并于1638年建此都城。1640年，沙俄托波尔斯克将军派往巴图尔珲台吉处的使者缅希列麦佐夫写道：珲台吉在蒙古边境的基布克赛尔（俄文笔误，即和布克赛尔）天然界区建造了一座石城从事耕耘，并要在这座小城里居住（马大正和成崇德，2006）。在此期间，恰好也是清王朝迅速崛起的时候。1636年，皇太极改"女真族"为"满洲族"，改国号为大清（马大正和成崇德，2006）。与准噶尔汗国几乎在同一时期崛起并建立政权。

准噶尔古城为方形，规模为500m×500m，古城的城墙为土墙，高5.2m，底宽8m，顶宽5m（图3-1）。城墙土坯为灰黑色，至今保存完好。城墙的四个角上，各有一个圆形的岗楼，北、西、南三面各有一门。城中的遗址，大都分布在偏北部分，有房舍残垣，有夯土台。散落的青砖、筒瓦、瓦当、瓦片上有兽头、花卉等图案。

图3-1　准噶尔古城城墙局部（上）和远眺（下）

城墙上长满了荒草，只有部分城墙裸露，自东向西拍摄于2019年10月

17 世纪中前期，面对沙俄方面的步步紧逼和漠南蒙古并入清朝，卫拉特和喀尔喀的首领们意识到巩固和加强部落内部的团结、一致对外的重要性。1640 年，在七和硕喀尔喀兀鲁斯的札萨克图汗、和硕特部固始汗、准噶尔部巴图尔珲台吉等首领们的倡导和支持下，联合包括伏尔加河流域驻牧的土尔扈特部首领和鄂尔勒克及其子书库尔岱青等在内的 44 位蒙古领主王公，在此汗都召开“丘尔干”（联盟）大会，制定《蒙古—卫拉特法典》（简称《卫拉特法典》）。随后，准噶尔汗国首领巴图尔珲台吉，连续两次击退沙俄侵略军，迫使沙俄承认了准噶尔汗国的独立自主地位，两国开始互通贸易（马大正和成崇德，2006）。

其后 1648 年，巴图尔珲台吉在此地下令给卫拉特蒙古高僧咱雅班第达（1599～1662 年），将回鹘式蒙古文改造成“托忒”文字（汉语即明白、清楚之意），作为准噶尔汗国的通用文字。此外，1654 年出使清廷的沙俄使臣巴依科夫，在赶赴北京的途中，记录准噶尔汗国这座都城时写道：这座小城据说是土城，城中有两座石筑的佛寺，在这座城里住的是喇嘛和种地的布哈拉人（马大正和成崇德，2006）。

17 世纪 70 年代，准噶尔汗国在伊犁河谷及周边地域不断发展、日趋强盛，随即把都城迁往伊犁。从而，道尔本厄鲁特城不再成为准噶尔汗国的政治中心，仅发挥经济、文化作用。清朝经过康熙、雍正、乾隆三代的努力，最终平定了准噶尔的叛乱，统一了新疆（马大正和成崇德，2006）。

二、塔克拉玛干沙漠和库姆塔格沙漠及其毗邻区域的人类活动脉络

塔克拉玛干沙漠和库姆塔格沙漠坐落于南疆的塔里木盆地，遗址的分布可以说和古尔班通古特沙漠所在的准噶尔盆地有同有异。相同之处是这里的遗址同样聚集在沙漠边缘地带的绿洲上，不同之处是这里的农业遗址更多。和准噶尔盆地相比，塔里木盆地更加温暖、更加干旱，所以这里的农业都是绿洲灌溉农业。

塔里木盆地的旧石器时代遗址目前仅有零星发现，已知的有和田玉龙喀什河右岸和罗布泊等地，尚未有系统的发掘（李康康等，2019）。自青铜时代以来，南疆地区人类活动遗址总体呈现“四周密集，中心稀疏”的特征，主要分布在天山南坡、西昆仑山及阿尔金山北坡的山麓与山地之间的绿洲之中。

这里的许多遗址，公众知名度很高，最知名的当属小河遗址（小河墓地）和圆沙古城遗址。小河墓地位于新疆巴音郭楞蒙古自治州若羌县罗布泊地区孔雀河下游河谷南约 60km 的沙漠中。小河是孔雀河向南流出的一条支流，比较窄小，流径也比较短，是一个无名的古河道。1934 年，由瑞典考古学家贝格曼发现并在当地罗布猎人奥尔德克的带领下，顺着这个小河进入墓地，并进行了发掘，小河墓地因此得名。从 2002 年底以来，通过跨 4 个年度的沙漠考古，共计发掘墓葬 167 座，主要是成人单葬墓，获服饰保存完好的干尸、男性木尸、干尸与木尸相结合的尸体若干，出土珍贵文物数以千计（夏雷鸣，2005）。现在已经知道，小河墓地的时代正是青铜时代。小河墓地整体由数层上下叠压的墓葬及其他遗存构成，外观为在沙丘比较平缓的沙漠中突兀而起的一个椭圆形沙山。

关于小河墓地，知名度最高的是“小河公主”，随着中央电视台节目的播出，吸引了很多人的注意。

圆沙古城又名尤木拉克库木古城，位于于田县大河沿乡，地处塔克拉玛干沙漠腹地，几乎全被沙丘覆盖（图 3-2），距离最近的于田县城也有 200 多公里。因为流动沙丘的影响，现在已经很难到达。这座古城的神秘之处在于它史无记载。迄今为止，塔克拉玛干沙漠中发现的其他古城，如楼兰、尼雅、丹丹乌里克等，都在我国的一些典籍中有记载，且很大程度上可以和史书的记载互相对照。但沙漠腹心之地的这座圆沙古城，却不见任何史书记载过。这座古城也没有被外国探险家捷足先登发掘过。20 世纪 90 年代以来，考古学家陆续对这里开展了考察和发掘。这座古城周长约 995m，大致呈不规则的四边形，形状酷似桃子。根据对城墙中的木炭等进行的碳十四测定，年代为距今两千多年（夏倩倩和张峰，2016）。古城周围纵横交错的渠道依稀可辨，其中一条渠道的遗址宽达一米左右，说明这里有着发达的灌溉农业。这些渠道也成为新疆目前最早的古渠道遗存；城内发现炼渣，说明这里曾有冶炼业；城中散布数量很多的动物骨骼，羊、骆驼量较多，其次为牛、马、驴、狗，还有少量的猪、鹿、兔、鱼、鸟骨等，说明畜牧渔猎曾在该城经济生活中占有重要地位。已经发现的农作物有麦和粟等，在城内还有数量众多、大大小小的马鞍形石磨盘以及数量众多的用于储存粮食的窖仓。此城因何而筑？由谁而筑？又因何废弃？目前还是未解之谜。

图 3-2　塔克拉玛干沙漠中的圆沙古城

图中依稀可见被掩埋的城墙。新疆大学张峰老师拍摄，时间为 2009 年

塔里木盆地中，青铜时代和铁器时代的遗址数量相对较少，汉代遗址大量出现在沙漠边缘的绿洲地区，每百年出现的遗址数量由青铜时代的不到 20 个增加到 160 个以上。南疆在青铜时代—早期铁器时代时期、铁器时代时期人类活动遗址数量有所发展，但十分缓慢。究其原因，对于西域，早期的对外交通及商贸交流相对封闭，因此，人类活动的范围有限，年代久远，留存遗址量少；而在西汉—南北朝时期，南疆人类活动遗址数量发展极为迅速，人类活动的规模急剧扩大，分析其原因，主要是西域纳入我国版图以及丝绸之路的开通，极大地促进了南疆社会经济快速发展，大量的人类活动遗址开始出现。

这个过程是从汉武帝时期开始的。公元前 104 年，汉武帝命李广利三年两伐大宛（在今中亚费尔干纳盆地），使西域的许多国家相继臣服于汉。公元前 102 年，汉军攻破大宛城，汉朝在西域各国中的威望大增。公元前 101 年，汉朝在天山南部的轮台、渠犁等地驻兵数百人进行屯田，并设“使者校尉”地方官员统领之。公元前 60 年，西汉中央政权在乌垒城（今轮台境内）设立了“西域都护府”（因为保护天山南北，故名都护），新疆正式成为中国领土的一部分。西汉末年，王莽篡权，内地政局不稳，波及新疆，天山南北各地又陷入分裂状态。东汉初年，匈奴南下，重新统治了西域各地。公元 73 年，东汉王朝派遣大军攻伐北匈奴，于天山一带击败匈奴，占据伊吾（今哈密）。同时，班超受命顺天山南麓西行收复失地，班超在西域各地人民帮助下，南征北战，有力地稳定了西域的政治局势，后受封为西域都护“定远侯”。班超在任期间，还派甘英等人于公元 97 年出使大秦（拜占庭帝国，或称东罗马帝国），使东西方的文化交流进一步发展（厉声，2006）。

魏晋时期，先是魏国继承汉制，保有西域，在伊吾（今哈密）置宜禾都尉，在高昌（今吐鲁番）设“戊己校尉”，在车师后部赐予他们的王代理侍中官职，号大都尉，后又设置“西域长史”一职管理西域各民族。这种情形持续到西晋时期。到了东晋，中国北方各族混战，公元 327 年，割据河西的前凉张骏攻取伊吾，将其划属敦煌郡，以参军索孚为伊吾都尉。公元 327 年设立高昌郡，隶属沙洲（今敦煌），这是高昌按内地行政设官的开端。前凉于公元 345 年征服焉耆，并陆续把龟兹、鄯善、于阗等纳入版图，中央集权在西域地区进一步巩固（新疆社会科学院民族研究所，1980；陈超，2001；田卫疆，2001）。

及至北魏基本一统中国北方，他们控制了今天新疆东南的一部分。疏勒、于阗、龟兹和且末等政权控制了西部，而中央吐鲁番附近则被北凉的延续者高昌所统治。公元 400 年，河西李皓建立西凉，驻军玉门、阳关以西诸城，控制西域。公元 442 年，北魏灭北凉，西域诸国降附北魏。公元 488 年，北魏置伊吾郡。南北朝末期，吐谷浑和柔然开始分别侵入新疆南部和北部。至公元 534 年，北魏分裂为东魏、西魏，后被北齐、北周取代，中央王朝不再控制西域（新疆社会科学院民族研究所，1980）。

隋朝统一中原，隋炀帝即位之初，就派遣吏部侍郎裴矩到张掖、武威主管与西域的互市，了解西域民情。隋朝从突厥人手中夺取了西域东部，公元 608 年，隋军进驻伊吾，建筑城郭，设鄯善（今若羌）、且末（今且末西南）、伊吾（今哈密境内）三郡（陈超，2001；田卫疆，2001）。

唐朝取代隋朝以后，开始积极经营西域。公元 640 年，唐朝发兵攻下了高昌城，于该地置西州，又于可汗浮图城（今吉木萨尔）设庭州；同年在高昌设安西都护府，后迁至库车，改置为安西大都护府。安西大都护府下辖安西四镇：龟兹、疏勒、焉耆、碎叶（今吉尔吉斯斯坦的托克莫克市），辖境相当于今我国新疆及哈萨克斯坦东部、吉尔吉斯斯坦北部楚河流域。唐朝打败西突厥后，统一了西域各地，把天山南北分开管理：公元 702 年，唐朝在北庭（现吉木萨尔）设立了北庭都护府，管辖天山以北地区，而安西大都护府管理天山南部和葱岭以西的广大地区。唐代在新疆留下了非常多的遗址，常常可以见到烽火台（图 3-3），这也是唐代中央政府“大一统”的见证（陈超，2001；田卫疆，2001）。

图 3-3　新疆托克逊县布尔干烽火台

拍摄于 2020 年 10 月

吐蕃崛起以后，开始与唐朝争夺西域。到了唐朝中后期，吐蕃加紧了对西域的进攻，占领了南疆大部分地区，但吐蕃在此地的统治并不稳固，至公元 866 年吐蕃完全退出了对西域的控制。公元 840 年，回鹘由蒙古高原西迁而来，建立了以吐鲁番为中心的西州回鹘政权和以喀什噶尔为中心的喀喇汗王朝，与当时的于阗王国鼎立为三（新疆社会科学院民族研究所，1980；马国荣，1985；田卫疆，2001）。

回鹘人的西迁，是新疆人类活动历史上的大事。回鹘，原称回纥，是铁勒（中国古族名）的一支。他们最初活动于色楞格河和鄂尔浑河流域（今蒙古国东北部），后迁居土拉河北（今蒙古国中部）。公元 744 年，回鹘于漠北建立汗国，长期与唐朝保持友好关系，两次出兵帮助唐朝平息“安史之乱”。公元 840 年，回鹘汗国因自然灾害侵袭、统治集团内讧及黠戛斯（中国古族名）的进攻等原因而崩溃，部众大部分向西迁徙。西迁的一支迁往今吉木萨尔和吐鲁番地区，后建立高昌回鹘王国；还有一支迁往中亚草原，分布在中亚至喀什一带，与葛逻禄等民族一起建立了喀喇汗王朝。自此，塔里木盆地周围地区受高昌回鹘王国、喀喇汗王朝和于阗王国统治，不同的民族互相融合，为维吾尔族的形成奠定了基础（郭平梁和刘戈，1995；陈超，2001）。

9 世纪末至 10 世纪初，伊斯兰教经中亚传入新疆南部地区。到 10 世纪中叶，信仰伊斯兰教的喀喇汗王朝对信仰佛教的于阗王国发动了宗教战争（喀喇汗于阗战争），于 11 世纪初灭亡于阗，把伊斯兰教推行到和阗地区（今和田地区）。成吉思汗完成了对天山南北的政治统一。西域大部分地区成为成吉思汗次子察合台的封地，即察合台汗国。14 世纪中叶起，在察合台汗国的强制推行下，伊斯兰教逐渐成为察合台汗国的蒙古族、维吾尔族、哈萨克族、柯尔克孜族、塔吉克族等信仰的主要宗教。16 世纪初，伊斯兰教最终取代佛教成为新疆的主要宗教（中国国务院新闻办公室，2003）。

明朝建立以后，在今克什米尔东北和西藏西部设置俄力思军民元帅府，在洪武六年（1373 年），明太祖就发布了册封俄力思军民元帅府元帅的诏书；公元 1406 年，又设立哈密卫，在西域地区实施羁縻政策，任用当地世族首领为各级官吏统辖当地军政事宜。此时的西域，诸国并存，有东察合台汗国、吐鲁番王国、叶尔羌汗国、哈密王国、瓦剌汗国等，都是蒙古贵族后裔。明朝政府为了统辖西域管理，特在哈密设卫，即以哈密卫作为明朝政府管理西域地区的最高行政和军事机构（新疆社会科学院民族研究所，1980；冯家升和程溯洛，1981；次旦扎西，2004；厉声，2006）。明朝中后期，放弃对新疆的管控，退守嘉峪关，东察合台汗国演变为叶尔羌汗国。至 17 世纪初，漠西蒙古逐渐形成了准噶尔、杜尔伯特、和硕特、土尔扈特四部，其中的准噶尔占据伊犁河流域，成为四部之主，并统治南疆（中国国务院新闻办公室，2003）。

18 世纪初，清朝建立以后，准噶尔贵族作乱，乾隆皇帝于 1755 年派出平叛大军，最后彻底消灭了准噶尔汗国，统一了西域。乾隆帝把这片土地命名为“新疆”，取“故土新归”之意。光绪十年（1884 年），清政府发布上谕，新疆建省（中国国务院新闻办公室，2003）。

第二节　人类活动的基本特征

一、遗址的时空分布

新疆的地理环境特征非常具有区域特色，就是大山与大盆地的组合，这在我国的省级行政区中是独一无二的。从空间分布来看，山地环绕在盆地的周边，山地和盆地相接的山麓地带是大小不同的绿洲，从绿洲往盆地，基本都是温带大陆沙漠或荒漠。山地为盆地内的绿洲和荒漠提供了土壤成土的物质来源，风化的岩石在重力、风力以及水力的搬运下被不断地运移到盆地内，从而形成盆地内土壤的成土母质；同时山地还是盆地径流的产流区，其高山冰川积雪融水与山地降水是流到荒漠盆地的河流与地下水的主要水源，山地向盆地内部的绿洲和荒漠系统输送了大量的地表水和地下水，各种矿物质从山地被运移到盆地内部（图 3-4）。

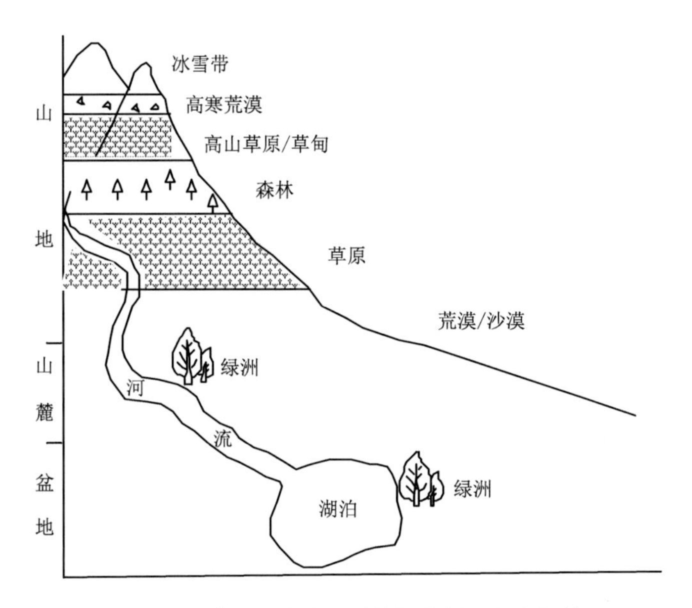

图 3-4　山地-绿洲-荒漠（盆地）系统概念图（安成邦等，2020b）

绿洲与山地、荒漠有着相辅相成的密切联系，在这样的系统之中，绿洲是人类活动最为集中之地。这首先是因为绿洲具有更高的生物生产量（樊自立等，2004）。在荒漠的包围中，绿洲的自然或者人工的植被和周边形成鲜明的对比。其次，与山地、荒漠系统相比，绿洲的空间利用率更高，与外部的连接和交流更为便利。但是，山地和荒漠的空间分布格局限定着绿洲分布格局，山地水资源的多少决定着绿洲规模，有水的地方就是绿洲，无水的地方就是沙漠戈壁。

荒漠相对于绿洲和山地，气候干燥、蒸发强烈，同时，地表温度变化很大，物理风化强烈，风力作用活跃，地表水极端缺乏，植被稀疏，表现出一片荒凉的景象。而且比起绿洲和山地来说，荒漠具有生态结构简单、稳定性差、生产力低的特点，荒漠中的植被种类比较少，物种的结构和功能都很简单，生态环境很脆弱。所以，山地-绿洲-荒漠（盆地）的自然特征决定了人类活动主要集中在绿洲，其次是山区，再次是荒漠。

根据遥感研究的结果（潘晓玲等，2004）。绿洲的面积占新疆整个区域面积的 18.48%，荒漠和沙漠为 67.51%，典型草原 10.27%，森林草原 3.39%，湖泊 0.35%。南疆塔里木河流域绿洲主要依赖昆仑山和天山的降水，通过河流汇集到该区后灌溉来维持，而天山北麓的绿洲，有足够的降水和灌溉共同维持；山地草原主要通过降水来维持。

山地垂直带谱的变化，使得山地拥有丰富的生物多样性资源、水资源和矿产资源。天然森林和草地资源是区内的优良牧场，只可惜其面积有限。山地多变的地形是形成环境多样性以及生物多样性的基础，但地形地貌的变化往往形成许多交通障碍，不利于人类的生产与交流。

绿洲的稳定或者兴衰直接受河流水量和河道路径变化的影响。绿洲是该区人类各种活动的中心场所，受人类活动的影响最大，人类对于绿洲的干扰也最多。绿洲除了自然植被，往往有发达的农田体系，因此绿洲系统区别于山地和荒漠，其稳定性受自然和人为因素的共同制约。绿洲最大的不足是其面积有限，兴衰受制于绿洲上游来水量的多寡。降水增加时，绿洲和草原的面积增加（潘晓玲等，2004）。

荒漠虽然也是牧场，但其净第一性生产力很低，多为劣等牧草，加上沙漠酷暑严冬的气候和干旱缺水的生境，实不宜放牧。且其生态系统十分脆弱，很容易导致天然植被的退化和珍贵野生生物资源的破坏。

在现代生产方式进入以前，新疆基本是绿洲发展农业，辅以畜牧业和手工业，周边的草原和荒漠地带以牧业为主。在空间上，绿洲及其毗邻的地域一般都会形成牧业与农业的交错分布，绿洲的农民和手工业者生产谷物和手工业品。例如，在公元5～6世纪的时候，吐鲁番等地农民和手工业者能够生产纸张（Agnieszka，2016），牧民生产畜产品（肉、奶、皮毛等），正好可以互补，往往会形成一个相对自给自足的生产单位（图 3-5）。这样的一个绿洲系统和外界的沟通需求有限，加上沙漠和山地的阻隔，绿洲系统之间往往保持相对独立的状态。绿洲土地面积有限，影响了财富积累的速度和规模，因而也很难产生跨区域的大国。由于绿洲自然条件的限制，难以承载大量的人口，特别是军队；单个绿洲又和其他绿洲在地理上处于相对隔绝的状态，故绿洲中所产生的剩余财富和力量，很难支撑一个强大的政权的诞生和运行，自然就出现了诸国林立的现象。所以在汉代时，西域有三十六国，人口不多，一般两三万人，最大的龟兹有八万人，兵力二万一千七十六人，小的如且末国，人口一千六百一十人，兵力三百二十人；居民从事农业和畜牧业。除生产谷物以外，

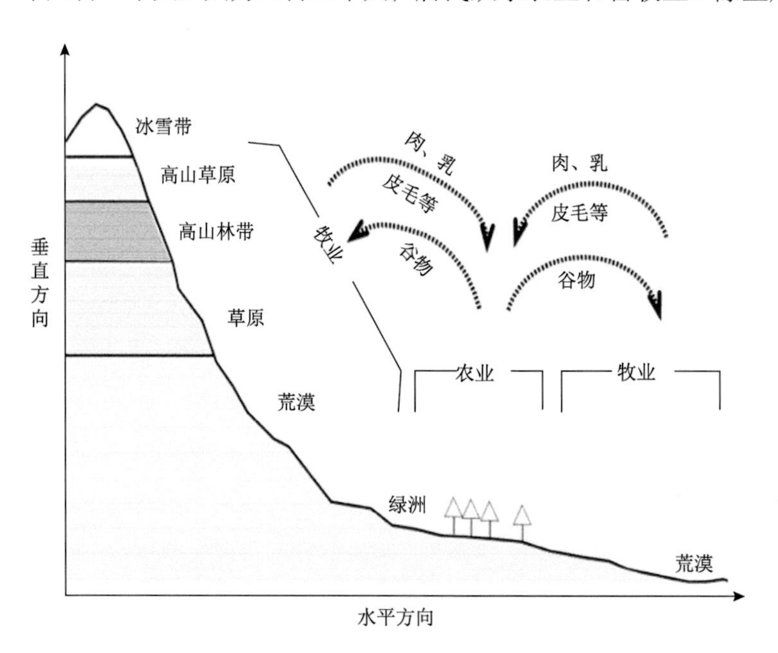

图 3-5 新疆山地-绿洲-荒漠系统及农牧业互补示意图

有的地方盛产葡萄等水果。畜牧业有养殖驴、马、骆驼（《汉书•西域传》）。大的跨区域性政权，基本是外来的农耕或者游牧民族建立的。一旦外来的力量消失，大的跨区域的政权就迅速瓦解。例如，《明史》所载："于阗自古为大国，隋、唐间侵并戎卢、捍弥、渠勒、皮山诸国，其地益大……元末时……人民仅万计，悉避居山谷，生理萧条。永乐中，西域惮天子威灵，咸修职贡，不敢擅相攻，于阗……复致富庶。"有中原力量的相助，于阗才能维持西域大国地位。

在新疆这种独特的自然地理环境中，海拔就成为控制空间分异最重要的地理要素。高程是引起自然环境垂直分带的控制因素，更控制着区域内的光热等条件，气候、温度等与人类生活息息相关的自然因子也与高程有着密不可分的关系，所以高程是人类选择活动范围的重要因子。根据新疆 DEM 数据，结合研究区内自然带垂直带谱，我们在垂直方向上将各时期的人类活动遗址划分为 6 个高程区间：绿洲、荒漠/沙漠带为 750～1500m；草原带为 1500～2500m；森林带为 2500～3000m；高山草原带为 3000～3500m；高寒荒漠带为 3500～4000m；冰雪带为 4000m 以上。我们选择青铜时代—早期铁器时代时期、铁器时代时期、西汉—南北朝时期、隋唐时期、宋元明时期、清—近现代时期六个时期遗址分布的高程进行对比分析。

结果发现（图 3-6），无论在哪个时期，位于海拔 750～1500m 范围之内的人类活动遗址最多，换言之，人类活动的集中之地既不在盆地中海拔最低的河流尾闾地区，也不在通常认为环境更加优越的山地草原地带，而是集中在山麓地带。这个地带在青铜时代—早铁时代时期、铁器时代时期、西汉—南北朝时期、隋唐时期、宋元明时期、清—近现代时期分别集中了对应时期的人类活动遗址的 76.6%、38.0%、87.8%、85.4%、84.4%、72.7%。虽然铁器时代的比例略低，但在铁器时代，750～1500m 范围之内仍然聚集了比其他高度范围更多的遗址。

当然，这种高程上的空间分异，落实在具体的区域，还是有差异的。如何度量某地遗址的聚集程度呢？我们用核密度估计反映遗址在空间上的聚集度。核密度越高，遗址越聚集。我们选择青铜时代—早期铁器时代和隋唐时期来进行比较（图 3-7，图 3-8）。从遗址核密度可以得到，塔克拉玛干沙漠和库姆塔格沙漠及其毗邻区域青铜时代—早期铁器时代时期，人类活动遗址表现出集中分布的趋势，人类活动遗址主要分布在塔里木盆地中心以及东部部分地区，形成了两个较为明显的高核密度区，即两个集聚中心，分别位于和田河支流喀拉喀什河流域中游和孔雀河流域下游。

到了隋唐时期，塔克拉玛干沙漠和库姆塔格沙漠及其毗邻区域人类活动遗址呈现西北核密度高，东南核密度低的特征，主要分布在塔里木盆地西北地区，形成了五个高核密度区，即五个集聚中心，从西往东，第一个高核密度区位于克孜勒苏河流域上游；第二个高核密度区位于桑株河流域下游；第三个高核密度区位于克孜勒苏河流域下游；第四个高核密度区位于克里雅河流域西部；第五个高核密度区位于渭干河流域下游。塔克拉玛干沙漠和库木塔格沙漠及其毗邻区域隋唐时期人类活动遗址空间分布表现出"多核中心集聚模式"。

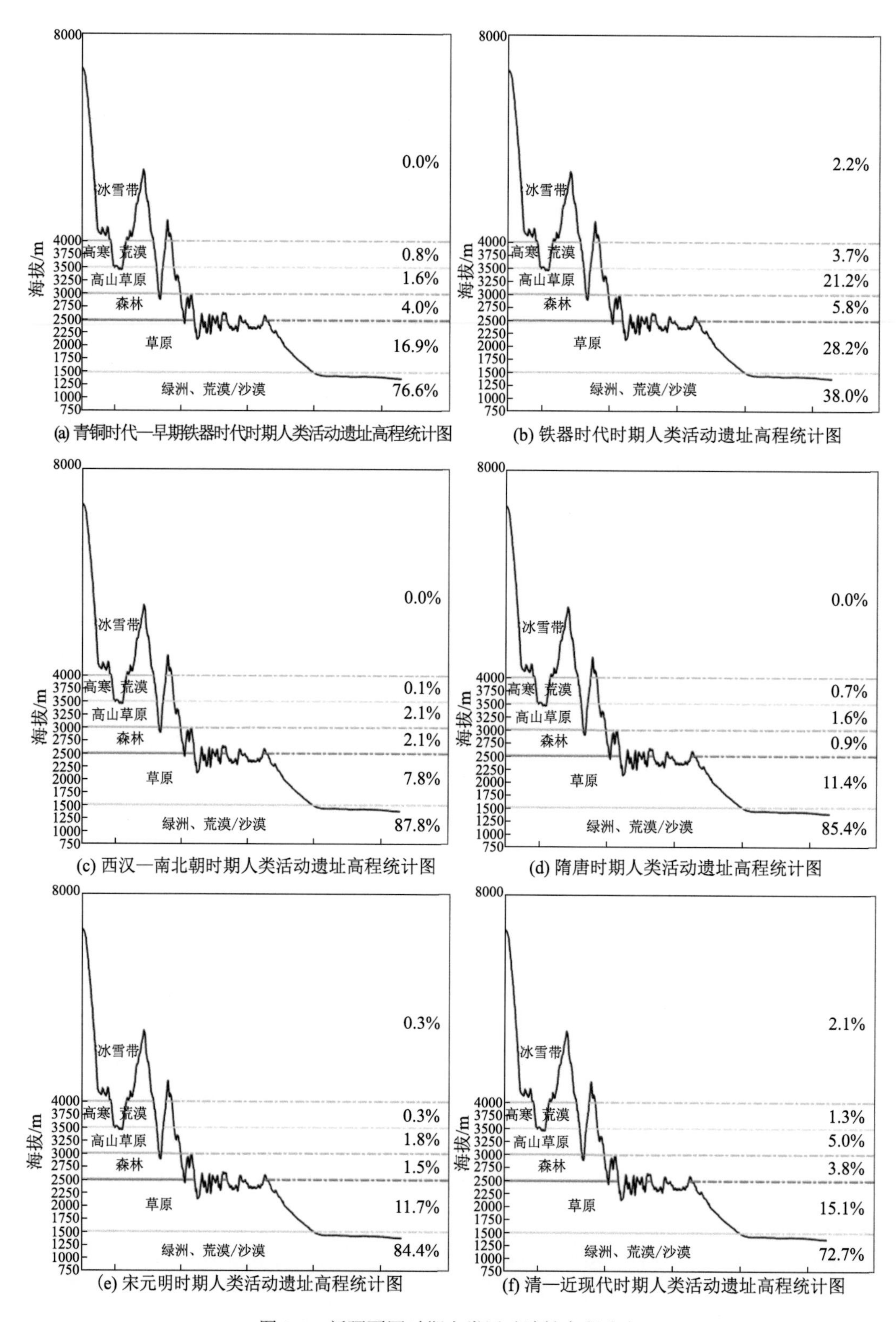

(a) 青铜时代—早期铁器时代时期人类活动遗址高程统计图

(b) 铁器时代时期人类活动遗址高程统计图

(c) 西汉—南北朝时期人类活动遗址高程统计图

(d) 隋唐时期人类活动遗址高程统计图

(e) 宋元明时期人类活动遗址高程统计图

(f) 清—近现代时期人类活动遗址高程统计图

图 3-6 新疆不同时期人类活动遗址高程分布

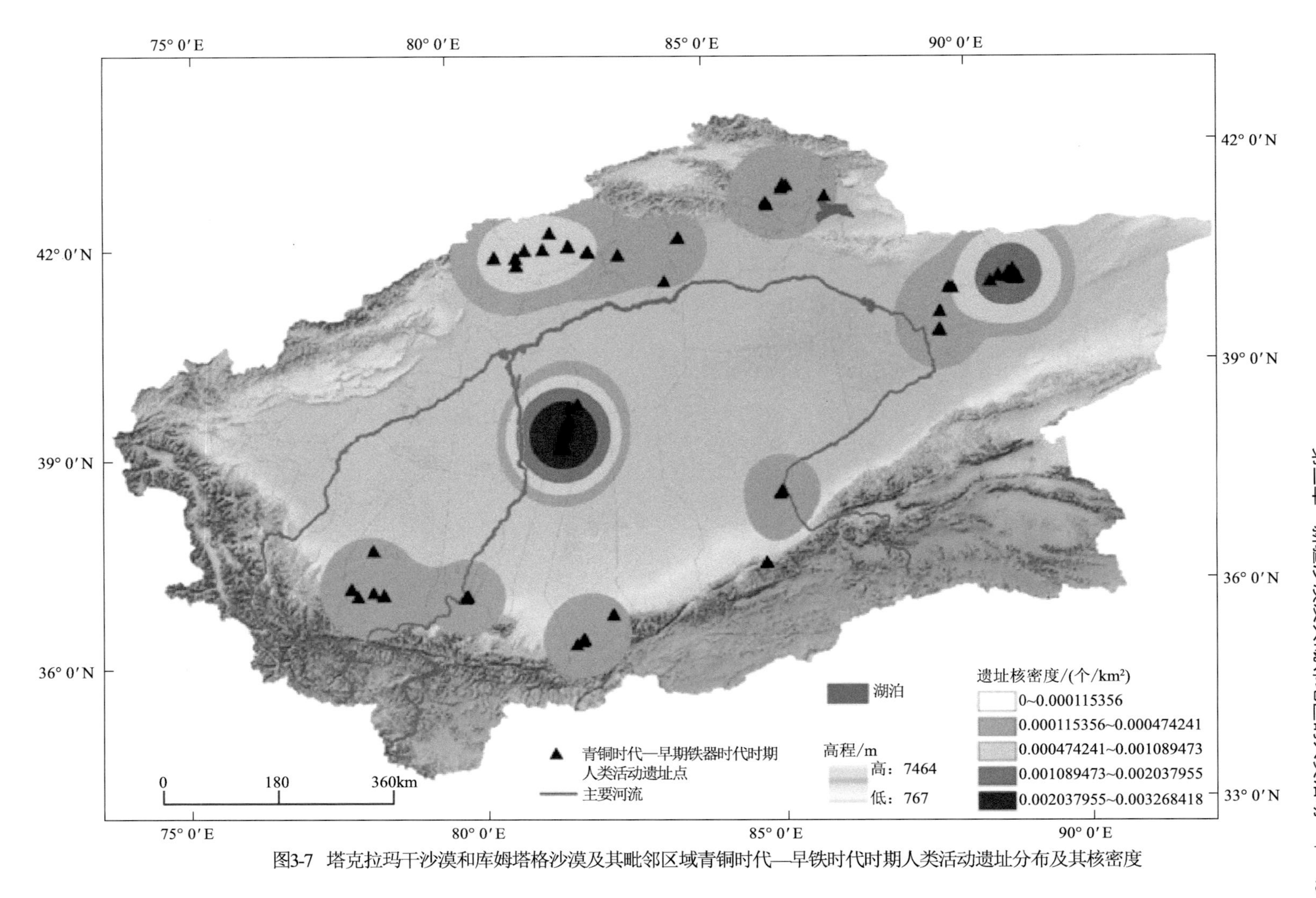

图3-7　塔克拉玛干沙漠和库姆塔格沙漠及其毗邻区域青铜时代—早铁时代时期人类活动遗址分布及其核密度

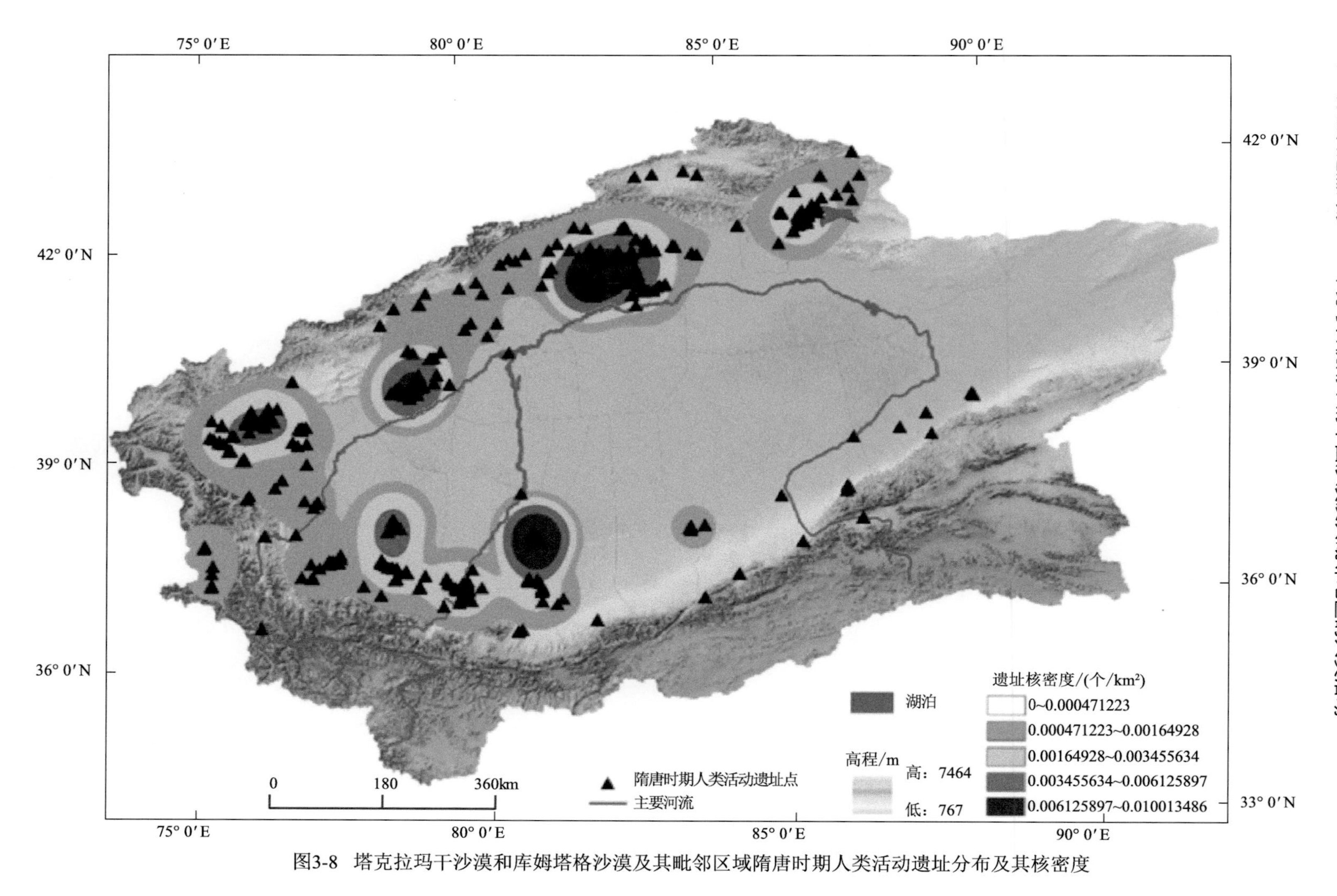

图3-8 塔克拉玛干沙漠和库姆塔格沙漠及其毗邻区域隋唐时期人类活动遗址分布及其核密度

到了古尔班通古特沙漠及其毗邻区域，人类活动遗址的空间分布表现出不同的空间模式。我们同样选择青铜时代遗址和隋唐时期遗址分布来进行比较（图 3-9，图 3-10）。和天山以南的两个沙漠及其毗邻区域不同，这里的遗址虽然也主要分布在山前地带，但没有形成特别聚集的地区。即使在东天山遗址较多，也没有形成明显的核心区域。

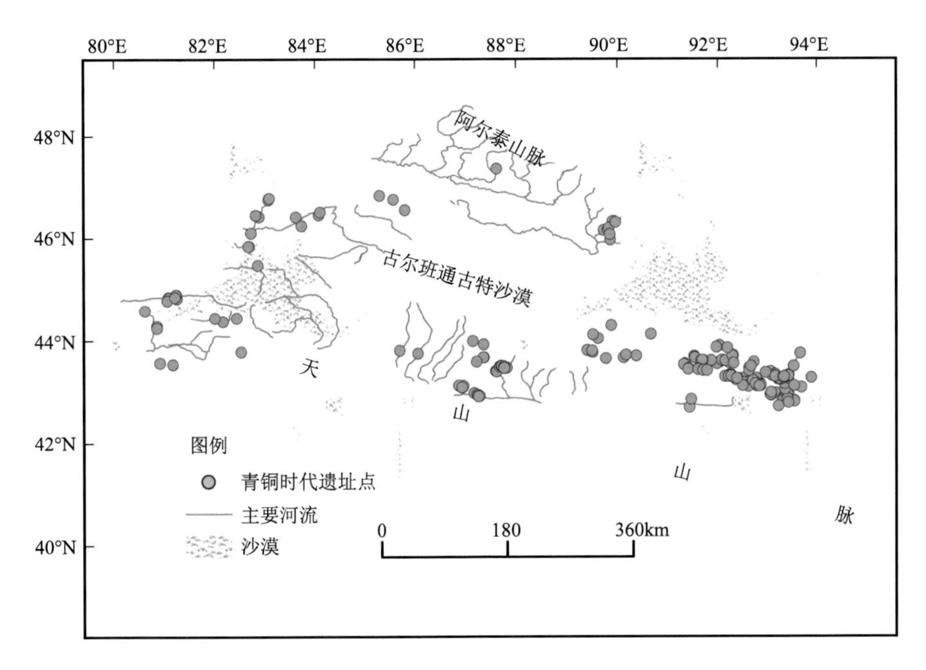

图 3-9 古尔班通古特沙漠及其毗邻区域青铜时代遗址分布

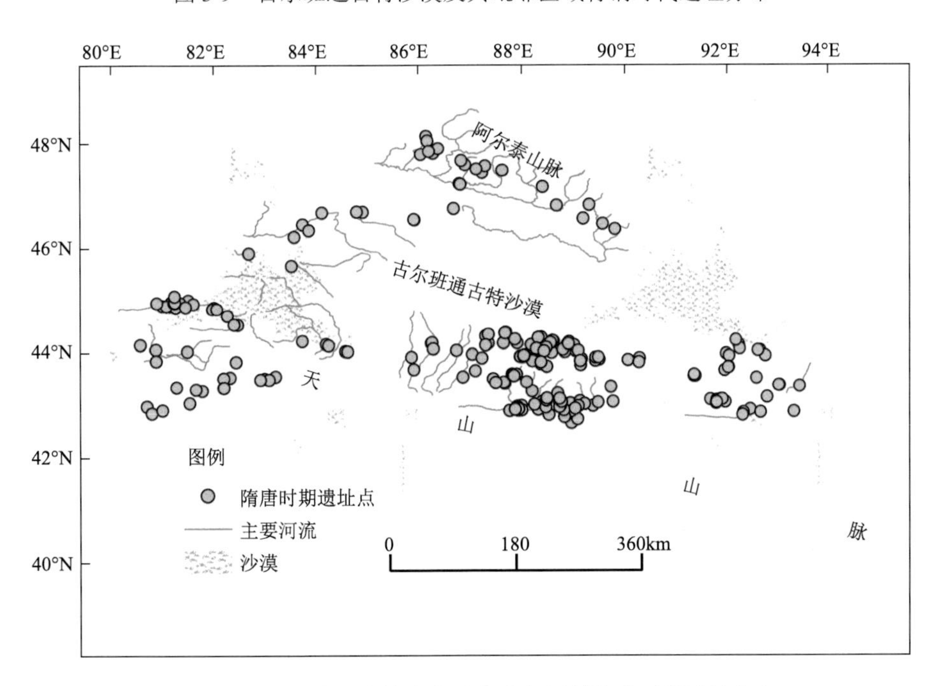

图 3-10 古尔班通古特沙漠及其毗邻区域隋唐时期遗址分布

到了隋唐时期，天山北麓的遗址明显增多，但还是相对分散，也没有形成相对聚集的核心之地。四个相对聚集的区域是：东天山北坡、中天山北坡、博州以及阿尔泰山南麓。沙漠的东部边缘最为干旱，在青铜时代和隋唐时期都没有遗址出现。

总体来说，新疆塔克拉玛干沙漠、库姆塔格沙漠、古尔班通古特沙漠及它们毗邻区域不同时期人类活动遗址数量及在总数中的比例、出现频率呈现“先增加后降低再增加”的“N”形变化趋势（图 3-11）。青铜时代—早期铁器时代时期人类活动遗址占总遗址数量的 5.1%，每百年出现频率为 9.5 个，是 6 个时期中时间跨度最长但遗址数量最少、每百年出现频率最低的一个时期，可称为初级阶段；铁器时代时期人类活动遗址相对增加，该时期遗址数量占总遗址数量的 5.6%，每百年出现频率为 24.3 个，相比之前一个时期，遗址数量和每百年出现频率变化幅度并不大，可称为稳定阶段；西汉—南北朝时期人类活动遗址猛增，该时期遗址数量占总遗址数量的 33.0%，每百年出现频率为 101.5 个，为所有时期遗址数量最多的时期，可称为发展阶段；隋唐时期人类活动遗址继续保持在高位，该时期遗址数量占总遗址数量的 23.0%，每百年出现频率为 171.8 个，该时期是所有时期遗址每百年出现频率最高的时期，可称为鼎盛阶段；宋元明时期人类活动遗址数量减少，该时期遗址数量占总遗址数量的 13.7%，每百年出现频率为 48.7 个，遗址数量和每百年出现频率均有所下降，可称为衰退阶段；清—近现代时期人类活动遗址又开始增加，该时期遗址数量占总遗址数量的 19.6%，每百年出现频率为 123.6 个，可称为复兴阶段。

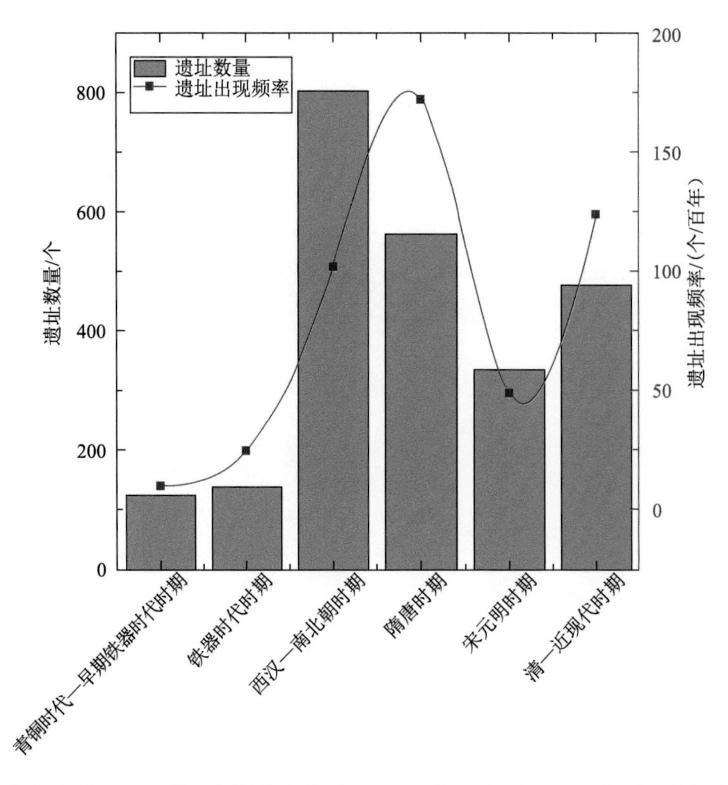

图 3-11 新疆塔克拉玛干沙漠、库姆塔格沙漠、古尔班通古特沙漠及它们的毗邻区域不同时期人类活动遗址数量、出现频率

平均最近邻（ANN）指数结果分析，新疆青铜时代以来人类活动遗址各个时期平均最近邻指数均小于 1，说明在南疆各个时期人类活动遗址在空间上均趋于凝聚分布，并且 P 值均小于 0.01，这表示南疆各个时期人类活动遗址随机分布的可能性小于 1%，非随机分布的可能性大于 99%，聚集极其显著。根据平均最近邻指数的比较，清—近现代时期＞宋元明时期＞隋唐时期＞铁器时代时期＞西汉—南北朝时期＞青铜时代—早期铁器时代时期，由此看出，新疆青铜时代—早期铁器时代时期人类活动遗址聚集程度最高，清—近现代时期人类活动遗址聚集程度最低。自青铜时代以来，随着人类的发展，新疆人类活动遗址在空间上处于显著凝聚分布的模式，但是这种聚集性随着时间的变化在不断减弱。这可能与新疆人类活动场所不断在区域内扩张有关，南疆是沟通东西方交流的重要陆上通道。特别是丝绸之路的形成导致南疆人类活动范围在区域内不断扩张，这使得聚集性不断减弱。

二、不同时期的经济活动特征

晚全新世绿洲和草原扩张是新疆农牧业形成的地理环境基础。新疆中晚全新世相对湿润，尤其是天山地区，晚全新世变得最为湿润（Chen et al.，2008）。相对于中全新世，晚全新世的气候湿润程度增加，意味着草原和绿洲面积扩展。根据新疆中晚全新世湿润程度估算，晚全新世草原和绿洲的面积至少扩张了 10%。草原和绿洲是新疆人类生活最适宜的地带，它们的扩张，表明了人类生存的自然基础的改善。同时，在晚全新世，湿度变化比较稳定，也有益于人类生活。周边的文化向新疆传播，主要沿山前地带传播。绿洲和草原的扩展，改善了文化传播通道的自然条件，加速了不同区域文化的交流。

在荒漠地带和沙漠中，晚全新世以来环境条件的变化不大，依然不适合农牧业的发展，并成为阻隔文化交流的障碍，使得农牧业的发展愈向山地及山麓地带集中。水热条件最佳的天山地带，也是新疆农牧业发展的核心地带。

1. 史前时期

新疆的农业不是当地起源的，而是由来自河西走廊的粟、黍农业和来自中亚的小麦/大麦农业组成。通过对考古发掘中作物种子出现频次的统计，可以反映不同作物出现的时间和水平。图 3-12 清楚地表明，小麦首先出现在中亚，然后才出现在河西走廊和新疆；粟、黍（小米）先传播到河西走廊，然后传播到中亚、新疆。在新疆发现的小麦和粟、黍的时间基本都在距今 4000 年（约公元前 2000 年）以后，并在距今 3500～3000 年达到相对稳定水平（图 3-12）。目前已知的新疆最早的小麦和粟、黍发现于北疆的通天洞遗址（Zhou et al.，2020），但北疆的农业整体发展较晚。在天山等地，粟、黍农业和小麦、大麦出现的时间最早在距今 4000 年左右，但从距今 3500 年以后，它们在新疆出现的频次都增加了，反映了农业在新疆空间上的猛烈扩张。并且，新疆绝大多数遗址中所浮选出的种子，既有粟、黍，也有小麦、大麦，反映出混合的农业特征，也说明这个时期东西两个方向的文化在新疆充分融合。

人骨同位素所表现出来的食谱特征和浮选的结果高度一致。从新疆的人骨同位素记录发现，距今4000年以前的新疆人类食谱都以C_3植物为主（安成邦等，2017）。距今4000～3000年，研究区出现了C_3-C_4混合型的食谱特征（图3-13），$\delta^{13}C$高于－18‰表明有C_4植物的影响（安成邦等，2017），$\delta^{15}N$普遍水平较高，符合畜牧经济的特征，但这个时期遗址点分布在纬度上还没有出现聚集的现象。距今3000～2000年，这种C_3-C_4混合型的人类食谱出现在更多地点，甚至在家畜等的骨骼同位素中也有体现（张全超和朱泓，2011；张雪莲等，2014；Wang et al.，2016；张昕煜等，2016；Qu et al.，2017；尤悦等，2017）。新疆的人骨氮同位素在距今4000～3000年和距今3000～2000年都保持在相对高值，反映了那时新疆人较高水平的肉奶食品摄入，也反映出畜牧业是当时重要的经济成分。

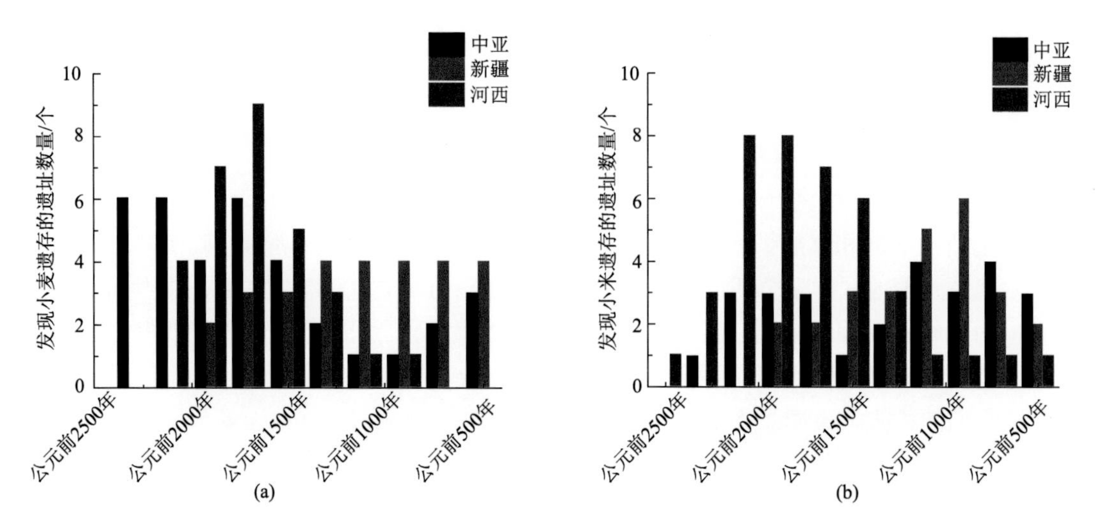

图3-12 史前中亚-新疆-河西地区小麦（a）/小米（b）出现频次比较（安成邦等，2020b）

这些同位素证据和考古发现的证据基本吻合。例如，位于天山北麓的萨恩萨伊遗址（新疆文物考古研究所，2013），其年代为公元前2480年～公元340年。遗址中没有发现农作物遗存，也缺乏典型的农业生产工具；墓葬中主要有马、羊、马具、随身饰品等随葬物品。遗址的早期阶段，遗存数量少，墓葬中仅仅发现少量的马骨和羊骨，说明此时畜牧经济的规模小。而到了公元前1000年左右的时期，遗存数量显著增加，反映出人群规模的扩大，墓葬中出土遗物和殉葬的家畜完全映射出游牧经济的性质。到了历史时期，游牧经济的特征更加鲜明，大量马、羊的殉葬反映了当时畜牧业的高度繁荣。而在天山以南的新塔拉遗址（吕恩国，1988），从青铜时代以来，表现出强烈的农业社会的特征，发现了大量的粟、黍和小麦的种子，狩猎和家畜饲养也具有重要的地位，是小麦/大麦-粟/黍-畜牧为特征的混合型经济的典型。这样的混合型经济特征在著名的小河遗址等环塔里木盆地的绿洲中都有发现。

农业的传播，在新疆形成了小麦/大麦-粟/黍-畜牧为特征的混合型经济。而在空间分布上，距今3000～2000年期间遗址向42°N～45°N聚集（图3-13），这恰好是天山所在纬度，反映了天山山麓地带绿洲农业和畜牧经济的混合经济规模迅速增加，体现出了向天山绿洲地带的聚集倾向。

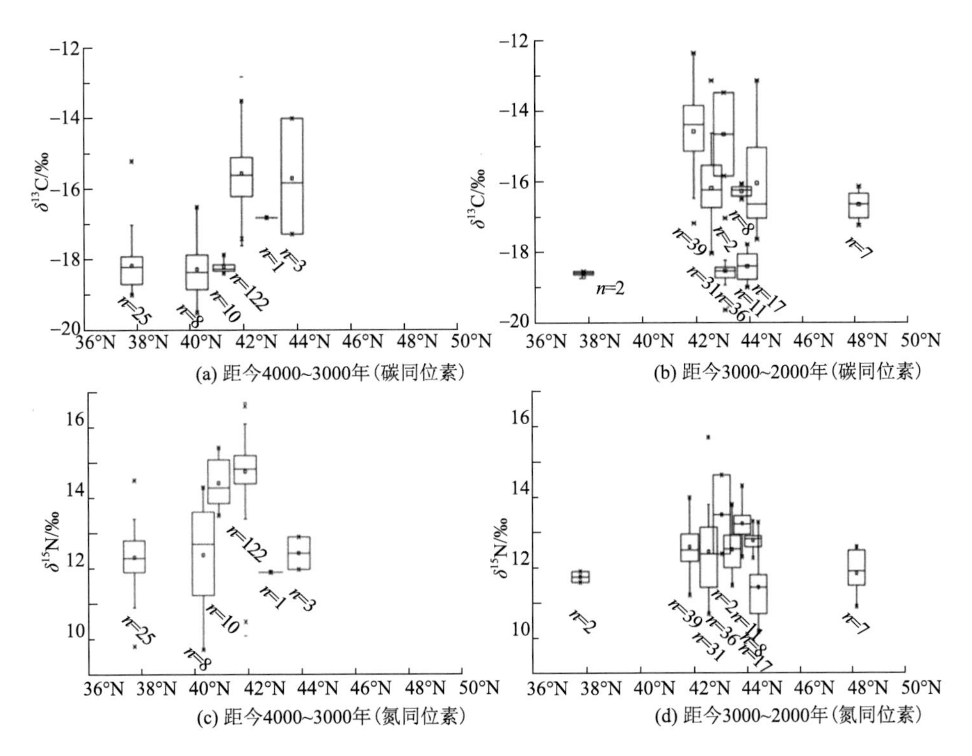

图 3-13　距今 4000 年以来新疆人骨中碳氮同位素数值随纬度分布及其空间聚集状况

n 表示样品的数量（安成邦等，2020b）

以粟、黍为例，粟、黍传播越过河西走廊，进入新疆到达天山地区，必然要达到 40°N 以北，96°E 以西。现有的年代数据表明，粟、黍农业在天山地区的发展基本在距今 4000 年以后，并逐步向更高纬度推进。随着农业的发展，更多遗址点出现在天山地区，表明天山地区聚集了大量人口。这种聚集现象的出现，同位素数据显示是在距今 3000～2000 年。而年代数据的空间分布表明（图 3-14），在距今 4000 年以后，大量的遗址聚集在天山所在的纬度。换言之，今日新疆人口分布的空间聚集现象，肇始于距今 4000 年前，在距今 3000 年已经非常显著，小麦/大麦-粟/黍-畜牧为特征的混合型经济是形成这一特性的直接动因，而这种混合经济在天山地区的大发展，又和它的地理特征密切相关。今天，全新疆三分之二的县城都分布在这里，构成了新疆经济最发达的地带。这种空间上的聚集，显然和史前农业的传播与发展密切相关。

混合经济在天山绿洲地带的聚集主要受地理环境特征的影响。绿洲在自然环境上优越于附近的山区，绿洲的净初级生产力远远高于高山草甸，它是草原净初级生产力的 2～4 倍，是荒漠戈壁的 10 多倍（张杰和潘晓玲，2010）。所以绿洲的环境承载力要大于山地草原和荒漠草原，即绿洲单位土地面积可以养活的人口远远大于山地草原和荒漠草原可以养活的人口。这就造成了山麓地带的绿洲集中了新疆大部分的人口和经济，而广大的荒漠和山区的牧民始终在数量上小于农业人口。例如，在 1902 年，新疆总人口为 206 万余人，其中农业人口达 156 万人（华立，1995）。

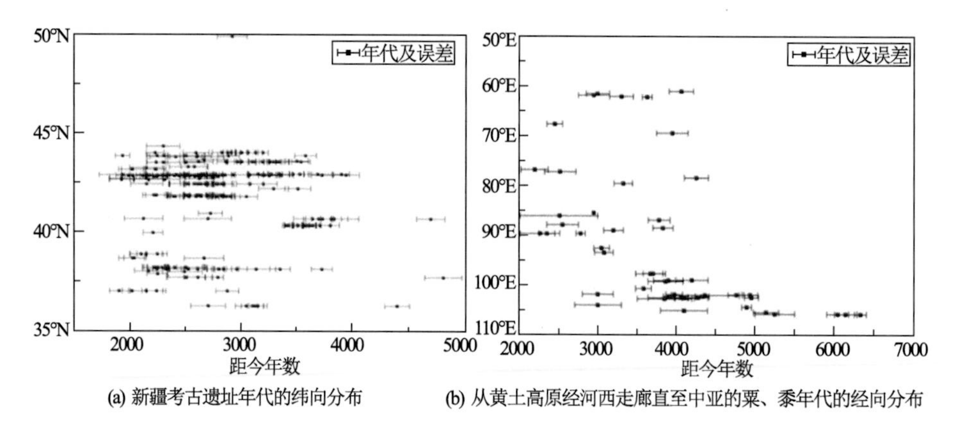

(a) 新疆考古遗址年代的纬向分布　(b) 从黄土高原经河西走廊直至中亚的粟、黍年代的经向分布

图 3-14　年代数据表明的遗址时空变化（安成邦等，2020b）

2. 历史时期

从西汉开始，新疆进入了有文字记载的历史时期。汉晋时期，乌孙、匈奴先后占据北疆，并以此为基地进取南疆。乌孙、匈奴都是游牧经济，《史记·大宛列传》记载：“乌孙……行国，随畜。”《汉书·西域传》记载：“乌孙国……与匈奴同俗。国多马，富人至四五千匹。”《后汉书·西域传》记载：“ 蒲类国……有牛、马、骆驼、羊畜……国出好马。”此时的史书对一些绿洲城邦国家的记载，更突出了其农业特征。例如，《魏书·西域传》记载：“（于阗国）土宜五谷并桑麻”“ （疏勒国）土多稻、粟、麻、麦”。至南北朝时期，《北史·西域传》记载焉耆“土田良沃，谷多稻、粟、菽、麦”。于阗、疏勒、焉耆都位于南疆。

到隋唐时期，史书所记载的农牧状况和汉代差别不大。《新唐书·吐蕃传》记载：“轮台、伊吾屯田，禾菽弥望。”《大唐西域记》记载耆尼（焉耆）：“泉流交带，引水为田。土宜糜、宿麦……气序和畅。”屈支（龟兹） “宜糜、麦、有粳稻……气序和”。对游牧民族的记载则是《新唐书·回鹘传》所述：“地碛卤、畜多大足羊”，黠戛斯“畜，马至壮大，以善斗者为头马，有橐它（橐驼），牛、羊，牛为多，富农至数千”。

13 世纪初叶，成吉思汗率军 20 万西征中亚，耶律楚材扈从，他在《西游录》中记载了在新疆的见闻：“阿里马城……多蒲萄（葡萄）、梨果。播种五谷，一如中原。”据考证，阿里马城在今天新疆霍城县境内。同时代的刘郁在《西使记》中有类似记载：“过博啰城，所种皆麦稻。”博啰即今日之博乐。此时新疆的种植传统仍然是以麦与粟、黍为主。

至明代，新疆与中央王朝的关系时断时续，从明代史书有限的记载中，仍然可以看出，新疆存在农耕畜牧混合经济和游牧经济两种主要的经济形式。史载于阗为西域大国：“元末时，其主暗弱，邻国交侵。人民仅万计，悉避居山谷，生理萧条。永乐中……于阗始获休息。渐行贾诸蕃，复致富庶。桑麻黍禾，宛然中土”（《明史·西域传》）。“别失八里，西域大国也。南接于阗，北连瓦剌” “其国无城郭宫室，随水草畜牧……地极寒，深山穷谷，六月亦飞雪”（《明史·西域传》）。于阗在天山以南，别失八里在天山以北，仍然体现了新疆天山南北的农牧差异。

清朝前期，出于军事需要，大力开展屯田。但有意思的是，在南疆各绿洲，大力开展的是农耕屯田；在巴里坤、伊犁等地，开展的却是马厂和驼厂。清代新疆设省以后，传统的农业出现了显著变化，不仅农业的范围向北疆扩张，而且出现了土豆、玉米等新作物，但北疆的游牧传统仍在。

由上可知，距今 3000 年左右，新疆的农牧业格局已经基本形成，在南疆是以粟/黍-小麦/大麦-畜牧为特征的混合型经济，在北疆以游牧经济为特征。这种经济组合相对稳定，保持了数千年，一直持续到近代。这主要是因为南疆的水热条件更适宜农业的发展。北疆年积温和无霜期天数都比南疆绿洲少，南疆是暖温带气候，绿洲如果有水源保证，作物可以保证收成。所以在历史上就形成了新疆在经济上南重北轻的局面，主要的经济政治中心大都在天山以南的南疆。只是到清末以来，随着近代技术的推广和新式交通的发展，新疆的经济中心向以乌鲁木齐为中心的天山中段聚集。

第三节 新疆的沙漠与丝绸之路

无论是北疆的古尔班通古特沙漠，还是南疆的新疆塔克拉玛干沙漠、库姆塔格沙漠，都是丝绸之路的必经之地。关于丝绸之路的记载有很多，但对于丝绸之路的具体路线，在不同的时期是有差异的。

随着张骞通西域，以及汉王朝把新疆纳入中央王朝的版图，丝绸之路正式跃上历史舞台的中央，成为欧亚大陆上最重要的陆路商贸和文化交流大通道。根据文献记载（韩春鲜和肖爱玲，2019），汉代丝绸之路的走向是：从河西走廊西行，出玉门、阳关后，至楼兰城南北分行，入西域南北道。《史记·大宛列传》记载，李广利第二次伐大宛，“起敦煌西”“分为数军，从南北道”。这表明，西汉时丝绸之路在西域已经形成了南北两道。《汉书·西域传》的记载比较具体：“自玉门、阳关出西域有两道，从鄯善傍南山北，波河西行至莎车，为南道，南道西逾葱岭，则出大月氏、安息。自车师前王廷随北山，波河西行至疏勒，为北道，北道西逾葱岭则出大宛、康居、奄蔡焉。”

据考证（孟池，1975），北道具体走向是从敦煌出发向西，先经过名为三陇沙的沙漠，又横穿过白龙堆到达楼兰，然后向北到车师前国，转向西南沿着塔里木河到达焉耆国、龟兹国、姑墨国，再转向西南到疏勒向西越葱岭大宛。可以看出，北道路线是从敦煌向西沿疏勒河到沙漠，到今天罗布泊东北岸的盐碛地，再以楼兰古国为起点向北到吐鲁番，再向西南行进到焉耆、龟兹等，然后到阿克苏地区再向西南到疏勒，基本是沿着天山南麓西行的交通线路。而塔里木盆地南缘的南道，则是从东向西经鄯善、且末、小宛、精绝、扜弥、于阗至莎车等国，而后越葱岭去往中亚诸国。

到了魏晋时期，丝绸之路由南北两道变为三道。《魏略·西戎传》记载了这三条通道的具体路线：“从敦煌玉门关入西域，前有二道，今有三道”“从玉门关西出，经婼羌转西，越葱领，经县度，入大月氏，为南道。从玉门关西出，发都护井，回三陇沙北头，经居卢仓，从沙西井转西北，过龙堆，到故楼兰，转西诣龟兹，至葱领，为中道。从玉门关西北出，经横坑，辟三陇沙及龙堆，出五船北，到车师界戊己校尉所治高昌，转西与中道合龟兹，为新道”“南道西行，且末国、小宛国、精绝国、楼兰国皆并属鄯善也。戎卢国、扜弥国、渠勒国、皮山国皆并属于寘”“中道西行尉梨国、危须国、山王国皆并属焉耆，姑墨国、温宿国、尉头国皆并属龟兹也。桢中国、莎车国、竭石国、渠沙国、西夜国、依耐国、满犁国、亿若国、榆令国、捐毒国、休修国、琴国皆并属疏勒。自是以西，大宛、安息、条支、乌弋”“北新道西行，至东且弥国、西且弥国、单桓国、毕陆国、蒲陆国、乌贪国，皆并属车师后部王”。

两相对照，魏晋时期与两汉不同的是“今有三道”，即在汉代的南北两道之外，增加了“北新道”。所谓“北新道”则是从敦煌、玉门关至车师后王国，而后沿天山北麓西行的道路，其线路是：北新道西行，至东且弥国、西且弥国、单桓国、毕陆国、蒲陆国、乌贪国，皆并属车师后部王。新增路线的最大变化是避开了经过楼兰或者罗布泊，从敦煌辗转到达东天山南麓，沿着天山到达今吐鲁番附近，继续沿天山西行，或者越天山，沿天山北坡西行。

西晋灭亡后，北方大乱，前凉、前秦、西凉、北凉、北魏相继对西域统治管理，中原地区陷入分裂与动乱，且对西域控制力削弱之时，先后有鲜卑、柔然、高车、突厥等草原游牧民族进入西域，其中突厥和吐谷浑势力较为强大，地缘政治形势的变化，使得新疆段丝绸之路的线路也反复出现变化。公元 376 年，前秦灭前凉后，放弃了楼兰地区，楼兰失去了交通干线的作用，前凉之后楼兰道基本废弃。这一时期的路线是从敦煌出发的。北道从伊吾，经蒲类海、铁勒部……至拂菻国。中道从高昌、焉耆、龟兹、疏勒，度葱岭……至波斯。南道从鄯善、于阗、朱俱波、喝槃陀，度葱岭，又经护密、吐火罗……至北婆罗门（石云涛，2007；吴福环，2009；韩春鲜和肖爱玲，2019）。

唐朝时期，国力强盛，丝绸之路空前繁荣。这时的丝绸之路路线主要有三条：西域北道、西域中道和西域南道（图 3-15）。据《新唐书 • 地理志》的记载，可推测其具体路线。

西域北道：是自敦煌（沙洲）经稍竿道至哈密（伊州），再北越天山至庭州，西行至碎叶及中亚的通道（袁黎明，2009）。自伊州至庭州也有南北两条路。南路即伊庭道，大致线路是从今哈密（伊州纳职县）出发，向西到赤亭守捉，在此处与伊西路汇合，翻越天山到达庭州。或者从哈密翻越天山到达蒲类（今巴里坤附近），此后到达北庭都护府。北路则为伊吾军道，其路线在《新唐书 • 地理志》中的记载是：自伊州北越折罗漫山（天山）至伊吾军驻地甘露川，转西南行，沿巴里坤湖南岸西行，在长泉与伊庭道交汇，后自庭州西至碎叶，故又称为碎叶道。

西域中道：指从瓜州出发沿途经过沙漠再沿第五道到哈密，或者是从敦煌出发沿稍竿道、大海道至伊州，后沿天山南麓，塔里木盆地北缘地带向西行去的道路。具体的行进路线是经过自瓜州至伊州的第五道，再从伊州至西州（今吐鲁番市东南）。据《新唐书 • 地理志》记载，从西州向西南行有南平和安昌两城，然后向天山的西南方行进到山谷地带，辗转到达焉耆镇；从焉耆出发，向西经过铁门关到达安西都护府；“安西（今新疆库车）西出柘厥关，渡白马河，百八十里西入俱毗罗碛（今赫色勒沙碛）。经苦井，百二十里至俱毗罗城（今赛喇木城）”。而后西行，最后到疏勒镇。然后，自疏勒越葱岭可至西海，也可南行至莎车与西域南道汇合后，继续西行。

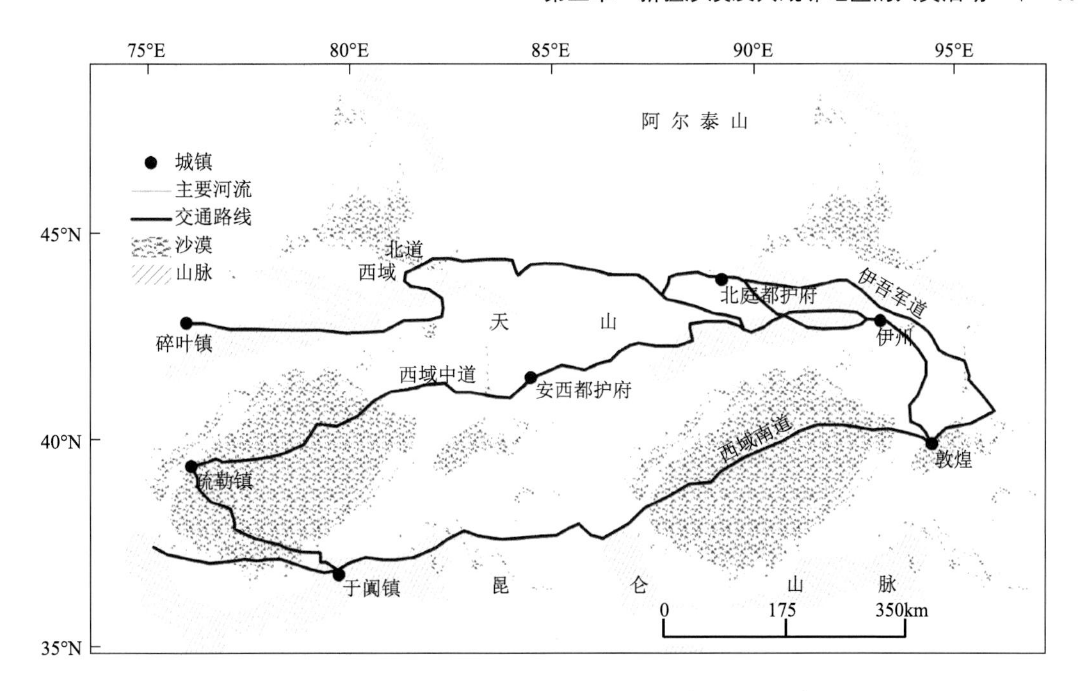

图 3-15　唐代西域丝绸之路示意图

西域南道：指自沙州经阳关，沿塔克拉玛干沙漠南缘经于阗，西逾葱岭的道路。在《新唐书·地理志》中，其具体路线约是从阳关古城出沿疏勒河西行至罗布泊，又沿罗布泊南岸向西至米兰古城，而后到达石头城，后沿山麓及河流峡谷至且末向西至民丰、和田后转向西北至疏勒。

元代是我国古时陆上丝绸之路的最后阶段，也是高光阶段。这个时期，蒙古帝国统治了欧亚草原的大部分地区，丝绸之路第一次在一个统一的中央政府的管理之下，空前通达。但是，万变不离其宗，新疆的地理条件决定了经过这里的丝绸之路路线的基本选择：天山北麓、天山南麓、昆仑山北麓。天山北麓交通线又称西域北道，即汉代形成的“北新道”，它连接了河西走廊与伊犁河流域，是元朝时期东西方往来的主要道路。该道由亦集乃（今额济纳附近）过戈壁后到达天山东端的秃儿古阇（今新疆伊吾县）、塔失八里（今新疆伊吾县东南），再经八儿思阔草原（或由塔失八里经哈密力翻越天山到八儿思阔，八儿思阔即今新疆巴里坤草原）向西沿天山北麓经过别失八里（今新疆吉木萨尔境内）、普剌（今新疆博乐市），从今天的果子沟翻越天山后到达阿里麻里（今新疆霍城县）（党宝海，2006）（图 3-16）。《长春真人西游记》中提到过这条路线上的多处地点。和以前时期相比，敦煌不再成为丝绸之路进入新疆之前的总枢。

天山南麓交通线即汉代西域北道，在魏晋以后称“中道”。该道主要位于天山南麓，东与河西走廊相连，向西则可通中亚诸国。这条路线的大致走向是从哈密力（今新疆哈密市）沿天山南麓西行，依次经过哈喇火州（今新疆吐鲁番市）、坤闾城（今新疆库尔勒市）、苦叉（今新疆库车县）、阿速（今新疆阿克苏市），到达可失哈耳（今新疆喀什市）。据史料记载，天山南麓交通线在元代通行的时间比较短（程军，2017）。

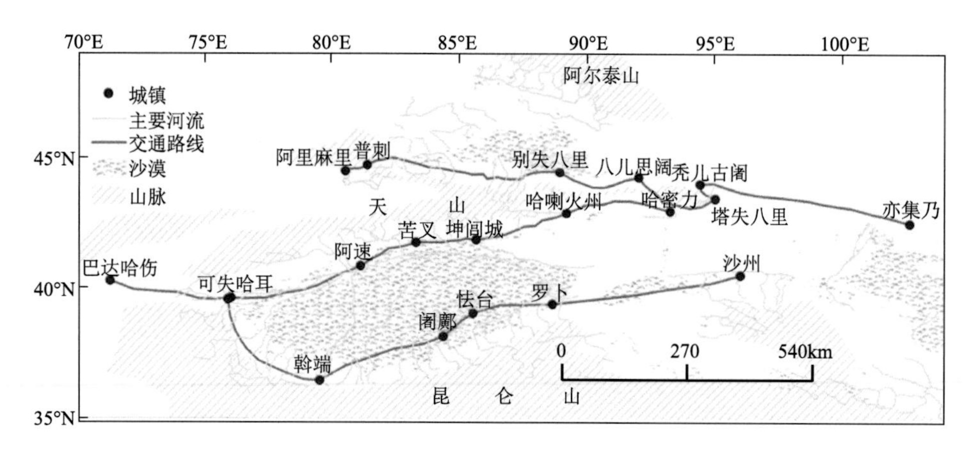

图 3-16　元代西域丝绸之路示意图

昆仑山北麓交通线又称西域南道，这是从汉代就开始有的丝绸之路通道，西汉张骞出使西域曾经走过这条路线（方豪，2008）。该路线基本沿昆仑山北麓展开，连接了河西走廊与巴达哈伤地区（今阿富汗东北），大致从沙州（即敦煌市）开始，往西过大漠后到达罗卜（今新疆若羌县），再由塔里木盆地南缘往西到怯台（今新疆且末县境内）、阇鄽（今新疆且末县境内），由此通往斡端（今新疆和田市）、可失哈耳（今新疆喀什市），最后西行过帕米尔高原进入巴达哈伤地区（程军，2017）。在《马可•波罗行纪》中，这些地名多有记载。13～14 世纪昆仑山北麓交通线对于沟通东西方起着极其重要的作用，13 世纪后期设置的驿路使其地位上升，14 世纪时，这条交通路线成为察合台汗国内部交通的一部分。除了作为驿道外，昆仑山北麓交通线也是一条重要商道，马可・波罗对该道沿线棉花、玉石等贸易的记载颇多（程军，2017）。

到了明代，随着对嘉峪关的关闭，放弃了关西的大片土地，加上海上贸易的勃兴，陆上丝绸之路的荣光时代结束了。但到了清代，新疆仍然是中亚区域重要药材、皮毛等贸易的重要通道。

悠久的人类活动历史、别具一格的地理环境，造就了这里鲜明的区域特色。无论是青草离离的山间草原，还是半草半沙的荒漠草原；无论是人烟稠密的伊犁河谷，还是童山濯濯的昆仑山麓，人类的足迹已经遍及新疆的每一个角落。角声满天秋色里，瀚海天山处处家！随着“一带一路”倡议的实施，新疆正焕发出全新的面貌！

第四章

柴达木盆地沙漠及其毗邻区域的人类活动

柴达木盆地沙漠位于柴达木盆地中。柴达木盆地是中国三大内陆盆地之一，位于青海省西北部，青藏高原东北部。青藏高原地势高峻，柴达木盆地居于其中，多数地方海拔超过 3000m。盆地周边被一系列高大山脉包围，阿尔金山、祁连山在北，昆仑山在南，像两条有力的臂膀，把柴达木盆地紧紧地抱在怀里，只有东南方向的山地略有降低，为东南来的季风气流留下了通道。具体来说，盆地西北侧为阿尔金山系东段的阿哈提山、安南坝山；北侧由祁连山系的赛什腾山、马海达坂山、达肯达坂山和宗务隆山等一系列北西西向的阶梯状山脉组成，海拔在 3500m 以上；南侧为昆仑山系的祁漫塔格山和布尔汗布达山，海拔在 3500～5500m 之间。这种封闭的环境，导致盆地内非常干旱，唯有东南部的山地年降水略多，可达 200mm 左右，盆地内从东南向西北，降水迅速递减，到盆地西北部，年降水量仅仅 15mm 左右（杜玉娥，2018）。

柴达木盆地沙漠面积约占柴达木盆地的三分之一，它是盆地中大小不一的沙漠的统称，所以该沙漠的分布不是连续的，在盆地的西南部相对集中，形成一条大规模的沙带；盆地北部和东部也有小片的沙漠分布。这里常年多风，风蚀地貌非常发育。在库姆塔格沙漠东部见到的雅丹地貌和这里的雅丹相比，可谓是小巫见大巫。不同规模的雅丹或者单独存在，或者被沙漠包围，成为沙漠的一部分。柴达木盆地沙漠的特征可以概括为：海拔高、流沙多。海拔高，这里的沙漠海拔达到了 2500～3000m；流沙多，这里的流沙面积可达 70%。而且，柴达木盆地沙漠的沙丘分布比较零散，多为流动的新月形沙丘、沙丘链和沙垄，一般高 5～10m，并多与戈壁交错，分布于山前洪积平原上。因为海拔高，年均温度仅在 5℃以下，而且气温变化剧烈，绝对年温差可达 60℃以上，日温差也常在 30℃左右，即使在夏季夜间温度也可降至 0℃以下（吕嘉，2003）。

末次盛冰期是柴达木盆地沙漠大规模沙丘活动时期。末次冰消期，柴达木盆地地表几乎全部被风沙覆盖，处于极端干旱的沙漠环境。现今的流沙活动是末次盛冰期以来沙漠演化过程中新近经历的又一阶段。就全新世来说，随着早全新世气候转暖，流动沙丘开始转为固定沙丘，流沙面积减少。距今 6000～3000 年期间，山地气候相对暖湿，地表径流增加，风沙活动基本停止，植被增加。距今 3000 年之后，风沙活动又开始增加，沙漠扩张（曾永年等，2003；侯光良等，2015；吴吉春等，2018）。

对于人类来说，这样的环境可谓严酷，“吾闻青海外，赤水西流沙”，这里自古就被视为人类活动的畏途。和塔克拉玛干沙漠相比，这里的干旱程度相似，但气温明显要低很多；更重要的是，在塔克拉玛干沙漠周边，分布着一系列的绿洲，这里的绿洲要少得多，而且气候条件要更恶劣。当然，这里也有它自己的特点，就是沙漠中有大大小小的盐湖。碧蓝的盐湖、金黄的沙丘、巍峨的雪山，使得这里具有野性而神秘的美。大柴旦湖、小柴旦湖以及翡翠湖是最为大众熟知的柴达木盆地沙漠中的湖泊。大柴旦湖又叫大柴达木湖，地处大柴旦镇西南，其北、东、南三面均有大片草原，是当地牧民的夏季草场。湖泊南面还有一片湿地，偶见迁徙的候鸟在此停留。小柴旦湖的近岸也是一片湿地，接近湖面的区域都是白色的盐晶体，一直延伸到湖底。风平浪静的时候，湖水湛蓝，与天空相映，是著名的旅游景点。

虽然这里环境严酷，不适宜农耕，但相对于青藏高原更高海拔的区域，这里仍不失为一处适宜的牧场，从古至今留下了许多人类活动的遗址。从地理位置来说，这里向东翻越祁连山，居高临下，俯瞰河西走廊，出东南，经河湟谷地，到达陇右、关中，向南可达四川盆地；向西向北翻越阿尔金山，直下塔里木盆地，所以这里的地理位置是非常重要的。当河西走廊大通道因故不能通行的时候，这里是一条重要的替代线路，此道经兰州，过西宁，越日月山，先进入柴达木盆地东缘，再由天峻、希里沟、都兰寺折向新疆若羌往西直抵西域，曾经在历史上发挥过重要作用。从西域经柴达木盆地，过河湟谷地，连通吐蕃道，也是一条非常重要的交通线路（崔永红，2015）。

现代的柴达木盆地是个聚宝盆，在国家的经济建设中发挥着重要作用。在古代，这里的盐是非常重要的资源。柴达木盆地是盐的世界。李炳东和俞德华（1996）提到，“柴达木”即蒙古语“盐泽”之意。盐矿分布极广，其中蕴藏量当以察尔汗盐湖和茶卡盐湖最为著。在古代，牧民和一些内地盐商小贩就到茶卡盐湖取盐贩盐。到了清代和民国时期，政府开始组织生产和销售盐。羊、骆驼等牲畜也很喜欢舔舐食盐，柴达木盆地的草场和盐场的组合，使得这里的畜牧业自古发达。“青海无波春雁下，草生碛里见牛羊”是对这里的自然人文现象的生动描绘。

第一节　人类活动的基本脉络

虽然柴达木盆地沙漠环境严酷，但人类的适应能力真是让人惊叹。这里从旧石器时代开始，就留下了人类活动的遗址。目前已知的最早的人类活动遗址是冷湖旧石器遗址和小柴旦旧石器遗址，以及托托河沿和格尔木河上游三叉口等四个遗址。主要采集到了一批打制石器，其年代基本都在旧石器时代晚期，它们都分布在柴达木盆地沙漠的山前地带(白万荣,1994)。

一、史前时期

新石器文化时期，马家窑文化分布的西界到达了青海湖附近，向北到达了大通县境内。

但柴达木盆地鲜有发现。

到青铜时代，诺木洪文化（距今3300～2500年）在这里繁盛一时（张山佳和董广辉，2017）。诺木洪文化的遗址主要分布在沙漠南缘和东南缘的山前绿洲或者湖滨地带，以水热条件相对较好的都兰县、乌兰县和德令哈市比较多。第一个被确认的诺木洪文化遗址就是都兰县诺木洪镇的塔里他里哈遗址（图4-1），其年代在距今3000年左右，相当于青铜时代晚期。塔里他里哈遗址东靠哈西哇河，面积5万多平方米（吴汝祥，1963）。遗址由三个小沙丘组成，呈品字形，三个沙丘之间是一片天然广场。现存的遗迹主要是房子、土坯围墙、牲畜圈栏和木棺墓葬及大量出土文物。土坯围墙是以黄土土坯叠砌而成，土坯呈长方形。围墙有两种，一种是平面呈椭圆形或卵圆形，一种是呈长方形或不规则长方形。房子都是方形或圆形的木结构建筑。

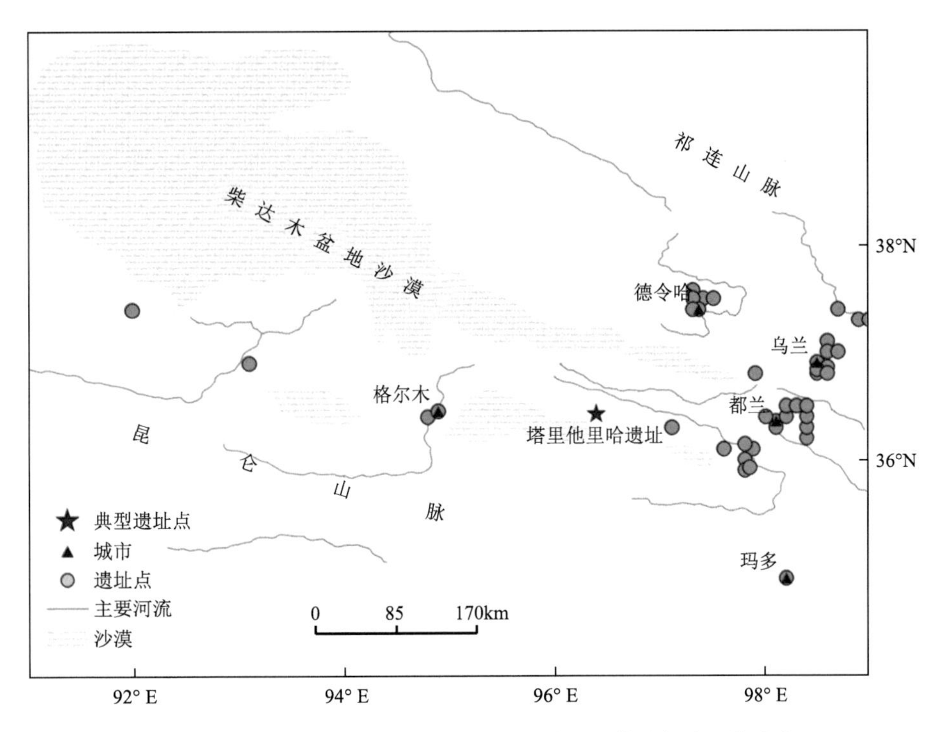

图4-1　诺木洪文化遗址在柴达木盆地沙漠及其毗邻地区的分布

遗址中除了有房址、土坯围墙、牲畜圈栏等设施，还有牛皮制成的鞋和用牦牛毛纺成的毛线及毛绳等遗物，甚至还有羊毛纺成线以后织成的毛布，有的还经过染色，以黄、褐色为主，少数为灰黑色、红色或白色，具有鲜明的游牧文化的特色。塔里他里哈遗址中发现一件陶牦牛，整体造型古朴浑厚，两角和尾部稍残，背部呈波浪形，腹部的长毛及地，显露出牦牛的形象，体现了青藏高原上饲养牦牛的悠久历史。房址中的土坯以草拌泥砌成（今日甘肃青海的很多边远地方，仍然用这种办法盖房子）。诺木洪文化的陶器和同时代青海湖等地分布的卡约文化十分相似，显然深受该文化的影响。器型有曲腹陶盆、圈足陶碗、深腹陶杯、带耳盆等，陶质为夹砂粗红陶和夹砂灰褐陶。还有骨笛、骨哨、陶牦牛等。骨笛和骨哨，是由兽骨加工而成，磨制精细（吴汝祥，1963）。

当然，有的遗址中还有农作物种子，种子中以大麦占据绝大多数，另有少量的小麦、粟、黍，表明这里也有一定的绿洲农业（张山佳和董广辉，2017）。遗址里有较多的铜渣出土，表明这里曾经有过铜的冶炼活动。诺木洪文化可以被看作是柴达木盆地沙漠及其毗邻地区人类活动的第一个高峰。该遗址在早期的发掘中，曾发现有“骆驼粪”等（吴汝祥，1963），如果能证实的话，对厘清骆驼在中国的驯化与传播很有意义。

二、历史时期

商周时期，甘肃青海等地被笼统地称为“羌戎之地”，对这里的人类活动记载非常模糊。可以说，那个时期的柴达木盆地沙漠，尚不为中原人所知。秦汉之际，秦先是征服了戎，等到西汉建立，羌在汉朝的西北。当时匈奴强盛，羌与匈奴有比较紧密的联系。《后汉书·西羌传》记载元鼎五年（公元前 112 年），居住在河湟地区的先零羌与封养牢姐种羌联合结盟，并与匈奴相通，合并十余万人，攻令居、安故等地。元鼎六年，“汉遣将军李息、郎中令徐自为将兵十万人击平之。始置护羌校尉，持节统领焉。羌乃去湟中，依西海、盐池左右”。战败的羌人则从湟中道西撤到西海青海湖附近，还有一部分羌人撤到了柴达木盆地的盐池（茶卡盐湖）。《汉书·赵充国辛庆忌传》记载，征和五年（公元前 88 年），“先零豪封煎等通使匈奴，匈奴使人至小月氏，传告诸羌曰：‘汉贰师将军众十余万人降匈奴。羌人为汉事苦。张掖、酒泉本我地，地肥美，可共击居之。’……后月余，羌侯狼何果遣使至匈奴借兵，欲击鄯善、敦煌以绝汉道”。

故此汉武帝设立河西四郡的目的之一就是“绝匈奴与羌通之道”（《资治通鉴》）。《后汉书·西羌传》有更详尽的描述：“及武帝征伐四夷，开地广境，北却匈奴，西逐诸羌，乃度河、湟，筑令居塞，初开河西、列置四郡，通道玉门，隔绝羌胡，使南北不得交关。”大致可以推测，河湟以西及至柴达木盆地，都是羌人之地，所以特别强调“隔绝羌胡”，“胡”在这里特指匈奴。而当张骞第一次出使西域时，“并南山，欲从羌中归”（《史记》）。中原王朝当时大致将河湟谷地至柴达木等地归为“羌中”。可以说，两汉之际，这里主要是羌人的牧场，但留下的遗址不多。

西汉末年，权臣王莽为了制造“天下太平”的繁荣假象，派人诱使游牧于青海湖一带的羌族一部（卑禾羌）献地臣服，以其地设置西海郡，与西汉时期设置的东海、南海、北海三郡齐名，取“四海归一”之意。西海郡郡治在今海晏县三角城，并下辖环湖五县（修远、监羌、兴武、军虏、顺砾），在环湖地区设驿站及烽火台。这是西汉的触角第一次到达柴达木盆地的边缘（宋卫哲，2013）。海晏县三角城遗址平面呈方形，占地面积约 30 万平方米，南宽北窄，东西墙长 650m、南北墙长 600m，有东南西北四个城门，城墙系夯筑而成，现存最高处约 4m，因残留的城墙形似三角形，故被称为三角城。该遗址出土的“虎符石匮”非常知名（匮，意思是匣子），上面篆刻有铭文，内容是“西海郡虎符石匮，始建国元年十月癸卯，工河南郭戎造”。西海郡故城出土汉代“西海安定”瓦当，灰陶质地，正面有“西海安定元兴元年作当”隶书字样，还有“长乐未央”瓦当多种。城内还发掘出了西汉和王莽时期的五铢钱、货泉、大泉等五十余种钱币。该城汉后屡废屡建，一直延续到唐宋时期（闫璘和王俐茹，2019）。

三国两晋之时，鲜卑登上了中国历史的舞台。柴达木盆地沙漠的高光时刻，一直到吐谷浑时期才出现。吐谷浑的历史，可以说是历史上的一个传奇。吐谷浑本是人名，其是辽东鲜卑慕容部的一支的首领之子（庶长子，非嫡子），辽东鲜卑的祖先在白山黑水间游牧。三国时期，司马懿平定辽东，吐谷浑的父亲涉归在随后的岁月里受封为单于。吐谷浑父亲去世以后，嫡出的弟弟继位，身为庶长子的吐谷浑地位尴尬，且两人的势力争斗不休（李文实，1981；周伟洲，1985）。《魏书・卷一百一・列传第八十九》记载，吐谷浑决意另觅出路。他借称上天启示他向西出发，率众从今日科尔沁沙地的老哈河流域出发，在西晋太康四年（公元 283 年）到太康十年（公元 289 年）的时间里，且牧且走，到达阴山脚下。阴山下的河套平原本是匈奴故地，草丰水美。他们到达的时候，占据这里的拓跋鲜卑内部争斗不休，无暇顾及吐谷浑部，吐谷浑的族人得以在此驻牧，并臣服于拓跋鲜卑。20 多年以后，影响中国历史走向的“八王之乱”爆发，北方游牧民族摩拳擦掌，纷纷南下中原。吐谷浑自忖力量不足，乘机率领部族继续西行，越陇山，渡洮河，于公元 313 年到达枹罕（今甘肃省临夏州）。四年以后，吐谷浑去世了，留下了六十个儿子，长子吐延继位。吐延以枹罕为中心，逐步占领了川西北、甘南、青海等地，成为据地数千里的地方政权。

至吐延的儿子叶延统治时期，他以祖父吐谷浑的名字作为族名和国名，正式立国号为“吐谷浑”，并把吐谷浑的政治中心由甘肃转到青海。《晋书》《宋书》等记载，公元 376 年，当时的吐谷浑首领树洛干“率所部数千家奔归莫何川”，其后“大抵治慕贺川”，莫何川又称慕贺川，在今天青海的乌兰县莫河一带。公元 452 年，拾寅继承王位后，把政治中心从莫何川西迁到伏罗川（今都兰县诺木洪镇一带），他们仿效汉族的政治制度，筑城开垦，大力发展畜牧和贸易。《南史・西戎传》记载，吐谷浑国王拾寅“起城池，筑宫殿，其小王并立宅国中”，吐谷浑在柴达木盆地沙漠及其毗邻地区的活动达到鼎盛。南北朝后期至隋初，慕容夸吕统治时期，吐谷浑以青海湖西岸伏俟城为首都，从此青海湖流域成为吐谷浑的政治中心。隋唐之际，吐蕃在青藏高原上兴起。公元 663 年，吐蕃派兵大举进攻吐谷浑，并最终灭亡了吐谷浑。如《旧唐书》所载：“吐谷浑自晋永嘉之末，始西渡洮水，建国于群羌之故地，至龙朔三年为吐蕃所灭，凡三百五十年。”吐蕃占据此地以后，他们的游牧聚居地主要集中在柴达木盆地沙漠南缘，即今天的都兰、德令哈等自然条件比较适宜的地区。

都兰等地作为吐谷浑曾经的核心区域，留下了很多的遗址。吐谷浑曾在此地筑城，香日德古城可能就是吐谷浑国王拾寅时期所筑，北魏时期的僧人宋云于公元 516 年奉命从洛阳出发，西去取经，曾途经此地，《宋云行纪》中写道：“发赤岭西行二十三日，渡流沙，至吐谷浑国。路中甚寒，多饶风雪，飞沙走砾，举目皆满，唯吐谷浑城左右暖于余处。其国有文字，况同魏。风俗政治，多为夷法。从吐谷浑西行三千五百里，至鄯善城。其城自立王，为吐谷浑所吞。今城内主是吐谷浑第二息宁西将军，总部落三千，以御西胡。”从中可以看出，吐谷浑有城池法律，且统治范围已经扩张到南疆的鄯善城等地。但岁月沧桑，今日的香日德古城已经大部分被毁，仅有护城壕等遗址留存。但据文献记载，古城北面的墓地中，在20世纪70年代大规模平整土地时，发现很多墓主是武将身份，头盔为牛皮制成的半圆形，带铜片护目，铁甲分三层，里层是毡套，中层是牛皮片，外层是铜片，都用铜铆钉连钉在一起。棺材中随葬物多种多样，出土大量丝绸，有的丝绸上有文字和鹿、云等画面；还有用桦树皮层层粘制、轻便而结实的箭筒和牛皮甲多副，可惜当时没有保存，至今无处追寻（解生才，2017）。

但稍加留心就可以发现，距离香日德古城数十公里的范围内，散布着一系列吐谷浑及随后吐蕃时期的墓葬，包括著名的热水古墓群。热水古墓群中最为壮观的是考古编号为“血渭一号”的大墓，高33m、东西长55m、南北宽37m，位于都兰县城南约30km处的察汗乌苏河北岸山前洪积扇上，气势不凡。墓堆下还有3层用泥石混合夯成的石砌围墙，每层高约1m，宽3m，其上是泥石混凝夯层，以及砂石夯层和夯土层组合而成的墓墙。墓冢从上而下，每隔1m左右，便有一层排列整齐横穿冢丘的穿木，计有9层之多，一律为粗细一般的柏木。这种封土堆构筑形式和风格，为我国以往考古发掘中所仅见。在墓葬以南有一个大型祭坛，其中有5条南北排列、东西走向的线形祭祀沟，祭祀沟长47m，宽2m，间距4.5m，坑沿排列有石块。在祭祀沟的东西两头建有南北排列的直径为1.6m的石砌圆形祭祀坑，间距为3m左右，总长度35m。所出文物中有织锦袜、文字锦、陶罐、古代皮靴、古藏文木简、彩绘木片及金银饰、木碗、木碟、木鸟兽和粮食等，以丝绸为大宗，数量巨大，品类繁多，工艺精湛，丝绸大部分来自中原汉地，少部分属中西亚，部分织锦上有汉文字。另有大批来自中亚的粟特金银器、玛瑙珠、香水瓶、粉盒等（许新国，2001；朱建军，2020）。这也直接证明了柴达木盆地沙漠所在的区域，曾经是丝绸之路上一个非常重要的节点。

吐蕃灭亡吐谷浑，据有青海全境，并从此地出发，与唐朝在邻近的河西走廊和新疆地区展开激烈角逐。柴达木盆地北缘地处青海丝绸之路战略要冲，扼吐蕃通唐朝和中亚之门户，战略地位十分重要。吐蕃在这里留下了许多遗址。乌兰县泉沟墓地的吐蕃时期壁画墓就是其中的杰出代表。该遗址的具体位置是青海省海西州乌兰县希里沟镇河东村东2km处，分布于泉沟周边的山谷地带。一号墓修建于泉沟北侧300m处一座独立山丘的东侧斜坡之上。前室壁画内容有仪卫图，画的是执旗和牵马迎宾的侍卫，其他壁面绘有狩猎、宴饮、舞乐等内容，墓室顶部描绘各类飞禽走兽、祥龙飞鹤。后室四壁绘有进献动物、帐居宴饮、汉式建筑、山水花卉等内容，顶部绘日月星辰、神禽异兽、祥龙飞鹤等图像。各室门框上彩绘宝相花图案。前后室内中央各立一根八棱立柱，表面彩绘有莲花图案。前室地面铺土坯，后室铺砖。后室内发现大量彩绘漆棺构件，应该为双棺，棺表髹黑漆，再施彩绘，内容有人物、兽面、飞鸟、花卉、云团及几何图案等。墓中出土的鎏金王冠和錾指金杯工艺精湛、富丽非常，显然不是凡俗之物，表明了墓主人高贵的身份，由此也可以推知吐蕃时期在柴达木盆地北缘地区可能设置有高级别的行政和军事建制（仝涛等，2020）。

吐谷浑以后，这里留下的遗址以墓葬为主。总体来说，以吐蕃的墓葬居多。吐蕃占据此地以后，他们的游牧聚居地主要集中在柴达木盆地沙漠南缘，即今天的都兰、德令哈等地。

他们的墓葬也在这些区域比较集中。这些墓葬中，往往绘有精美的壁画或者器物上的图画，记述墓主人生前的生活场景。2002 年，德令哈附近的 2 座古墓被盗，文物工作者进行了清理和调查，也发现了绘制在棺材上的绘画，其中就有狩猎图，生动地描绘了吐蕃人的狩猎场景：狩猎图中的人物分为两组，上面一组前面一人纵马疾驰，却扭回头向后射箭，后面二人骑马向前射箭，两头奔跑的野牛正被他们前后夹攻，其中一头野牛的背部已经中箭受伤，鲜血狂飙；下面一组单人独骑，追击三头奔跑的鹿，其中两头已中箭流血（许新国，2004）。这些场景，栩栩如生地再现了吐蕃贵族的狩猎生活，野牛、鹿等形象地刻画了当地的环境特征。

元代的柴达木盆地是蒙古人的牧场，《明史》有记载："元封宗室卜烟帖木儿为宁王镇之"，宁王是忽必烈的后代，可见元朝对这里颇为重视。元朝对藏区的管理属于宣政院，宣政院之下设立宣慰司都元帅府，在元帅府下设万户所。当时在柴达木盆地设立的元帅府名为曲先答林元帅府。在元代初期，南宋与元朝对峙，南宋固守四川盆地，挡住了元兵南下的通道。公元 1253 年，忽必烈率蒙古大军通过柴达木盆地，绕道吐蕃攻取大理，从后方对南宋进行战略包抄，柴达木盆地的交通地位比较重要（叶玉梅，1994）。1955 年秋天，一位农民在柴达木盆地沙漠毗邻的格尔木农场平地造田时发现元代纸钞一包，有"中统元宝交钞"和"至元通行宝钞"等数张，纸钞用毛毡包裹，中统和至元都是元朝的年号（叶玉梅，1994）。

明代正德年间，占据河套一带的蒙古土默特部势力增长，开始进入青海。至明朝末年，蒙古和硕特部首领固始汗因青海藏传佛教派系之争的问题游牧于此，向青海境内引入了大批蒙古人，亦称德都蒙古，这就是今天海西州蒙古族的来源之一（马大正和成崇德，2006）。蒙古诸部的主力先是迁至草场丰美的青海湖周边及黄河北岸广大地区，后逐渐占据柴达木盆地等地区。清朝前期，蒙古人成为柴达木盆地地区的主体民族，清雍正年间在柴达木盆地设台吉乃尔旗牧地，有四个部落，即诺木洪部落、格尔木部落、乌图美仁部落和尔斯部落，这四个地方都是柴达木盆地沙漠周边水草较好之处。但后来青海和硕特蒙古亡于准噶尔汗国，康熙击败准噶尔后，该地区蒙古人锐减，外加后来的蒙藏部落迁徙原因，此地区人口成分发生变化，藏族后来居上，成为主体民族（杔格，2021）。

这些时期，总体生产方式以游牧为主。直到近现代，现代商贸活动才进入这里，留下了许多遗址，如希里沟城址，此城址位于乌兰县希里沟镇西庄村内，初建于民国时期，早期为商业机构，后被军阀马步芳的部下占据，新中国成立后为都兰政府机构所在地。整个遗址平面呈长方形，东西宽 84m、南北长 138m，墙北部 10m、西南角共 39m 均被破坏，东墙基本完好，东西两墙正中原来均有马面，东墙正中的马面已经缺失。

总而言之，从史前到清末，游牧狩猎始终是这里人类主要的生产方式，且在沙漠南缘和东南缘的乌兰、都兰、德令哈等地比较集中。诺木洪文化时期是柴达木盆地沙漠及其毗邻地区人类活动的第一个高峰；吐谷浑时期是柴达木盆地沙漠及其毗邻地区人类活动的第二个高峰。农业在个别绿洲存在，种植大麦（青稞）、黍等。商贸在吐谷浑等时期比较兴盛（详见第三节）。随着现代工业的发展，这里的石油、化工等都获得了长足的发展。

第二节　人类活动的基本特征

这里环境严酷，人类活动受自然条件的影响更大。在旧石器时代，人类活动集中在山前地带。目前还不了解这里新石器时代人类活动的情况。到了青铜时代，诺木洪文化在这里盛极一时。诺木洪文化的分布以沙漠东南缘的乌兰、都兰等地最为集中，并在东南两面的山前水草丰茂之地散布（图 4-1）。诺木洪文化的年代现在已经基本清楚了，基本在距今 3300～2500 年（表 4-1），它和卡约文化大致同期，受卡约文化的影响很大，但卡约文化的分布范围要更广，而诺木洪文化主要分布在柴达木盆地。

表 4-1　诺木洪文化已经测定年代及采样地点

测年物质	^{14}C 年代/年	校正年代（2δ）/年	采样地点	参考文献
小麦种子	3100±30	3316±69	都兰	Chen et al., 2015b
大麦种子	3110±30	3324±68	都兰	Dong et al., 2016
大麦种子	3075±30	3291±74	乌兰	Chen et al., 2015b
大麦种子	2840±30	2964±99	都兰	Dong et al., 2014
大麦种子	2550±30	2624±126	都兰	Chen et al., 2015b
大麦种子	2770±30	2867±79	都兰	Chen et al., 2015b
炭屑	2604±56	2670±178	都兰	Dong et al., 2016
炭屑	2880±25	3016±121	都兰	Dong et al., 2016
炭屑	2645±30	2624±126	都兰	Dong et al., 2016
炭屑	2720±115	2848±357	都兰	中国社会科学院考古研究所，1992
炭屑	2832±74	2988±211	都兰	Dong et al., 2014

诺木洪文化是一种以牧业为主，兼营农业的经济形态（表 4-2），这使得当时居民可以建造房屋，在严酷的柴达木盆地沙漠周边定居下来。这种形态也是现在河湟谷地很多定居牧民的生活现状。可以说，这种生活方式，在三千多年以前，已经出现在柴达木盆地等地。在诺木洪文化的塔里他里哈遗址出土了 60 多件骨耜，都是用大型兽骨制作而成（吴汝祥，1963），在当时是高效率的农业生产工具；诺木洪文化遗址出土农作物遗存中大麦比例明显增加并占绝大多数，表明耐寒的大麦是诺木洪先民种植的最主要农作物（张山佳和董广辉，2017）。大麦等作物的种植在诺木洪文化先民的生业模式中占有重要地位。

从目前已知的浮选结果来看（图 4-2），诺木洪文化时期黍和大麦在农作物中发现的数量最大，粟和小麦虽有发现，但数量极少。显然，黍和大麦才是这里农业的支柱。这其实是当地的地理环境决定的。柴达木盆地沙漠作为我国海拔最高的沙漠，除了干旱，低温也是妨碍农业发展的重要因素。所以耐低温、生长期短的作物就是很好的选择。在动物中，发现诺木洪文化时期绵羊所占比例最大，黄牛和马次之，狗和牦牛的比例较小，此外还有一定比例的野生动物。由此可以知道，养殖绵羊应该是当时畜牧业的重头，牦牛作为以后青藏高原上的主要家畜，在当时的养殖数量并不大。狩猎也是获取肉食资源的必要补充。从这里历史时期的墓葬中的壁画来看，狩猎不仅是为了获取肉食资源，也是一种重要的社会活动。

表 4-2　诺木洪文化经济形态等社会面貌

经济形态	内容	参考文献
家畜类别	羊、牛、马、牦牛	吴汝祥，1963；谢端琚，2002
作物类别	大麦、小麦、黍、粟	吴汝祥，1963；Dong et al.，2016
房屋建造	方形或圆形的土坯木结构建筑	吴汝祥，1963；谢端琚，2002
其他代表性发现	毛织物，骨笛、骨哨与陶牦牛	吴汝祥，1963；谢端琚，2002

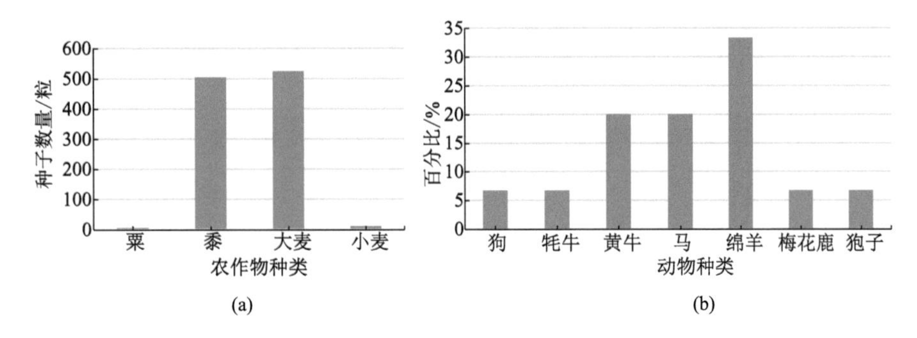

图 4-2　诺木洪遗址浮选所见的农作物种子数量（a）和动物的比例（b）（Dong et al.，2016；任乐乐，2017）

到了柴达木盆地历史时期的高峰——吐谷浑时期，吐谷浑主营畜牧，畜养的牲畜大宗是马、羊和牦牛。吐谷浑尤其善于养马，马的品种主要是蜀马和青海骢。他们也兼营一定的农业，但规模很小。《北史·吐谷浑传》有记载：“亦知种田，有大麦、粟、豆。然其北界气候多寒，唯得芜青、大麦。”所以，当时的居民在柴达木盆地沙漠及其毗邻区域的农业是相当有限的。而他们的政治中心逐步从河湟地区西移到柴达木盆地沙漠南缘，是和当时丝绸之路贸易的兴盛分不开的（李天雪和汤夺先，2002）。

这种亦牧亦农的生活方式，是在柴达木盆地沙漠周边的山地降水相对多的时期出现的（曾永年等，2003；Dong et al.，2021）。在这样的相对湿润时期，山地相对丰沛的降水，不仅提供了更多的淡水补充到柴达木盆地中，而且促使山地草原和山麓绿洲扩张，为农牧业的发展提供了充足的草场和可开垦的土地。这样的自然与人类生活的互动，不仅发生在诺木洪文化时期，也出现在吐谷浑时期，无怪乎诺木洪文化是该区域史前时期的高峰，吐谷浑时期是本区域历史时期的高峰。

而在其他相对干旱的时期，山地草原和山麓绿洲的面积收缩，适宜人类活动的范围变小，沙漠和干旱荒漠的面积增加，尤其是适宜于耕种的区域变得有限，定居的亦牧亦农的生活方式很难维持，游牧就成为一种必然的选择。这也是历史时期大多数时候柴达木盆地沙漠周边人类活动的基本形态。

但无论如何，都不宜夸大这里的农业规模。即使在农业相对比较重要的诺木洪文化时期以及吐谷浑时期，这里的农业始终没有形成大规模的集中连片区域，仍然散布在个别绿洲上，受到自然条件的严重制约。在核密度估计和平均最近邻指数中都没有具备统计意义的结果，显然，这种相对聚集仍然没有在柴达木盆地沙漠形成真正的文化核心区域和经济中心。

第三节　柴达木盆地沙漠与丝绸之路青海道

丝绸之路是亚欧大陆连接东西方物质与文化交流的大通道，在我国西北境内大体上可分为三条路线，即主干道、草原道和青海道，主干道为主要通道，草原道和青海道为辅道。主干道的走向为由中原、关中盆地向西出发，越陇山，过黄河，经河西走廊进入新疆，沿塔里木盆地南北边缘穿越葱岭，通往中亚、南亚、西亚和欧洲；草原道是从关中或今河南北上经黄土高原，至阴山山脉及居延海绿洲，折向天山南北麓至西域，与主干道汇合；青海道经过青藏高原东部和北部到达新疆塔里木盆地，与主干道汇合，继续向西。

一、青海道与河南道

青海道有时也被称为“河南道”，这里的“河南”和黄河下游的河南省没有关系，却和吐谷浑有直接关系。这是因为吐谷浑国即使在最强盛时，也不过是据有甘青川的一部分，所以经常要向不同的强大政权臣服，其首领曾被不同的宗主国封为“河南王”。根据史书记载，吐谷浑先后有数位首领得到过大夏国及北朝、南朝诸国的“河南王”封号（周伟洲，1985）。

青海道主要分三路，北路出西宁向西北行，渡大通河，越祁连山，进入甘肃；中路出西宁经青海湖北岸，沿柴达木盆地北缘至大柴旦，北上经当金山口至敦煌；南路自西宁过日月山，沿青海湖南岸、柴达木盆地南缘，经都兰、格尔木，西出阿尔金山至新疆若羌。中路和南路均横穿青海省全境，出省境后经河西走廊与新疆的丝绸之路合并，在历史的长河中曾发挥过非常重要的作用。其实，从这里也是进入西藏的重要通道，大致来说，从都兰出发，西至格尔木，再向南行，相继经过昆仑山口、安多、那曲，前往拉萨，或经过拉萨可前往印度（米海萍，2018）。

二、吐谷浑时期的青海道

在吐谷浑占据青海的三百多年时间里，吐谷浑人苦心经营，造就了当时青海地区的繁荣，他们往往筑城而不居，用以发展商贸，他们在城中课取赋税、集散物资、贸易交换，鼓励来往的商旅。经过精心的经营，加上当时的地缘政治形势的变化，青海道成了通达四方的繁荣的贸易之路。吐谷浑南通蜀汉、东通关陇、西通西域，成为交汇四方的中介（周伟洲，1985）。

青海道在吐谷浑兴起之前就已经存在，大致是从甘肃经河湟地区、青海湖、柴达木盆地，翻越阿尔金山进入西域。《史记》《汉书》等典籍称之为“羌中道”。这是因为这条通道在青藏高原行经的区域基本都是古代羌人的领地，秦汉之际，羌人是影响西北边境的重要力量之一。“羌中道”可分为两段，以鲜水海（今青海湖）为中心，东至陇西（治今甘肃临洮南），称河湟道；西至鄯善（治今新疆若羌），称婼羌道。最著名的例子就是，张骞第一次出使西域时，曾被匈奴人抓住，在归途中，为了避开匈奴人，“欲从羌中归”，经于阗、且末、鄯善，向东南经阿尔金山，进入柴达木盆地。可惜当时占据此地的羌人也是臣服于匈奴人的，所以张骞还是被匈奴人抓获了，滞留在匈奴境内一年多才得以归汉（王宗维，1984）。但这也说明，至少在汉代，这条通道就已经存在了。

羌族是我国一支古老的民族，部落众多。战国初年，秦国崛起，中原一带的羌人迫于秦国的威胁向西迁徙。根据《后汉书・西羌传》的记载，羌人祖先无弋爰剑在秦厉公时被捕成了奴隶，后来从秦逃亡到青海河湟地区。到了无弋爰剑的曾孙忍时，秦献公对外扩张，羌人受到秦国的逼迫，再一次大规模迁徙。部分羌人向西向南迁往别处，忍及其弟留守在湟中（即西宁至尖扎之间的湟水流域一带），妻妾众多，经过几代的繁衍，逐渐兴盛，成为河湟间一支较大的力量。羌人从河湟地区大规模向外迁徙的过程就是“羌中道”的开辟演化过程。这些外迁的羌人主要去往两大方向：一部分向西、西北迁徙，前往西域各地，忍的叔父率领人马向西迁徙，“出赐支河曲西数千里”（《后汉书・西羌传》），有的甚至可能到了塔克拉玛干沙漠的南缘（樊保良，1994）；另一部分向西南活动，到今甘肃及四川一带定居下来。所以羌人的迁徙主要拓展了由青海向西域和四川的线路。

“羌中道”在青海省境内有许多重要节点。位于海晏县城西北 1km 处的全国重点文物保护单位西海郡故城，是丝绸之路青海道上的重要节点之一。该城内采集到王莽和西汉时期的五铢钱、货泉、大泉五十等钱币，还采集到唐代莲花纹瓦当和宋代的“崇宁重宝”“圣宋元宝”等钱币（安志敏，1959）。

两汉时期，河西走廊通畅，“羌中道”的作用不显著。至南北朝时期，一方面是河西走廊被如同走马灯一般变换的割据势力占据，通行能力大大降低；另一方面，勃兴的吐谷浑鼓励商贸，想从丝绸之路的商贸中分一杯羹，大力疏通这条通道，特别是随着吐谷浑的势力扩张到塔克拉玛干沙漠边缘，吐谷浑这时“地兼鄯善、且末”（《魏书・吐谷浑传》），塔克拉玛干沙漠东南、车尔臣河上中游广大地区，都是吐谷浑的领土（周伟洲，1985）。《南史・卷七十九》记载：“其界东至叠川，西邻于阗，北接高昌，东北通秦岭，方千余里，盖古之流沙地焉。”这使得河南道完全处于吐谷浑的境内，安全性大大提高，一时商贸云集。同时，吐谷浑出于联合南朝、共抗北魏的原因，允许东晋、南朝的江南政权通过此通道经益州（四川盆地）与西域进行联系，进一步促进了这条通道的繁荣。北方的其他民族也利用这一通道，和南方沟通，《南齐书》有记载“芮芮常由河南道而抵益州”，芮芮即柔然，是公元 4 世纪后期至 6 世纪中叶，在蒙古草原上继匈奴、鲜卑之后的大国。

除了商贸的兴盛，许多僧人从此地经过，留下了宝贵的历史记录。据《高僧传》记载，永初元年（公元 420 年），僧人昙无竭出海西郡，渡过流沙（今柴达木盆地沙漠），至高昌郡（新疆境内）。高僧法献又继昙无竭之后，西行求法，“发踵金陵，西游巴蜀，路出河南，道经芮芮，既到于阗”。法献所经过的“河南”，就是受南朝宋文帝册封为“河南王”的拾寅统治下的吐谷浑。从西域入中原传法的僧人也从此经过。西魏恭帝元年（公元554年），印度僧人阇那崛多“又达吐谷浑国”，东去长安。可以想象，那时的青海道上，经常可以看到操着不同语言、穿着各色服饰、秉持着使节关文的各国使者艰难地涉过流沙。有用骡马驮运着各色精致丝绸、茶叶及瓷器的汉人商人，也有深目隆鼻、赶着驼队马帮的西域商人，他们带的翻译和向导大都是通晓各国语言的吐谷浑人。青海道之盛，极于一时。

青海多地发现了这个时期的域外货币，揭示出当时有非常频繁的贸易交流与经贸往来。1956年，西宁隍庙街（今解放路）出土波斯萨珊王朝卑路斯时期（457～482年）银币76枚；1999年乌兰县铜普大南湾遗址出土1枚查士丁尼一世时期（527～565年）东罗马金币及6枚波斯萨珊王朝不同时期的银币；2000年又在都兰县香日德镇以东3km处的沟里乡的吐谷浑墓地中发现金币1枚，为东罗马帝国狄奥多西二世（408～450年）索利多金币（侯光良，2019）。

实事求是地说，这条通道，沿途所过多为无人区，补给困难，且海拔高，天气多变，对任何人都是不小的考验。张骞第一次出使归来时这样评价这条通道：“从羌中，险”（《汉书》）。有个例子可以很好地说明青海道的艰辛程度。唐朝初年，吐谷浑乘势扩张，连续寇掠凉州等地，唐太宗在遣使交涉10次都无结果的情况下，于贞观八年（634年）下诏命李靖为西海道行军大总管，征讨吐谷浑。次年，唐军从青海湖东南一带发起猛烈进攻，吐谷浑无法抵挡，当时的吐谷浑国王伏允火烧草原，逃遁到柴达木盆地的老巢（这是吐谷浑惯用的绝招，在历史上曾经数次凭借这一手起死回生）。五月，伏允继续向西逃窜，进入图伦碛（今新疆且末一带的沙漠）（周伟洲，1985）。这条逃跑路线基本上就是青海道的南线。唐朝大军经柴达木盆地北上，深入碛内追击，由于缺水，将士们刺马饮血，在茫茫的荒原大漠中饱尝断水缺粮、高原跋涉的艰险，最后直捣伏允牙帐。唐代边塞诗人王昌龄有诗云，“大漠风尘日色昏，红旗半卷出辕门。前军夜战洮河北，已报生擒吐谷浑”就是歌咏其事。李靖西征吐谷浑之战，极大地削弱了吐谷浑的力量，为吐谷浑王国最终的衰亡埋下了伏笔。大军通行尚且如此艰险，对普通商旅来说更是危险重重。神龟元年（公元518年），僧人宋云渡流沙，至吐谷浑国（今都兰县境内），在这里受到了吐谷浑的礼遇，他记述的沿途所见是“路中甚寒，多饶风雪，飞沙走砾，举目皆满”，可知当时柴达木盆地沙漠的流沙状况已经很严重（《洛阳伽蓝记》卷五）。祸福相依，在历史上，吐谷浑曾经多次在战败以后退守柴达木盆地，依赖艰险的环境抵挡追兵。

三、唃厮啰时期的青海道

隋唐一统，河西走廊又成为丝绸之路的主通道，青海道的重要性下降。到了宋代，不论是北宋还是南宋，都没有能力控制河西走廊。尤其是在宋夏对峙之际，西夏几乎占领了河西走廊全境，北宋曾发动五次战争，试图夺回河西故地，均未能成功。但是，西夏的南界仅到祁连山北麓，而祁连山以南，柴达木盆地则由吐蕃唃厮啰政权所控，这就是今天柴达木盆地藏族居民的来源之一。唃厮啰政权是北宋时期以河湟地区吐蕃人为主建立的地方性政权。唃厮啰政权名义上附于北宋，此时的西域诸国大部分在名义上也仍附于北宋，如于阗国、西州回鹘等。对于北宋来说，既然河西走廊旧道已断，那么就另寻一条新路沟通西域，于是青海道就成了最便捷、最可能的选择。兼之西夏国兴起，来往商队为避免战乱及重税，改走青海道，西宁（时名青唐城）也因此成为丝绸之路的重镇，青海道再次繁荣起来（万幸，2019）。《宋史》记载："厮啰居鄯州，西有临谷城通青海，高昌诸国商人，皆趋鄯州贸卖，以故富强"。唃厮啰政权左右逢源，富甲一时。《宋史》记载的一件出使事件，清晰地描绘了青海道在宋朝对西域交通的重要性。这件事就是宋神宗元丰四年（公元 1081 年），拂菻国（中国古代史籍中对拜占庭帝国的称谓）遣使来朝，其使者所经路线是："东自西大食及于阗、回纥、青唐乃抵中国"，中国是北宋的自称，青唐即唃厮啰政权所控制的区域。使者所经行的路线概括起来就是拂菻（拜占庭）→大食（塞尔柱突厥）→于阗（喀喇汗）→回纥（西州回鹘）→青唐（唃厮啰吐蕃）→宋。途经的喀喇汗又称黑汗，是信奉伊斯兰教的回鹘人建立的封建汗国，宋朝人将其归入于阗国。

尤其到了南宋时期，当时中原基本都被金国占据，偏安东南一隅的南宋要联系西域，基本都要依赖这条通道。当时从南宋到西域的路线大致是：从建康（今南京）出发，溯长江而上，到达益州首府（今成都）；从益州沿白龙江流域到达甘南，然后进入河湟谷地，越青海湖，到达柴达木盆地沙漠南缘，然后从柴达木盆地向西翻越阿尔金山，进入西域。其实，从柴达木盆地进入西域，也有两条路线：一是由都兰西至格尔木，再向西经过尕斯库勒湖，翻越阿尔金山至南疆若羌，与西域南道汇合；二是在上述路线中，经格尔木以后，往西南的布伦台，溯今楚拉克阿干河谷进入新疆，西越阿尔金山，至今阿牙克库木湖到且末，再与丝路南道汇合（米海萍，2018）。

元朝之后，随着海上丝绸之路的兴起，贸易重心逐渐转移到海上，青海道的重要性急剧下降，尤其是作为商贸通道的作用就基本丧失了。而作为军事交通路线来说，随着南宋的覆灭，青海可以沟通四川云南，从侧后包围南宋的战略意义也就不存在了。从中原沟通西域，基本都是通过河西走廊或者草原通道，不必涉险走青海道。这样一来，柴达木盆地沙漠在交通上的重要性基本不复存在，重新成为蒙古人的牧场，这种情况一直持续到近代。总体来看，丝绸之路青海道有两个主要的兴盛期，一是吐谷浑时期，二是唃厮啰政权时期。可以说，青海道起于秦汉，兴于南北朝，盛于唐宋，衰于元明，前身是"羌中道"，其萌芽应该在秦汉以前。所以这个区域丝绸之路的兴衰，受地缘政治的影响很大，基本可以看作是丝绸之路主线路的"候补方案"，只有在河西走廊等地的路线受阻的时候，才会走向舞台的中央。

柴达木盆地沙漠是我国海拔最高的沙漠，这里最奇幻的景观当属经常发生在此的海市蜃楼了。青藏高原上空气洁净、湖泊清澈，在阳光和浮云的作用下，金黄的沙丘不断变换着色彩，碧蓝如镜的盐湖水面上会出现变幻莫测的海市蜃楼。然而，真正吸引人的，是这里灿烂的历史文化。诸木洪、吐谷浑、唃厮啰……历史的风云变幻，比海市蜃楼更加迷人。白云、雄鹰、蓝天，牧人、羊群、远山，正是人类活动，才让这一片沙漠拥有了灵魂。新时代的产业，正让这片古老的土地重新焕发出新的生机！

第五章

阿拉善高原诸沙漠及其毗邻地区的人类活动

阿拉善高原是蒙古高原的一部分，它可以看作是黄河与贺兰山把蒙古高原分隔成的一个相对独立的地理单元。发源于青藏高原的黄河在甘肃、青海的群山丘陵间蜿蜒向东，出兰州以后逶迤北流，经过甘肃、宁夏之间的黑山峡之后，滚滚河水转而向东，成为阿拉善高原的南界。黄河在宁夏中宁县再次转向北流，雄踞在黄河西岸的贺兰山成为阿拉善高原的东界。阿拉善高原的北部边界是中蒙国界线。阿拉善高原西部和河西走廊紧紧相连，虽然有龙首山、合黎山、马鬃山等低矮的山地把它与河西走廊分隔开来，但这些山地没能构成连续的屏障，所以河西走廊和阿拉善高原不仅与戈壁沙漠相连，而且在河流水系等方面也往往“共享”：发育于祁连山的黑河与石羊河，流经河西走廊的沙漠绿洲，又进入阿拉善高原，最终消失在高原的沙漠戈壁中，形成尾闾湖。黑河的尾闾湖在额济纳盆地，额济纳盆地由嘎顺诺尔、苏古诺尔盆地和居延泽盆地组成，其中居延泽盆地又分为东居延泽和西居延泽盆地。石羊河尾闾白碱湖位于民勤县，是现今野麻湖、青土湖、东平湖、西硝池和白碱湖等多个独立湖泊或沼泽地的前身。另外，河西走廊西端还有疏勒河，该河由白杨河、石油河、昌马河、榆林河、党河等主要支流组成，干流全长580余公里。阿拉善高原和河西走廊虽然是两个相对独立的地理单元，但它们存在着千丝万缕的联系，从人类活动的角度来说，虽然这两地沙漠戈壁广布，却曾经是月氏、乌孙、匈奴、鲜卑、突厥等中国古代民族的牧场，留下了无数的传说。

从行政区划上来说，阿拉善高原主要属于内蒙古自治区阿拉善盟，包括了阿拉善左旗、阿拉善右旗、额济纳旗等，部分属于甘肃省河西走廊各县市，包括武威市、金昌市、张掖市、酒泉市等。整个高原地势由南向北略倾，地面起伏不大，大部分海拔1300m左右，仅少数山地超过2000m，最低处居延海附近为820m。阿拉善高原面积约30万km^2，其中分布有三个大沙漠：巴丹吉林沙漠、腾格里沙漠和乌兰布和沙漠，几乎占高原面积的三分之一（阿拉善盟政协文史资料研究委员会，1989；吴正，1995）。沙漠外围被戈壁荒漠包围。阿拉善高原的戈壁依据其组成物质，可分为岩漠、砾漠两类。岩漠是指地表岩石裸露或仅有很薄的一层岩石碎屑覆盖的山麓地带，分布在区域内的山地的山前地带面积不大，如马鬃山、雅布赖山、贺兰山、罕乌拉山、巴彦乌拉山的山前地带。砾漠地表为砾石覆盖，砾石大小不等。区域内砾漠面积广大，强劲的风力将细小颗粒吹走，留下粗大的砾石，砾石多成为风棱石，上覆盖一层坚硬光滑的黑褐色荒漠漆皮，就成了旅游者津津乐道的“黑色荒漠”。以岩漠和砾漠组成的荒漠戈壁面积广大，散布在沙漠戈壁中的湖泊、绿洲为人类活动提供了支点。

阿拉善高原为温带大陆性干旱气候，整体气候干旱。但和新疆等地相比，这里地处季风区边缘，降水要稍多一些，东部降雨量可达将近400mm，向西北迅速减少，到额济纳等地，年降水量在50mm以下。这里每年春夏之交，多大风天气，且干旱的西部大风天数更多（姚正毅等，2006），源于河西走廊和阿拉善高原的沙尘暴，是影响北方很多区域——尤其是黄土高原——的重要尘暴来源。关于这方面的情况，史不绝书。《汉书》记载，汉成帝建始元年（公元前32年）四月，“大风从西北起，云气赤黄，四塞天下，终日夜，下著地者黄土尘也”。

阿拉善高原的水文变化受河西走廊石羊河、黑河的变化影响很大。石羊河，古名谷水，发源于祁连山脉东段冷龙岭北侧的大雪山，河流全长250多公里，是河西走廊东部最大的河流。其上游有八大支流，即大靖河、古浪河、黄羊河、杂木河、金塔河、西营河、东大河、西大河，均发源于祁连山。石羊河上游属于祁连山区，是河水的补给区，其中下游属于冲积-洪积平原区。山区与平原区大体上是以武威以北的九墩—永宁堡—金川（即金昌）一线为分界，该线以南为山区，该线以北为平原区。目前石羊河中下游的河道已经完全被人工渠道所取代。河流尾闾的湖泊在古代称为休屠泽，现在仅余白亭海及青土湖，大部分已干涸，被腾格里沙漠紧紧包围。

黑河也是发源于祁连山，出祁连山，流经河西走廊，最终注入额济纳盆地，全长900多公里。黑河的下游别名弱水，可谓是大名鼎鼎。《尚书·禹贡》记载：“导弱水，至于合黎，余波入于流沙”。至于为什么叫弱水，传说是因为其浮力较弱。元代吴澄所撰写的《书纂言》中有记载：“其水无力，不能负芥，投之则墊没及底，故名弱水”，和《西游记》里说“八百流沙界，三千弱水深，鹅毛飘不起，芦花定底沉”是一个意思。黑河从祁连山奔涌出来之后，在平缓的河西走廊蜿蜒向西，灌溉了将近200km河流沿岸的绿洲，到金塔县穿过马鬃山和合黎山中间的谷地，折而向北，穿荒漠进入额济纳绿洲，在这里它又分为东西两支，西支木林河（木仁高勒）向北经赛汉陶来苏木，到达嘎顺诺尔；东支纳林河（额木讷高勒）经巴彦宝格德苏木、巴彦陶来苏木、达来呼布镇、苏伯淖尔苏木，到达苏古诺尔。黑河养育了河西走廊和额济纳等地的一系列绿洲，成为从河西走廊深入大漠的绿色通道，使得这里的地理位置极为重要，在历史上留下了无数的华章。

石羊河下游的休屠泽、黑河下游的居延泽都是河西走廊和祁连山馈赠给阿拉善高原的瑰宝，在茫茫戈壁中造就了水草丰茂、波光潋滟的奇观，也为人类活动提供了舞台。匈奴、月氏、突厥……一个个古代民族曾在这里弯弓射雕，冒顿、霍去病、成吉思汗……多少的英雄豪杰在这里纵马驰骋，留下了千古的功勋。

第一节　人类活动的基本脉络

一、史前时期

河西走廊和额济纳等地，从旧石器时代已有人类的活动痕迹，但对该区域旧石器遗址暂无较为系统的调查和分析。新石器时代，阿拉善诸沙漠及其毗邻地区最显著的一个特征就是细石器特别多。细石器起源于旧石器晚期，盛行于新旧石器之交和新石器时代，甚至在青铜时代的遗址中，仍然可以发现细石器的踪迹。顾名思义，细石器的特征就是细小，它们往往表现为细石片、细石叶等。如图 5-1 所示，和手指相比较，你就可以估算它们的大小了。这样细小的石器，组合在一起，能够制成非常有效的工具。

图 5-1 阿拉善高原所见的细石器

现在已知的比较著名的细石器遗址有：阿拉善左旗苏宏图细石器加工厂遗址、巴丹吉林沙漠中的细石器遗址，以及阿拉善左旗头道沙子遗址和额济纳旗巴彦陶来等较大规模的细石器遗址。阿拉善左旗苏宏图细石器加工厂遗址以其出土的石器品种、数量、精美度及制作工艺的细致度堪称细石器文化的代表。

就文化类型来说，最早出现在河西走廊和阿拉善高原的新石器文化时期的马家窑文化马家窑类型，主要分布在河西走廊的东段，即今武威地区，西部有零星发现，如酒泉照壁滩遗址。这些遗址，规模都很小。以位于腾格里沙漠边缘的瓦罐滩遗址为例，它的具体位置是武威市凉州区下双镇蓄水村东约 1.4km 的沙漠边缘，地表散布有马家窑时期的陶片，遗址基本被沙漠所包围，四周为连绵的沙丘。丘间地上发现带有刻划纹的夹砂黑陶以及历史时期的素面灰陶、白瓷、带釉粗瓷。该地曾采集有夹砂和泥质红陶片，彩陶纹样有鸟纹、鱼纹、三角纹、草叶纹，另有石刀、石斧、石磨、石铲等（见甘肃省文物局官网 http://wwj.gansu.gov.cn/wwj/c105528/201801/c42c01516141471c81a37bdfe8595f75.shtml）。

同时期的阿拉善高原沙漠中，也可以发现类似的陶片。这证明此时阿拉善高原也有人类活动。这个时期人类活动遗址的最主要的特点就是分散且规模小。在河西走廊主要分布在个别绿洲上，而在腾格里沙漠主要分布在沙漠边缘的绿洲或者沙漠中的湖滨。以巴丹吉林沙漠为例，该沙漠中湖泊（海子）众多，这些湖泊（海子）的湖滨地带，偶尔会有陶片、石器等遗存。

到了马家窑文化的半山马厂时期，半山文化呈现出一种“内敛”和“收缩”之势，在早中期不见于河西地区，直到晚期才出现在张掖市民乐县境内（任瑞波，2016）。马家窑文化马厂时期却表现得分外活跃，遗址遍布河西走廊，在阿拉善高原也多有发现，如巴丹吉林沙漠腹地的扎哈吉林遗址，遗址点四周沙山环绕，遗址北面原本有一个咸水海子，叫巴润扎哈吉林，目前已经干涸，在海子周边的地面上，散落有细石叶、石核、夹砂红陶、夹砂灰陶、少量泥制陶、黑釉陶和少量彩陶等遗物，陶器的特征与马家窑文化马厂时期的类似。

到了齐家文化时期，河西走廊东西部的文化发展表现出明显的差异：河西走廊东段文化发展序列为马家窑文化（距今5000～4600年）、半山文化（距今4600～4300年）、马厂文化（距今4300～4000年）、西城驿文化（距今4000～3700年）、齐家文化（距今4000～3600年）、董家台文化（距今3600～3000年）、辛店文化和沙井文化（距今3300～2400年），走廊西端发展出的史前文化序列为马家窑文化、马厂文化、西城驿文化、齐家文化、四坝文化（距今3700～3400年）、骟马文化（距今3000～2400年）（Long et al.，2016；杨谊时等，2019）。

阿拉善高原文化深受河西走廊同时期文化的影响。1958年，鹿圈山窖藏遗址曾出土一批齐家文化的遗物，共发现三件陶器，包括一件红陶大双耳罐、一件灰陶双耳罐和一件灰陶单耳鬲，1992年又出土五件灰陶罐（袁建民，2020）。四坝文化主要分布在河西走廊中西部地区，该文化普遍存在冶铜业，铜渣、炉渣等遗物在多个遗址中都有发现。巴丹吉林沙漠中的西达布素图遗址中发现了马厂文化、四坝文化及沙井文化等遗物；必鲁图遗址为马厂文化晚期或过渡类型及铁器时代的文化。巴丹吉林沙漠北缘的四坝文化遗址——巴彦陶来遗址中发现相当数量的陶片和石刀、石斧等磨制石器（额济纳旗文物管理所，2012）。

当然，阿拉善高原紧邻黄土高原和鄂尔多斯高原，来自关中和宁夏的文化对它的文化面貌也产生影响，1999年发现的头道沙子遗址中就发现了仰韶文化庙底沟因素，出土大批石磨盘及素面夹砂陶和少量的彩陶，后期的文化遗存中发现了齐家文化和四坝文化的要素，在最晚一期的文化遗存，与沙井文化相当（景学义，2016）。这充分表明这个时期阿拉善高原的文化在深受河西走廊诸文化影响的同时，也受到鄂尔多斯高原和黄土高原诸文化的影响，表现出复杂的面貌。

可以想象，在史前时期，阿拉善高原的大部分，即使是沙漠腹地，仍然是周边诸绿洲居民的狩猎、畜牧之地，这里的岩画生动描绘了游牧狩猎的景象（图5-2）。但深入沙漠中的狩猎或者畜牧的人群必然是小规模的，甚至是季节性的。所以今日在沙漠中的湖滨等较适宜人类生活的地貌部位可以发现陶片石器等古人活动留下的遗址。

这个时期人类活动的特点是：①农牧并重，中西合璧。绿洲上的遗址中既有粟、黍等来自黄土高原的本土作物，也有起源自域外的小麦、大麦等作物，还蓄养羊、牛等家畜；绿洲外的荒漠草原和沙漠中的遗址往往表现为比较单纯的畜牧和狩猎特色。②多有金属冶炼的迹象，四坝文化、西城驿文化可看作是其中的典型代表。③文化的地域性很明显，每一种文化分布在有限的小区域范围内，不存在像仰韶文化那样跨地域的文化。这些特点和这里的地理位置以及环境特征密切相关。

图 5-2　位于巴丹吉林沙漠和腾格里沙漠之间的曼德拉山岩画局部

二、历史时期

1. 商周至汉代

随着历史的大幕徐徐拉开，羌、月氏、乌孙是活动在这一带的主要势力，但上古文献记载语焉不详，他们在河西走廊和阿拉善高原的活动范围很难考证。羌、乌孙可能分布在河西走廊西部，和四坝文化、骟马文化有关；而分布在河西走廊东段的沙井文化可能就是月氏人留下的遗存，但迄今仍然是猜测，没有得到完全证实（高荣，2004；杨富学，2017）。如前文所述，沙井文化的年代相当于中原地区西周晚期至战国时期，属于青铜时代晚期，沙井文化的遗址主要分布在巴丹吉林沙漠与腾格里沙漠边缘的民勤和金昌之间，民勤沙井子至金昌三角城（今属金昌市金川区）为该文化的中心区域，在巴丹吉林沙漠与腾格里沙漠中也偶有发现。目前已发现的较重要的遗址有沙井柳湖墩遗址、金昌三角城遗址、蛤蟆墩遗址、西岗遗址、柴湾岗遗址等。沙井文化的面貌显示当时的社会生活是以畜牧业为主的，并有大面积聚落遗址，如沙井柳湖墩遗址、金昌三角城遗址、柴湾岗遗址、黄蒿井遗址等。金昌三角城中的高大城墙系利用天然地势用黄土垒筑而成，多处地点残高 1～2m，最高处可达 4m，具有一定的防御功能。沙井文化用于农耕的生产工具较少，而用于畜牧的铜刀、箭镞却占有很大比例，遗址中出土有大量的动物骨骼、皮革制品，尤其是富有欧亚草原地带青铜器特征的一些物品，如鹰头饰、鹿形饰等，散发着浓郁的游牧文化的气息。至少说明，这个时期的河西走廊和阿拉善高原的文化，确实是以畜牧文化为主体，兼有农业。

月氏、乌孙是史书中有明确记载的古代族名。《山海经·海内东经》中记载：“国在流沙外者，大夏、竖沙、居繇、月支之国”，流沙应指的是中国西北的沙漠地带，月支即月氏。这应该是早期中原对西北地理的模糊认识。《史记·大宛列传》中记载：“始月氏居敦煌、祁连间”，这是最早的关于月氏在河西走廊的确切记载。秦汉之际甚至更早，月氏已经十分强大，正如《史记·匈奴列传》所载：“当是之时，东胡强而月氏盛”，可以说，当时中国北方东胡与月氏两强并列，连匈奴都要匍匐在他们脚下。同在河西驻牧的乌孙迫于月氏之威，首先西迁，离开了河西走廊。

然而，随着匈奴的崛起，并成为整个中国北方草原的霸主，月氏与匈奴的地位发生戏剧性的反转。月氏强时，连匈奴单于之子都被送到月氏为质子。匈奴在蒙古高原崛起，先打败了东胡，然后向南扩张，乘战国末年诸国混战之际占领了河套平原和鄂尔多斯高原，成为地域广大的草原强国，燕、赵、秦三国都直面匈奴的兵锋。《史记·匈奴列传》：“至冒顿而匈奴最强大，尽服从北夷，而南与中国为敌国。”匈奴势力膨胀，经常南下抢掠，燕、赵、秦都被迫修筑长城以抵挡匈奴时不时的“光顾”。秦统一六国之后，开始考虑解除匈奴的威胁，恰好此时有传言说“亡秦者，胡也”（《史记·秦始皇本纪》）。秦始皇派遣大将蒙恬北逐匈奴，占据了河套平原，使得“匈奴不敢饮马于河”。但秦祚短暂，二世而亡。匈奴乘机重新占据了河套平原和鄂尔多斯高原，并西击月氏。月氏战败，大部西迁中亚，只有小部分留了下来。河西走廊和阿拉善高原成为匈奴人的领地。匈奴人开始占据河西走廊的时间，当在秦汉相交之际（高荣，2004）。河西走廊和阿拉善高原都成为匈奴人的牧场。《汉书·地理志》记载：“自武威以西，本匈奴昆邪王、休屠王地。”匈奴势力全盛时，连柴达木盆地的羌人也成为他们的臣属，张骞第一次通西域回程时，就是被“羌中道”的羌人抓获，送给了匈奴人。

河西走廊和河套平原水草肥美，匈奴占据这些区域以后，给新生的汉帝国带来了极大的威胁。匈奴人在这里游牧，继承了月氏、乌孙的城，且还自己筑城，《晋书·张轨传》引王隐《晋书》说：“凉州有龙形，故曰卧龙城，南北七里，东西三里，本匈奴所筑也。”所以这个时期的匈奴人在河西是有城的，史籍中所见匈奴在河西所据诸城，主要有休屠王城、盖臧城、西城和觻得城。盖臧城和休屠王城是休屠王的统治中心（但它们的具体方位至今还有争议，此处不赘述），位于石羊河流域，掌控河西走廊东部地区。今天石羊河流域的民勤三角城和金昌三角城（图 5-3），使用年代都从沙井文化时期延续到汉代，显然在匈奴时期也在匈奴人的治下。西城和觻得城是浑邪王所有。西城很可能就是位于今天张掖市民乐县永固镇八卦村的八卦营遗址（李并成，1995）。城址坐北面南，规模宏大，城防结构复杂，原本由外城、内城、宫城三部分组成，东北部现为高铁轨道。霍去病于公元前 121 年的夏天在西城破匈奴数万人、俘获匈奴的王、将军等贵族，可知此地是匈奴在河西走廊最为重要的统治中心，也不枉我们今天仍然能看到它宏大的规制（《史记·匈奴列传》《史记·大宛列传》）。觻得城的位置更加偏北，《后汉书·明帝纪》唐章怀太子李贤注：“……张掖，郡，故匈奴昆邪王地也”“……故城在今甘州张掖县西北”。即在黑河的转弯之处，黑河由此沿合黎山山势转向东北奔流，穿越巴丹吉林沙漠，直入居延泽。这条干道自古为蒙古高原南入河西的重要通道，觻得城正位于关键的枢纽位置，并且与西城从南北两侧纵断河西走廊，是匈奴应尽量控制的两个战略要点。所以，我们可以知道，匈奴人此时在河西走廊和阿拉善高原的统治是以河西走廊的这四个城为核心的。汉军要击破匈奴，必须占领这几个关键地点。

这四座城基本位于河西走廊的中轴线，占据了河西走廊中部最为肥美的黑河流域和东部最大的绿洲区域——石羊河流域，不仅仅扼控南北通道，更为重要的是加强对东部高原和大河的掌控。从汉初至公元前 121 年，匈奴占据河西走廊和阿拉善高原长达半个世纪之久，以此作为其政治、经济、军事力量的重要基地，和河套平原的匈奴王庭互相呼应，向东威胁关陇，向西威服西域，向南沟通氐羌，从战略形势上和战争心理上给汉王朝造成了极大的威胁，河西四城作为匈奴在此区域的统治中心无疑发挥了重大作用（《汉书·匈奴传》）。匈奴完全占据河西后，对关中连续发动两次进攻，即公元前169年侵袭狄道，公元前166出兵破长城，进攻朝那、萧关。在后一次进攻中，匈奴杀北地都尉印，火烧回中宫，连长安都受到匈奴兵锋的威胁（《汉书·文帝纪》）。这些战事就是匈奴以河西为支撑基地，向汉朝发动进攻的。匈奴以此为基地，屡屡威胁关中，一旦突破长城，就能使京城长安一日数惊。所以，汉朝在收复河套以后，立即着手进攻河西。

图5-3　金昌三角城卫星影像（图中浅色不规则四边形即是该城）

汉武帝一方面派张骞出使西域，想联络迁徙到中亚的月氏合击匈奴；另一方面，派大军进击河西，直捣匈奴在此地的统治腹心。汉朝在收复河套以后，已经控制了乌兰布和沙漠以北的高阙塞，并多次出高阙，打击匈奴。汉军的进攻重心一旦转向河西走廊，依托河西四城的休屠王、浑邪王所部就成为打击的主要目标。公元前121年春，霍去病"将万骑出陇西，有功。上曰：'票骑将军率戎士逾乌盭，讨遬濮，涉狐奴，历五王国……转战六日，过焉支山千有余里，合短兵，鏖皋兰下，杀折兰王，斩卢侯王'"（《汉书·卫青霍去病传》），给盘踞在石羊河流域的休屠王以沉重打击。这是一次数千年前的闪电战，"转战六日，过焉支山千有余里……杀折兰王，斩卢侯王"，如同犀利的手术刀，于百万军中取上将首级。

公元前121年夏，霍去病再征河西。大军"出陇西、北地二千里，过居延，攻祁连山，得胡首虏三万余级，裨小王以下十余人"，重点打击黑河流域的浑邪王势力。霍去病率兵千里奔袭，如同旋风一般，"扬武乎觻得""逾居延，遂过小月氏，攻祁连山，得酋涂王，以众降者二千五百人，斩首虏三万二百级，获五王，五王母，单于阏氏、王子五十九人，相国、将军、当户、都尉六十三人"（《史记·卫将军骠骑列传》），取得了决定性的胜利，匈奴在河西安排的军事力量基本上得以清除。这年秋天，浑邪王率众降汉。

匈奴既逐，汉朝开始着手在河西筑塞，也就是修筑城池和军事设施。首先，数万人渡河筑令居（今永登附近），作为汉朝在大河以西的第一个根据地。然后，再建设河西四郡，"始筑令居以西，初置酒泉郡，后稍发徒民充实之，分置武威、张掖、敦煌，列四郡，据两关焉"（《汉书·西域传》）。然后再向西，如同《后汉书·西羌传》所记载"初开河西，列置四郡，通道玉门，隔绝羌胡，使南北不得交关，于是障塞亭燧出长城数千里"，意思是修筑了从酒泉到玉门的数千里障塞亭燧。这样一来，河西走廊和阿拉善高原的膏腴之地，除了黑河下游绿洲的居延泽之外，都在汉军的控制之中。居延泽所在的区域深入蒙古高原，北接燕然山，东窥河套平原，南控河西走廊，地理位置十分重要。如果匈奴占据此地，就可以源源不断地骚扰河西四郡。所以在公元前 102 年前后，汉军修筑了居延塞。至此，河西走廊和阿拉善高原的水草丰茂、环境优越之地，都在汉军的控制之中。唯有阿拉善高原中北部的荒漠仍然在匈奴的控制之下，但失去了绿洲基地的支撑，匈奴的威胁大大降低了。

汉军在建成河西四郡和居延塞之后，开始大规模地移民开垦，巩固边防。根据《汉书·地理志》的记载，到汉平帝时，河西四郡有人口 28 万多人。这么大规模的建设和开发，留下了众多的人类活动遗址。

2. 魏晋至元代

汉代是河西走廊和阿拉善高原人类活动的第一个高峰。进入魏晋时期，中原地区战乱频繁，河西地区相对安定，中原移民大量迁入。十六国时期，河西出现过前凉、后凉、南凉、西凉、北凉五个割据政权，虽然城头大王旗变幻，政权更迭频繁，但相对于此时战火熊熊、刀山血海的中原地区，河西仍然不失为一块安宁的乐土。这个时期的特点就是，控制了河西走廊，必然也就控制了阿拉善高原，最典型的就是前凉，它基本囊括了河西走廊、阿拉善高原和新疆南部。而到了南凉、北凉和西凉时期，它们各自割据河西走廊的一段，并以此划分阿拉善高原，也算是历史上的一段“奇迹”。

五凉时期统治者相继采取“惠农宽商”的积极政策，使河西地区的经济发展有了长足的进步，成为在农业、畜牧业、手工业等方面实现自给的独立经济区（刘光华，2009），魏晋南北朝时期，河西就像是一个偏安一隅的庇护所，作为“交通要道”以及“商贸交流”的功能倒显得不那么重要。在这一时期，不少中原的儒士及豪族为了躲避中原战乱逃进河西，河西的儒学及私学发展迅速。所以魏晋十六国时期的河西民众从总体上来说处于一个社会环境相对稳定、政治开放、经济独立、民族关系融合、中西文化开放交流的时代，是历史上河西走廊的高光时刻。

相对安宁的生活，催生了丰富多样的精神生活，这个时期的墓葬反映了当地别具一格的社会风貌。只有在安定富强的社会里，人才会花大力气建造墓葬，希望延续生前的幸福生活。魏晋十六国的墓葬在河西走廊和毗邻的阿拉善高原特别多，广有发现，仅仅发现的带有壁画等绘画的墓葬就有 50 多处。其中的壁画和砖画以绘画的形式，生动地再现了当时的社会场景。这里试举一例。骆驼城画像砖室墓位于张掖市高台县骆驼城乡，整面画像砖位于墓室的后室后壁，共分为三层，极为简略地概括了丝织品从纺织、漂染到制衣的关键环节。更有意思的是，当时已经有了熨斗，不仅画上有，还出土了实物，从侧面证实了当时该地区丝织业的发展。另一个“帐居图”壁画砖上表现的景象，更值得琢磨：图中的主人身着汉服，却居于游牧民族常用的毡帐中，这种不同民族来源的文化融合，在当时的河西走廊及其毗邻地区应该相当普遍。壁画中的农牧、采桑、酿造图多次出现，畜牧图及农作图的同时出现是农牧并举的经济结构的生动体现。除了壁画和砖画，当时的墓葬中的很多东西都是彩绘的，反映了生活的富足。在张掖黑水国南城距地表 1.5m 处发现魏晋砖券单室墓 1 座，出土绘彩陶奁 1 件、陶鼎 1 件、陶壶 2 件，彩绘花纹用红、黑双线勾勒。

唐朝采用开放的对外政策，河西在这一时期的意义，更偏重“交通要道”与“对外交流”，河西是中原王朝通往西域、新疆的必经之道，因此，商人、僧人、使团常年活跃在这条路上。唐制，边境设戍以屯兵。河西走廊地区，戍所的设置更为普遍（李并成，1992）。唐代河西的城镇布局体系在防戍上发挥了两个作用：打通交通线和阻隔作用，而这条交通线也是经济线、文化线（赵森，2016）。河西的防御体系也为这一功能的顺利进行提供了保障，阻止了附近了敌对势力对该交通线的破坏和占领。

安史之乱后一直到明代，河西和阿拉善高原先后被吐蕃、回鹘、党项、蒙古等游牧民族控制（闫延亮，2012）。元代马端临编撰的《文献通考》中提到，自唐中叶以后一沦异域，顿化为龙荒沙漠之区，无复昔之殷富繁华矣。不同民族的文化，在这里留下了丰富的记录。例如，吐蕃于公元 766 年占领居延海（今额济纳旗北部地区）和甘州（今阿拉善右旗之南的张掖），可以看作是吐蕃全面统治河西的开端，至公元 866 年完全退出河陇地区，前后 100 年的时间，不仅在河西走廊留下了许多遗址，连巴丹吉林沙漠中都有吐蕃时期留下的岩画，在巴丹吉林沙漠南缘的雅布赖山经常可以发现。河西先落入吐蕃的手中，而后又被西夏所占据，这都促进了藏传佛教在河西的传播，不少石窟寺、寺庙、经文等兴起，如亥姆寺石窟便是西夏所建造，明清仍有沿用，并在其中发现了大量的经文。

亥姆寺石窟位于武威市凉州区新华镇缠山村西南的祁连山中，该石窟是西夏时期修建的藏传密教静修之地，现有四座石窟于谷地西侧山体上南北向呈一字排列，最北侧一窟南侧外壁发现残存壁画。其西北侧山顶建有近代寺庙，出土有经卷、西夏文与汉文文书等。石窟历代有沿用，但是后世的宗教与生产活动对西夏时期遗存扰动较大。

西夏在统治河西走廊和阿拉善高原的时候，面临着西州回鹘和辽的威胁，在河西走廊建立有军事设施如山丹古城遗址，但是数量相对较少。山丹古城遗址坐落于河西走廊蜂腰部，甘新铁路以南，山丹河北岸，焉支山西北 40km。城始建于西夏，由李元昊创建并置甘肃军，元初为阿只吉大王分地，至元二十三年（1286 年）升为州，隶甘肃行省，明洪武二十四年（1391 年）扩建，置山丹卫，属陕西都司，万历年间（1573～1620 年）增筑南关外城，清代时为山丹县，并几度重修。城平面呈长方形，南北长 1320m、东西宽 1200m。现城墙大部已毁，仅残存东南角和北墙无量阁所在墙体。城墙夯土版筑，基宽 10.5m、高 13m，夯层厚约 0.18m。原城址东、西、南面各开两门，门外均筑有半圆形瓮城。城外有宽 10m、深 0.5～2m 的护城壕环绕。北墙正中现存清代建无量阁 1 座，为佛教建筑。现存北墙无量阁部分保存较好，且有修复痕迹（陈希儒，2004）。

西夏在阿拉善高原最著名的遗址当属黑水城。黑水城遗址位于今内蒙古自治区阿拉善盟额济纳旗达来呼布镇东南约 25km 的戈壁中。黑水城始建于李元昊时期的广运二年（公元 1035 年），是西夏十七监军司之一黑水镇燕军司的驻守地（西夏把全境分为十七个监军司，每个监军司名称的前半部分为驻地，后半段为军名，黑水镇燕即驻守黑水城的镇燕军）。当时的黑水城为正方形，边长 240m，面积约 5.7 万 m^2。南墙设有城门、瓮城、马面和角台等设施。居延地区的黑水城作为交通枢纽，对西夏而言，犹如西北门户，黑水镇燕监军司设置的目的就在于控制从西域向东，经额济纳绿洲到达阴山的沿途各要道，监视沿着黑河流域纵断河西要道的北方出口点，与甘州甘肃和瓜州西平两个监军司构成了西夏西部的防御体系（谢继胜，2002）。

蒙古兴起后，曾数次在黑水城与西夏大战，双方均伤亡惨重。1226年，成吉思汗率领大军进攻黑水城，1226年2月，黑水城经历了一场毁灭性的血战。之后，蒙古大军由此南下，直取西夏的国都中兴府，也就是今天的银川。次年，西夏灭亡。1285年，蒙古在黑水城设立亦集乃路，在城西北角（今黑水城遗址五塔附近）建立“亦集乃路总管府”，统领军政事务。这里也成为元代河西走廊通往岭北行省的驿站要道。蒙古对黑水城进行了扩建，规模扩大了数倍。现在的黑水城遗址，即是元代拆建后的规模。明初，大将军冯胜攻陷黑水城，亦集乃路灭，之后明朝永乐至宣德时期整个边防内缩，黑水城逐渐被毁废。1908年，毁废了近600年的黑水城遗址被俄罗斯探险家科兹洛夫所发现。

元代统治河西后，在此建立行省制度，河西走廊和阿拉善高原都属于甘肃行省。但是元代的河西并非边境线，因而这一时期河西的防御作用没有发挥的空间。黑河流域包含于甘肃行省。此后蒙古仿效中原驿传制度，积极在西夏故地修建驿道。甘肃行省境内有长行站和纳怜站两种“站赤”。长行站道是为往来的诸王、驸马、使臣、番僧、客商等乘驿长行的大道，公私皆便。纳怜为蒙语“小”之意，顾名思义，纳怜站道就是小道，是专门为紧急军务设立的，规定只许“悬带金银字牌面、通报军情机密重事使臣”经行，属于军事设施（解缙等，2009）。由甘肃行省所辖的中兴路、永昌路和甘州路诸站赤组成的三路长行站道构成一条从中兴府通往沙州的干线，是甘肃行省境内的主要干道。

3. 明清时期

明朝初年，元朝的势力被压缩到北方的草原地带，成为和明朝南北对峙的态势。有明一代，蒙古势力一直对明朝构成极大威胁，直到明朝统治结束，依然未能彻底解决。为防备蒙古势力南下入侵，明朝被迫专门在东起鸭绿、西抵嘉峪的北边防线设置九边重镇（可以通俗地理解为沿着北方边防线的9大卫戍区）。河西走廊属于九边的甘肃镇，“建重镇于甘肃，以北拒蒙古，南捍诸番，俾不得相合”（《明史·西域传》）。明代甘肃镇的防区范围广阔，东自兰州，西到嘉峪关，南至青海，北抵长城，切断了藏族和北部蒙古势力的联合。

与前代相比，明代的西北边界大大内缩，河西走廊在抵御外部势力入侵方面所承担的任务更加繁重。洪武五年（公元1372年），宋国公冯胜到河西，以嘉峪关为限，遂弃敦煌，边防线内缩上千里，设置卫所，筑城以守（《九边图论》）。后来，关西（嘉峪关以西）设七卫，“或元裔，或土酋，皆授官赐印，世袭职贡”（《敦煌杂钞》），有羁縻之意。明嘉靖以后七卫逐渐被吐鲁番蚕食，人民散徙关内，于是关西成为蒙古族游牧之地。

洪武年间，河西的行政建制多次变革。洪武七年七月，置西安行都卫于河州（今甘肃省临夏市）。洪武八年十月，改西安行都卫为陕西行都司；洪武九年十二月罢陕西行都司。洪武十二年正月，复置陕西行都司于庄浪卫（今甘肃省永登县），洪武二十六年自庄浪徙于甘州（今甘肃省张掖市）（武沐，2009）。从此，甘州成为陕西行都司的固定治所，直至明亡。而阿拉善高原的大部分，都在蒙古鞑靼部的势力范围，青海又是蒙古土默特部的势力范围，所以，此时的河西走廊就好比是插入两股蒙古势力之间的半岛。明代魏焕在《皇明九边考》中说，河西走廊是“以一线之路，孤悬两千里，西控西域，南隔羌戎，北遮胡虏”，所以，明代的河西走廊军事化色彩极浓，在明代防御外族入侵的作用不言而喻。明代甘肃镇发生的大大小小的战争有将近400次，可以说是冠绝西北诸镇。

河西地区先后设置甘州五卫、凉州、肃州、庄浪、镇番、永昌等卫，卫下又设所立堡，设置了不少边关重镇和各级卫所，明代的河西城镇主要是在镇城、卫所、属城与堡寨体系的基础上建立起来的。这些边防重镇和各级卫所，在军事上控制边关，成为控制和影响一定范围的中心，这样的区域中心设置军事长官、精兵强将驻扎，推动了行政和军事机构的建立，成为边关互市贸易的重要场所。加强河西防务，加快发展河西走廊成为明初的基本国策，使河西地区在明代有一个长期稳定太平的政治格局，大量汉族士卒及其家属进入河西走廊，此外还有一定数量的汉民族土著人口加入，使得汉民族人口成为当地的主体。明代不仅大力发展军屯，还提倡商屯，采取移民屯田的方式，吸引商人来到边地，兴建屯庄。商屯的兴起，既促进了农业生产的发展，也繁荣了河西的商业经济，十分有利于河西走廊的发展和繁荣。人员的集聚和相互贸易是河西城镇出现和发展的重要因素，推动各级卫所演变为城市或城镇。

除此而外，明朝大力修筑长城。弘治七年（1494年），明朝最先在嘉峪关一带大范围修筑长城（武沐，2009）。明朝先后于弘治、正德、嘉靖、隆庆、万历年间几次修筑长城，甘肃镇长城基本形成（艾冲，1990）。到万历时期，甘肃镇“现存城垣堡寨四百九十五座，关隘一百四处”（《明会典》）。

明代不仅利用前朝的旧有城址，而且新筑了许多城堡，尤其在地处冲要的黑河流域，仅仅在山丹县境内就有多处。这里介绍其中的两处：

一是硖口古城遗址，位于张掖市山丹县老军乡硖口村内，依山而建，坐南朝北，又名“石硖口营”“硖口营”“石硖口堡址”。硖口古城始建于明万历三年，内为土夯，外为砖包，铺以石条为塞，属砖石土结构，应该属于当时比较重要的关隘。该城开东西两门，关城与瓮城相配，城上雉堞，城下壕池环绕，城门洞全以砖砌，铺以生铁灌缝，城内原有古代衙府、寺庙、店铺、营房等设施。城平面呈长方形，南北长约640m，东西宽约320m。城墙黄土夯筑。四角有角墩，现存西南、东北角墩2个。南、北墙各开一门，城门为砖砌拱形，门外筑方形瓮城，北瓮城门向西，南瓮城门向东。城址南墙、北墙皆残存部分，南北瓮城皆有部分存留，北门保存完好。城内南北中心道路上有过街楼1座。城北有清代增修外城。

二是暖泉城堡遗址，位于张掖市山丹县位奇镇东南侧，外围周边为耕地。城址西侧有西干渠。该城平面略呈正方形，东西长342.2m、南北宽338m，西墙开一门。城墙黄土夯筑，基宽6.3m、顶宽1.4m、残高9m，夯层厚约0.16m，顶筑女墙，残高1.5m。城墙四角筑有角墩，底边长9.4m、宽8m、高9m，上筑有高2.5m的女墙。城东北角内侧筑方形月城，南北长52m、东西宽33m，西墙开门，墙高9m，顶有高1.5m的女墙。城址现存四角角墩，西侧城墙保存大部分，北侧城墙不存，东侧城墙残存北半部，南侧城墙残存两角墩附近部分，东北月城保存较好。西北角墩南侧土中埋有清末云盖寺碑。城外有底宽5m、口宽 10m、现深 0.2～0.5m 的壕沟环绕。

总体而言，明代河西走廊的遗址主要散布在祁连山前狭窄的绿洲地带，自武威至嘉峪关，呈链状分布，外围被长城包围。从空间分布来看，明代的河西走廊古城可分为三个组团：东部以凉州为中心的石羊河流域城址组团，中部以甘州为中心的城址组团，以及西部以肃州为中心的城址组团，三组城址在空间上从东到西分布（图 5-4），城址基本都坐落于绿洲中，在顺着河流基本方向分布的基础上，各城镇依托交通网有机地联结起来。和河西走廊的汉长城相比，明长城在许多地区都收缩了，放弃了额济纳绿洲等阿拉善高原上的战略要点。阿拉善高原此时基本都是蒙古族的游牧地，留下的遗址很少。

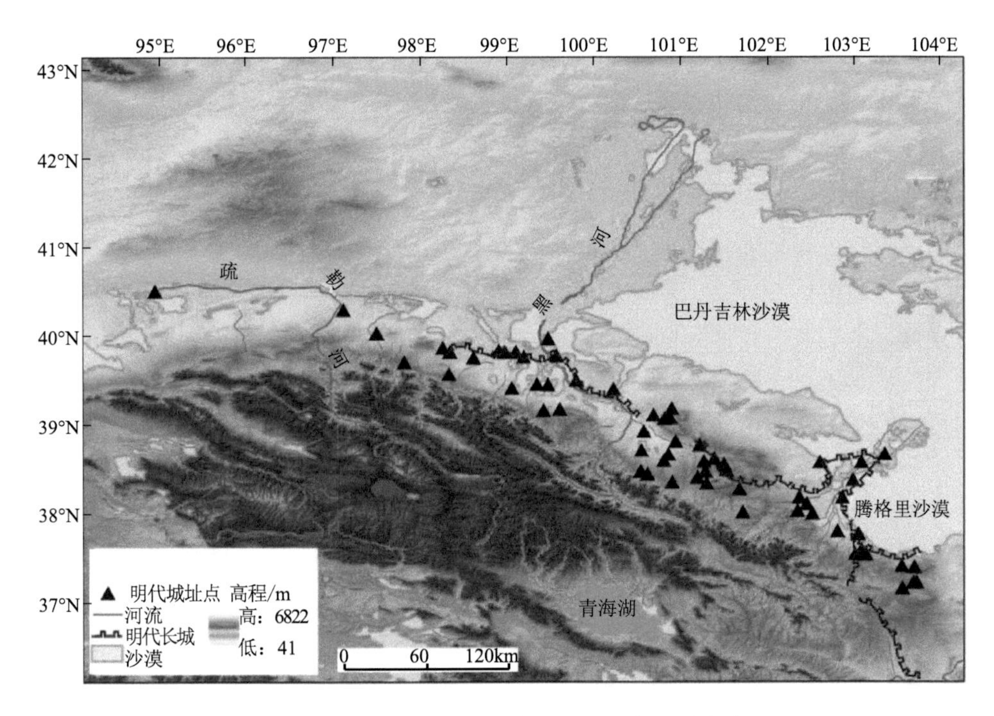

图 5-4　河西走廊明代城址分布和明代长城走向

继明而起的清代，是中国历史上最后一个封建王朝。清朝的疆域远超明代，甘肃也从边疆转为内地。河西在明代版籍之中为“孤悬天末，四方受警”之地（《罪惟录》），常受到南蛮北夷的夹击侵扰，尤其自正德年间以后，明朝国力日趋衰微，已无力顾及西陲，被迫实行弃嘉峪关以西之地而不治的方略，将嘉峪关以西的民众迁至关内，使瓜沙地区的城镇遂废弃在荒漠之中。清朝初期，国力渐趋强盛，嘉峪关以西重新纳入大一统王朝的疆域，在初期设置了赤金、柳沟、靖逆、沙州等卫所和诸军堡等军事城镇，乾隆时期开始出现州县城镇。

清代的河西走廊属甘肃省，阿拉善高原基本是额济纳土尔扈特旗和阿拉善额鲁特旗的牧地。清代在河西走廊共设置二府二州，分别为凉州府、甘州府、安西州、肃州，都隶属于甘肃省。凉州府位于河西走廊东段，下辖五县，分别是：武威县，即今甘肃省武威市，为凉州府治所在地；镇番县，县治在今甘肃省民勤县南长城内；永昌县，即今甘肃省永昌县；古浪县，即今甘肃省古浪县；平番县，即今甘肃省永登县。甘州府位于河西走廊中部，下辖张掖县、山丹县、抚彝厅。张掖县，即今甘肃省张掖市，为甘州府治；山丹县，即今甘肃省山丹县；抚彝厅，即今临泽县。清乾隆十五年（1750 年），移镇番县柳林湖通判驻抚彝堡，乾隆十九年（1754 年），建抚彝厅（《甘肃新通志》）。安西州位于河西走廊西北部，共下辖二县：敦煌县，即今甘肃省敦煌市；玉门县，即今甘肃省玉门市。肃州位于河西走廊西部，清朝初年沿袭明制，设置肃州卫。雍正二年（1724 年），罢卫，将其并入甘州府。雍正七年（1729 年），又改置肃州，同年将甘州高台县归肃州。

河西走廊的清代城镇就是在明代的基础上发展的，大的格局没有根本性改变。清朝非常注重城池的修复，对明朝旧有的很多城址都进行了重新修缮，尤其是各府州县行政中心的城市。对于一些重要的城镇，往往还配备专门的军队防守，如永固城守协、甘州城守营、肃州城守营等。总体来说，河西走廊东部和中部城镇分布密度大于西部。清代前期为了解决军需供应、传输粮草的困难，在河西地区大规模招民开荒，人口快速增长。康熙、雍正、乾隆时期，大量移民落户河西，对民勤县东的柳林湖、永昌西北的昌宁湖、高台东南的三清湾等地进行了大规模的移民屯垦，并且雍正时期实行“摊丁入亩”的赋税改革，取消人头税，人口自然增长率提高。乾隆时期，河西人口在 70 万～80 万人之间，嘉庆、道光时期又有增加，约一百万人，为明代后期的三倍（范富，2011）。

据《重修肃州新志》记载，清代在本区的屯区主要有安西卫屯田、肃州九家窑屯田、三清湾屯田、柔远堡屯田、毛目城屯田、双树屯田、九坝屯田、甘州平川堡屯田、凉州柳林湖屯田、昌宁湖屯田。屯田活动促使出现了一个个的新城镇。明代的毛目城属边外之地，自清代屯田以来，迁到此地的移民有 353 户，逐渐发展成为一个较大的城镇。嘉峪关以西的城镇再次兴起也是赖于移民垦荒。可以说，敦煌县城、安西州城、玉门县城以及一些城堡几乎都是一个个移民城镇。

人口大量增加，垦殖范围不断扩展，不仅极大地改变了原有的自然风貌，而且引起了一系列的连锁变化。最有名的例子就是锁阳城的废弃。锁阳城始建于晋，兴于唐，其他各代都不同程度地重修和利用过。锁阳城在唐代为瓜州郡。后历经战乱，明朝退守嘉峪关后被弃于关外。清朝以后，锁阳城周边仍然有灌溉农业。康熙和雍正年间，随着安西地区人口的增加，清政府在安西境内设一厅三卫，安西厅（今布隆吉乡）、靖逆卫（今玉门镇）、安西卫、柳沟卫。到乾隆初年，一厅三卫共辟地约 10 万余亩[①]，昌马河的水被大量引到这一厅三卫，锁阳城一带遂断流干涸，到清代中后期，锁阳城就完全荒漠化，成了空城一座（钱国权，2008）。

锁阳城的例子是河西走廊清代随着人口增加，导致水资源日益短缺的反映。事实上，清代河西走廊有一个有地方特色的社会现象，即“水案”，也就是地方居民因为争夺水源导致的纷争。清代河西绿洲的水案尤以石羊河中下游间最为频繁，明永乐年间（1403～1424 年）全流域共有约 7900 户，人口约 4.63 万人；清乾隆年间（1736～1796 年），石羊河中下游流域人口突升至 73 万人，其中中游 66 万人。如此迅速的人口增长，导致水资源越来

① 1 亩≈666.667m^2。

越紧张。而过度的垦殖，又导致沙漠的扩张。沙漠化又导致大量的古城被废弃（王乃昂等，2003），据统计河西走廊清代废弃的古城有23座。清代废弃的古城太多，难以一一呈现，我们在这里仅介绍一例——深沟堡遗址。

深沟堡遗址位于张掖市高台县罗城镇常丰村西南6.5km处，地处戈壁荒漠中，盐碱化较严重，昼夜温差大，风沙较多。遗址始建于明代中期，设防守兼管驿递官，管兵50名，驿所甲军 66 名，管理屯田三十顷七十六亩。清代沿用，规模屡有变更，民国初废，是设有军事和邮驿机构的堡城。《重修肃州新志·高台县》载："深沟堡，在镇夷南二十里。土城周围二百丈。东至红寺儿十五里，西至盐池三十里，南至沙窝五里，北至黑河十五里。内设把总一员，兵五十名，驿站一处。"城址呈方形，夯土版筑，夯层0.14～0.16m。东城墙长194m，西城墙长195m，南城墙长195m，北城墙长196m。坐北朝南，面向正南偏西。南城墙正中开一门，四角皆有角墩，且东、西、北三面城墙正中皆有马面。城址东、西、北侧仍有疑似壕堑遗存。

明清时期，战乱较多，战争也是城镇兴衰的重要因素。例如，清初与李自成农民起义军的较量、顺治五年（1648年）丁国栋和米剌印领导的回民起义、同治时期爆发的西北回民起义等（武沐，2009）。布隆吉城在回民起义之前居民八百余户，三道沟有四五百家，而到民国初期仅百余家。肃州城，"同治四年，逆回叛据，官军围攻者九年，被开花大炮击碎城垣垛口，摧毁敌台城楼"（甘肃省嘉峪关市史志办公室，2006）。安西城，"同治间回逆西窜，两次攻陷卫署，民居悉为灰尽……城内鼓楼一座，亦为回逆所焚，惟存土堆而已"（佚名，1984）。

有清一代，河西走廊城镇除安西州城和敦煌县城因自然灾害出现过迁移，安西州城因军事战略的需要由布隆吉城移治小湾外，其他城镇均未出现城址的迁移。总体而言，清代河西走廊城镇呈围绕着四个中心（两府城、两州城）散点分布的空间结构格局。

从史前到历史时期，河西走廊和阿拉善高原新石器和青铜时代遗址以聚落遗址为主，主要为马家窑文化马家窑类型、马厂类型和半山类型，青铜时代遗址主要为齐家文化、四坝文化、董家台文化和沙井文化；历史时期遗址以古城址最为大众所知，古城址中汉、明和清代的为最多，魏晋时期的多为古墓。河西城址的选址多与自然环境相关，一般在三大河流沿岸、绿洲、冲积扇或者河谷附近。城址一般为方形，南北较东西略长，多为单城，少数为复合城，复合城的形势一般是南北城或者宫城、内城、外城的形式。城址多坐北朝南，基本只设一门，门多开在南墙。城墙夯筑，夯层厚度一般在0.12m左右，基宽则有较大区别，可以宽到10m，也可以窄到2.5m，基宽与城址的级别应有较大关系。汉代、明代河西城址的设置也带有显著的军事防御色彩，城址的附属设施较多，如角楼、瓮城、马面等，部分城址有护城壕等设施。但是这些附属设施哪些是由汉代、明代修建，还有待进一步的商榷及讨论。历史时期古城保存状况不一，有的很完整，有的仅剩一段土墙，保存状况多数堪忧。其城址建造和使用时代在历史文献里部分有提及，但是多有争论，因缺乏考古发掘，其始建、使用、修补和废弃年代多不明，希望在以后的研究中逐步深入。

第二节 人类活动的基本特征

一、遗址分布和经济活动

阿拉善高原的三大沙漠的地理位置及分布，决定了该区域人类活动的基本空间分布。这里的沙漠内部干旱，即使在全新世最为湿润的时期，也没有成为草原，仍然是干旱的（陈发虎等，2004）。所以，这里的人类活动集中在沙漠外围的绿洲和沙漠湖泊的周边等可以提供水源的地点，无论是史前时期还是历史时期，都是如此。

在新石器时代，首先出现在这里的是马家窑文化，然后是青铜时代的齐家文化、四坝文化、董家台文化和沙井文化等。因为环境的分异，人类活动在空间上也表现出了差异。以四坝文化和沙井文化为例，四坝文化发现的遗址主要有：张掖黑水国、民乐东灰山和西灰山、山丹四坝滩、玉门火烧沟和沙锅梁、瓜州鹰窝树、酒泉西河滩、肃北马鬃山、额济纳旗巴彦陶来等。因所处环境的不同，偏北地区的四坝文化中畜牧化发展程度比较高，酒泉西河滩遗址发掘中，发现了面积很大的牲畜圈栏遗址（甘肃省文物考古研究所，2005）；而在偏南的东灰山、黑水国等遗址中，发现了大量的作物的种子，如小麦、粟、黍等，也发现了很多农业生产的工具（甘肃省文物考古研究所，1998；陈国科等，2014）。

西城驿遗址的同位素分析结果表明（图 5-5），小鹿的 $\delta^{13}C$ 为$-18.92‰\sim-18.18‰$，羊的 $\delta^{13}C$ 为$-19.51‰\sim-14.39‰$，人的 $\delta^{13}C$ 为$-9.76‰\sim-8.27‰$（张雪莲等，2015；

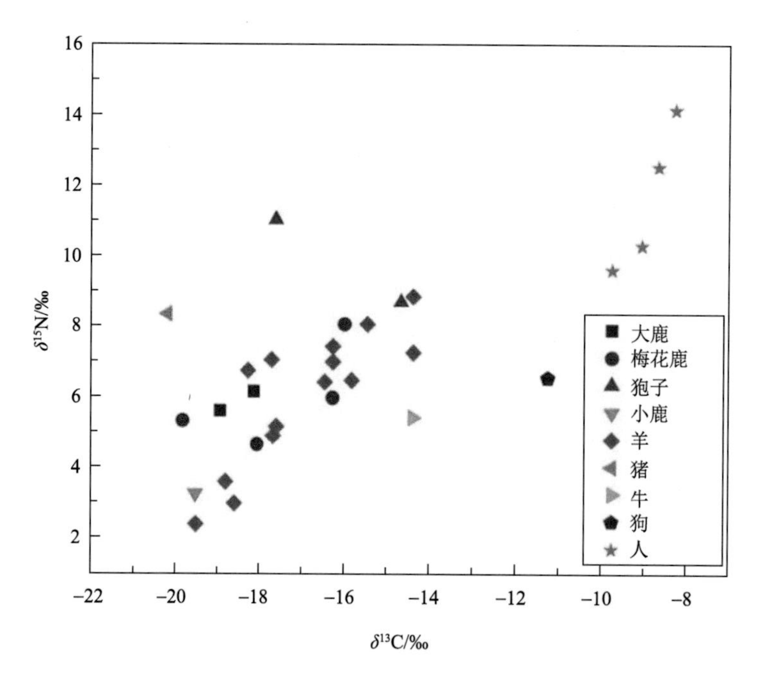

图 5-5 西城驿遗址同位素分析结果（任乐乐，2017）

任乐乐，2017）。碳同位素显示羊是以 C_3 和 C_4 混合食谱为主，表明羊除了放养以外，还应该被投喂了一定的粟、黍秸秆等 C_4 农作物作为饲料。人骨的同位素值也说明，粟、黍等 C_4 农作物在食物中占据绝对优势。更有意思的是，这个时期的遗址中发现了小麦的种子，但人骨同位素显示，当时的主要食物来源仍然是粟或黍（张雪莲等，2015）。氮同位素显示，人的 $\delta^{15}N$ 在 6‰～15‰，当时的人食肉程度较高，其来源应该是狩猎与牧业。从遗址中发掘的动物种类来看，羊是大宗，另外也有牛等牲畜。野生动物包括大鹿、狍子、梅花鹿等。

所以，这个时期即使在同一种文化中，也存在区域差异。绿洲的居民农牧兼营，种植粟、黍、小麦、大麦等农作物，并饲养羊、牛、猪等家畜，还会从事狩猎活动。而对生活在相对干旱的沙漠周边区域的居民而言，畜牧和狩猎占据绝对重要的地位，但他们会和绿洲的居民相互交换物品，以获得粟、黍、小麦等食物。这个时期人类活动遗址分布，受自然条件的影响很大，基本都在河流沿岸和沙漠周边区域（图 5-6），总结起来就是沿河、沿边。

汉代的情形为之一变。随着中央政府“大一统”管理制度的落地，人类活动遗址骤然增加。尤其是随着大力实施屯垦，人口骤然增加，活动范围大大扩展。除了深入荒漠地带的石羊河、黑河下游地区，三个沙漠之间的地带，也出现了大量的人类活动遗址。

汉代主要在绿洲地带开垦种植、发展农业，在外围的荒漠草原地带发展畜牧，各绿洲之间都建立了完善的交通网络。为了保证政令的上通下达，也为了保证来往官方人员和商旅的安全，汉代在河西走廊建立了非常完善的邮传车马制度。在边塞地区，各种军国要务必须迅速传递，朝廷的诏令更需要及时下达到前线，来往的公差、商贩需要休憩和补充给养，所以国家在交通干道上，每隔一定距离，设置驿、邮、置等不同名称的驿站，配备马匹和车辆，以满足公私之需。著名的敦煌悬泉置遗址就是汉代邮驿机构的代表，据考证，当时这里有工作人员三四十人，马四十匹，车辆若干，可以说是一个很完备的“邮政事务所”。这样的“邮政事务所”，不仅提供信息传递服务，还为往来人员提供食宿补给。除了接待官方工作人员，也接待商旅和外国使团。

为了保证信息的快速传递，马匹在邮驿机构中是必不可少的，也是邮驿机构中最宝贵的财富，所以对马匹的管理是非常严格的。当然，这主要是因为马在古代是非常重要的战略力量，骑兵在古代战争中经常起着决定性的作用，“马者，甲兵之本，国之大用”（《后汉书・马援列传》），汉代伏波将军马援的这番话道出了马在古代对于国家和军队的重要性。邮驿机构中马匹如果死亡，相关责任人要被追责或者依律赔偿。在悬泉置遗址发现的汉简中，对马的颜色、性别、标记、身高、名号等有详细的记载，充分反映了对马匹的重视程度。同时，朝廷禁止优良马匹外传，《汉书》中说：“马高五尺九寸以上，齿未平，不得出关”，这可以看作是古代的“贸易禁运”，即高大且年轻的马匹，是不允许出关的。如果有人敢偷盗，“盗马者死”。

按照文书信息的重要性，邮驿机构有不同的传递方式。最紧急重要的信息，驿骑飞马传递，借助沿途驿站的换马接力，“一驿过一驿，驿骑如星流”，对传递速度和期限有严格的限定，好比是现代的快递，限期必达，速度快，成本高。《汉旧仪》记述说：“奉玺书使者……其骑驿也，三骑行，昼夜千里为程。”普通的文书，通过车递、人递的方式，在各个邮驿机构之间依次传递，最终送达收件人手中。

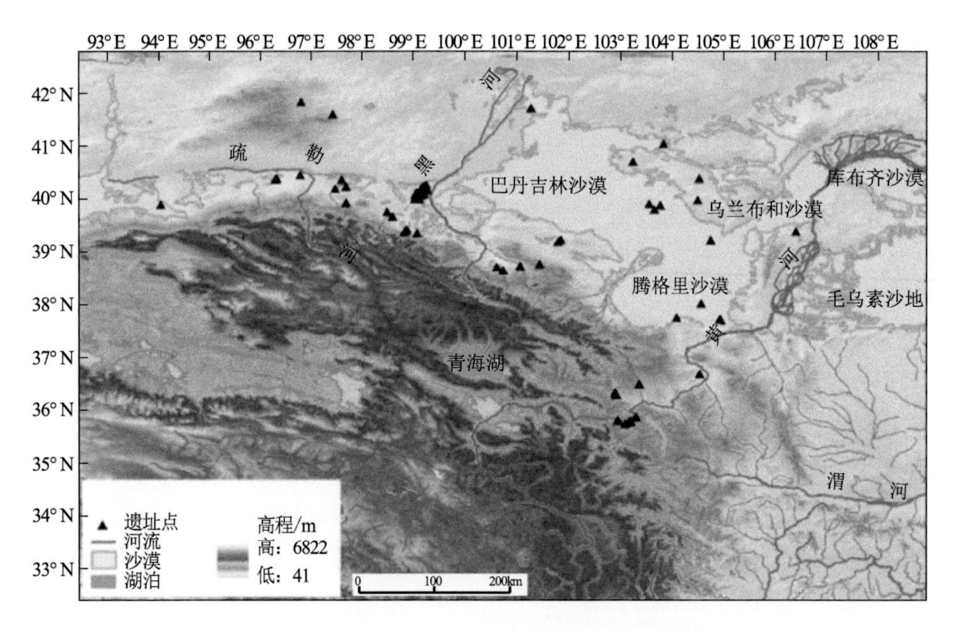

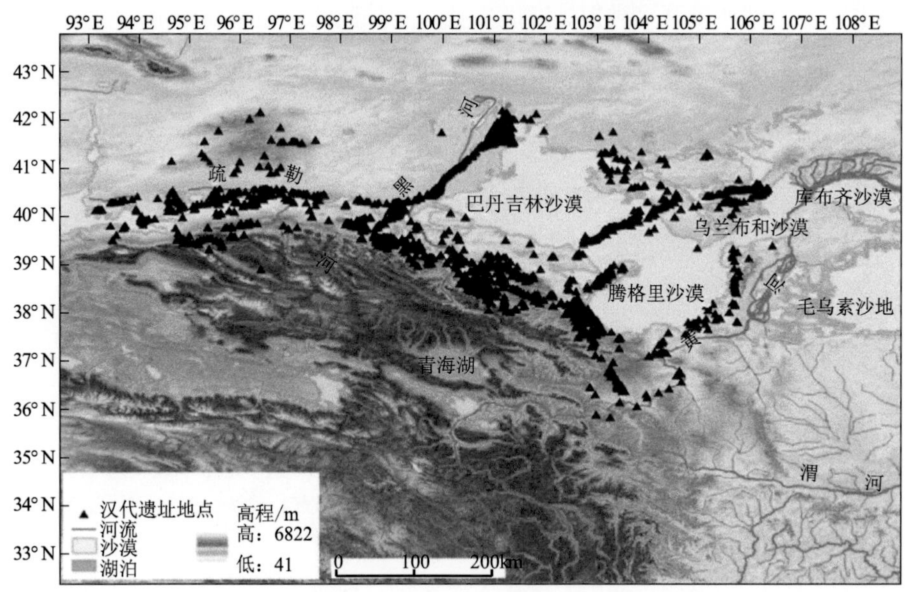

图 5-6 阿拉善高原和河西走廊四坝文化时期（略相当于夏代晚期）和汉代遗址分布的对比

从六盘山北部进入武威，穿河西走廊到敦煌西部，汉代一共设置了 46 个停靠站点。每个站点都像悬泉置一样，忠实地履行着自己的义务，保障了丝绸之路的安全。而汉代所确立的绿洲垦殖、外围畜牧的产业布局，在此后的数千年里基本都没有大的变化。绿洲的废弃或者增加新的垦区，只是随着水源条件的变化对垦殖范围的调整，绿洲农业-荒漠草原畜牧的基调却相当稳固。这里的农业和畜牧，为丝绸之路提供了安全可靠的支撑。

二、河西走廊的汉代古城和长城

汉代在河西走廊“列四郡，据两关焉”（《汉书·西域传》），不仅拓展了国家疆域，而且塑造了关于边塞的民族心理，是整个区域人类活动史上空前的剧变。玉门关、阳关（即所谓两关）从此成为数千年来人们心目中内地与塞外的心理分野。“臣不敢望到酒泉郡，但愿生入玉门关”（《后汉书·班超传》），是汉民族叶落归根的心理折射：玉门关内是故乡。“渭城朝雨浥轻尘，客舍青青柳色新。劝君更尽一杯酒，西出阳关无故人”，抒发的是背井离乡、告别亲友的惆怅。“愿得此身长报国，何须生入玉门关”抒发的是以身许国、奋勇向前的壮烈情怀。

之所以如此，是因为汉匈长期在河西征战，河西走廊逐渐成为汉军的基本之地，留下了无数的传说和遗址。尤其是在凿通西域以后，河西成为汉军进军西域的出发基地，是心理上的第二故乡。无数的汉军在这里屯垦战斗，陆续而来的移民依托汉军的据点，开垦实边，所以在河西走廊和阿拉善高原的绿洲区域，留下了许多大大小小的汉代古城。这些古城，除了少数是继承月氏、匈奴时期的以外，多数是汉朝筑成的。据说河西走廊有大大小小的古代城堡 230 多个（周德广和李瑛，1996），汉代的古城数量最大。我们考察的汉代主要古城概括如表 5-1 所示。

汉代河西走廊的城是整个防御体系的节点。自汉武帝收复河西走廊，匈奴仍然占据北部的大漠，不时从北方进行侵扰。汉代便在战国时期秦赵燕三国构筑的长城等防御设施的基础上，发展完善边境防御体系（吴礽骧，1990）。汉代的主导防御思想是墨家思想，墨家有一套完整的防御思想，因此汉代在河西建城址的时候，设施建设和策略都是以防御为主（乔同欢，2016）。尽管汉武帝在军事上经常是突进的，主动打击匈奴的有生力量，但是从整个汉代而言，边境线上的主要指导思想还是立足于防御，御敌于国门之外。城址是边防体系上的一部分，可分为长城沿线的城址以及郡、县的城址，但是二者都受军事和经济双重因素的影响，兼具防御、屯田、居住等多样化的功能。

表 5-1　本次考察的河西走廊汉代古城

城址名	城门开口	规模（长×宽）/m	面积/hm^2	形制*	城墙	性质
红沙堡遗址	北城南墙开一门	190×145	2.76	南、北城	夯层 0.1m，基宽约 6m，顶宽约 2m	
民勤古城遗址	南墙开门，瓮城门向东	105×105	1.1	单城	夯层约 0.15m，基宽 2.5～3m	长城沿线军堡
民勤三角城遗址	不明	120×200	2.4	单城	基宽 2～3.5m，顶宽 0.5～1.2m	长城沿线军堡
南古城遗址	南墙开门	320×380	12.2	单城	夯层约 0.12m，基宽 4m	
北古城遗址	南墙开门	250×346	8.6	单城	夯层约 0.12m，基宽 3～5m	
水泉堡遗址		260×660	17.2	并列三小城	夯层约 0.12m，基宽 3m	
骊靬古城		60×45	0.27	单城	夯层 0.13～0.15m，基宽 5m	
骆驼城遗址		560×425	23.8	南、北城	夯层 0.12～0.15m	

续表

城址名	城门开口	规模（长×宽）/m	面积/hm^2	形制*	城墙	性质
双湖遗址		310×310	9.61	单城	基宽 10m	汉删丹县故城
八卦营遗址		690×594	41	宫城、内城、外城	基宽 10m	匈奴西城？
黑水国南城		154×129	20	单城	夯层 0.15～0.2m，基宽 8m，顶宽 6m	
黑水国北城	南墙开门	254×228	5.79	单城	夯层约 0.2m，基宽 3.8m，顶宽 3m	
破阵子遗址	北墙开门	250×144	3.6	单城	夯层 0.12～0.14m，基宽 4.5～6m，顶宽 1.5～3.2m	汉广至县城
西三角城遗址	南墙开门	50×50	0.25	单城	夯层 0.1～0.23m，基宽 2.7m	
皇城遗址		344×291	10.01	单城	夯层约 0.12m，基宽 7m	汉乐涫县城

* 因后世对汉代古城有增补现象，故形制仅指目前呈现的状态。

长城就是这种防御思想的最好体现。公元前 102 年，匈奴右贤王侵犯酒泉、张掖，劫掠数千人。为防御匈奴南犯河西地区，西汉政府一方面加强城防，“益发戍甲卒十八万，酒泉、张掖北”，另一方面增加战略纵深，把前哨从酒泉张掖推进到黑河下游的额济纳绿洲，“置居延、休屠以卫酒泉”，并且“使强弩都尉路博德筑居延泽上”（《史记》），也夺取了匈奴人在此地最后一个大型绿洲基地。居延塞的外围是长城。此地长城的走向是：南起于黑河从河西走廊向阿拉善高原转弯之处，顺黑河而下，至今额济纳旗驻地东北古居延泽旁，向东北跨过中蒙边界，在蒙古国南戈壁省的荒漠上同汉长城外线相接（国家文物局，2011）（图 5-7）。居延塞遗址总计可达 150km。塞墙的结构、宽度不太相同，有的地方是两面取土夯筑而建，有的地方是用砾石夹杂树枝、芦苇堆砌而建（那仁巴图，2012）。

河西长城，起自今兰州市西固区黄河北岸大滩一带，沿永登县咸水河河谷北上，然后沿庄浪河一路向北进入天祝藏族自治县；沿金强河越过乌鞘岭，经古浪峡进入古浪县，蜿蜒北上进入武威市凉州区境内，经胡家边乡、长城乡向北，沿洪水河北行到民勤县。在民勤县境，有两道长城遗存，东南段自凉州区九墩乡顺洪水河北行至收成镇，西北段经青土湖、连城、大坝乡、红崖山向西延伸，与永昌县朱王堡镇喇叭泉相接，经河西堡等地入山丹县境，复又逶迤西行，盘桓东大山、北大山，进入张掖市甘州区；穿过红山窝北山、靖阳堡东山，向西北行，进入临泽县土桥村。长城沿着黑河北岸进入高台县五一村，顺黑河一路西行，抵金塔县鼎新镇大茨湾。长城在金塔县分为东、西两条线路。东线即前文所述居延塞长城。西线从黑河西岸向西行，至金塔县沙枣园，经玉门市境蜿蜒西行进入瓜州县，继续西行至敦煌市阳关镇西北的榆树泉盆地（国家文物局，2011）。阿拉善高原东南部的长城，应该也是从兰州沿黄河蜿蜒北上，在乌兰布和沙漠与河套地区的长城相接。但今天所看到的汉长城，损毁严重，在很多地段仅余烽燧遗址。

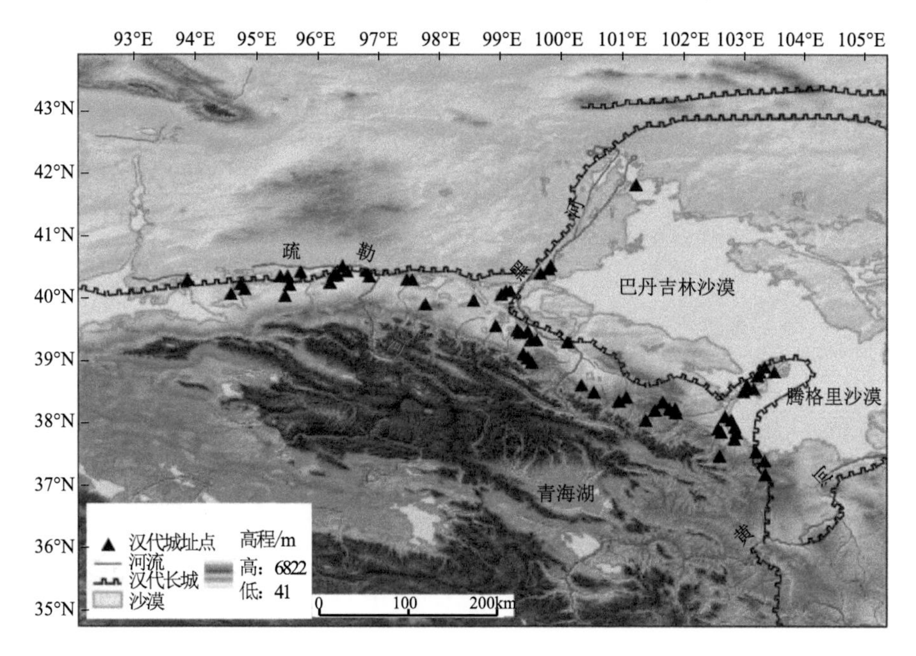

图 5-7　河西走廊汉代城址分布和汉长城走向

烽燧，是传递军事信息的最小独立单位的驻地，可以看作是古代的哨所，所以监视敌情、提前示警是其最重要的功能，一般都建在地势高昂、视野开阔之地。我们在电视剧、电影上看到的狼烟示警的场景，往往都是由烽燧完成的。在战略地位重要的区域，烽燧会布置得特别密集，如作为河西走廊前哨的额济纳烽燧沿黑河两岸呈直线排列，保证军情快速传递。烽燧一般由墩台、坞和附燧构成，还包括望楼、小屋、厕所、畜圈等辅助设施。构筑墩台往往就地取材，现存遗址多为方形或长方形。墩台上建望楼，望楼周围筑女墙。墩台侧面或砌筑阶梯，或铲凿脚窝，或悬挂软梯，以使上下通行。烽燧遗址分布有三种情况：大部分依托于长城墙体修筑，少部分修筑于长城墙体内侧，这两种分布方式可利用长城保护以传递消息，也有个别烽燧修筑于长城墙体外侧。

烽燧的构筑方法大多数为土筑，少量的是石筑，土石基本都来自附近（图 5-8）。夯土筑成的最为常见，在构筑时，还会掺杂芦苇、红柳、木头等材料，增加烽燧的牢固性，河西走廊大多数的烽燧都是这种结构。石砌的烽燧多见于阿拉善右旗境内。烽燧示警以烟火为号：白天放烟，夜间举火。因敌情不同，选择的传递信号也不同（徐苹芳，2012）。居延塞破城子烽燧遗址出土的东汉初年《塞上烽火品约》详细记录了示警办法，包括了举示烽火，燃烧积薪等。根据匈奴来犯人数多寡，初犯亭燧位置等情况，规定了相邻亭燧的示警协防办法，一共有 5 种烽火信号：烽、表、烟、苣火、积薪，分别承担了不同功能。烽是草编或木框架蒙覆布帛的笼状物；表是布帛旗帜；烟是烟灶高肉升起来的烟柱。这三种在白天使用。苣火用于夜晚，举燃苇束火把。积薪是巨大的草垛，昼夜兼用，白天燃烧视其浓烟，夜晚则是熊熊大火。规定要求各部在匈奴来犯之际，快速判断军情，通过不同类型烽火的严格使用，将军情迅捷地传报至居延都尉府。

图 5-8 巴丹吉林沙漠边缘的汉代烽燧（建在一个高大沙丘上）

两汉对河西走廊和临近的阿拉善高原的经营，有力地保障了丝绸之路的畅通，也让河西走廊和额济纳绿洲等地成为重要的生产基地，为后世的发展奠定了坚实的基础。

第三节 阿拉善高原和河西走廊与丝绸之路

在欧洲所谓的“地理大发现”之前，丝绸之路连接了旧大陆上最重要、最辉煌的文明，可以说，丝绸之路是人类历史最重要的一条跨大陆的商贸和文化交流之路。然而，丝绸之路并不是我们通常意义上的路，它既不是通衢大道，也不是羊肠小道，而是由无数的路线组成的网络。按照路线的大致走向和联通的区域，通常把丝绸之路分为四条，自北向南，分别是：①草原丝绸之路。从西安向北，经过鄂尔多斯高原和河套平原，或者从北京等地出发到达河套平原，然后向西到达黑河下游的额济纳绿洲，再经过阿尔泰山，经欧亚大草原到达欧洲，或者向南并入绿洲丝绸之路。②绿洲丝绸之路。从西安出发，越乌鞘岭，经河西走廊至新疆，经天山南北或者昆仑山北麓诸绿洲，然后翻越帕米尔高原或者南天山支脉，到达中亚诸绿洲，并由此向南到南亚，向西到西亚、欧洲，向北到欧亚大草原，与草原丝绸之路相接。这条路线，中间要经过数个沙漠，但比草原丝绸之路的路程要短，且中间有绿洲可以提供补给。③高原丝绸之路，从西安出发，经过蜀道南下四川，通过云贵高原或青藏高原通往缅甸、印度，然后辗转去往西亚、中亚；或者经过河湟谷地，经柴达木盆地南缘，向西再转西南到达拉萨，然后通往印度或者中亚。这条通道对于大众比较陌生，其实它的历史非常悠久，如汉代张骞第一次到达中亚的时候，就发现四川的物品通过印度辗转到达了中亚。④海上丝绸之路，从东南沿海的宁波、泉州、漳州、广州等港口出发，驶向南海，然后向西过马六甲海峡，到阿拉伯半岛，最后去向欧洲和非洲。这四条路线中，通行量最大的是绿洲丝绸之路和海上丝绸之路。河西走廊和阿拉善高原在绿洲丝绸之路和草原丝绸之路中扮演着重要角色。

一、草原丝绸之路

草原丝绸之路在张骞通往西域之前就已经显示出了其影响（提什金等，2017），表明它的历史更加悠久。考古出土的 2500 多年前的俄罗斯阿尔泰山女性身上已经穿着中国的丝绸，彰显了中国文化元素对该区社会面貌的影响（提什金等，2017）。但这条通道的存在应该更久，一般认为，青铜器和小麦就是通过这条商路传播过来的，而中国北方的粟和黍等农作物，通过相反的方向向西传播。河西走廊青铜文化中，四坝文化、齐家文化被认为与欧亚草原的塞伊玛-图尔宾诺现象关系密切（林梅村，2015）。关于史前草原丝绸之路的研究方兴未艾，关于其具体的线路和时间仍然在激烈的争论当中，但其存在及重要作用，已经是确切无疑的了。小麦 、绵羊、黄牛和冶金术等在中国的大量出现都离不开这条通道的贡献，黄河流域的彩陶文化可能沿着这条路线向西传播（任瑞波，2017）。

从河西走廊西城驿遗址中浮选出的不同时期的农作物种子数量就非常鲜明地体现了这一点（图 5-9）。在西城驿遗址的马厂晚期，农作物种子只有起源于中国北方的粟和黍，小麦偶有发现。到了四坝时期，小麦和大麦的数量增加，农业的面貌从粟、黍农业变成了粟-黍-小麦-大麦农业（范宪军，2016）。这里的家畜既有中国北方固有的猪、狗等，也有起源于域外的绵羊、牛等（任乐乐，2017）。显然，这里是东西方文化的交汇之地。

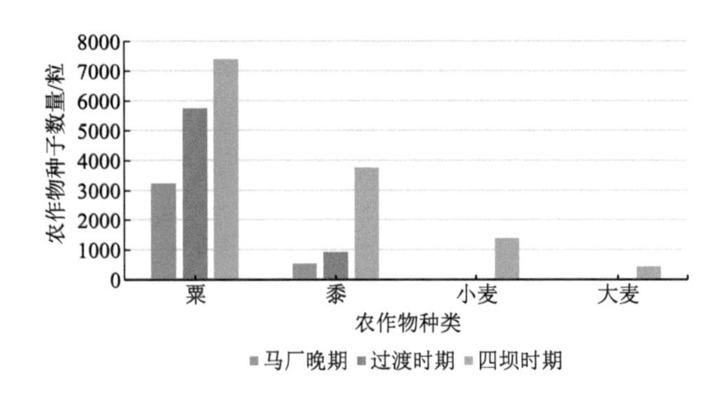

图 5-9　河西走廊西城驿遗址中浮选出的不同时期的农作物种子数量

秦汉之际，匈奴崛起于北方草原，并据有西域北部，客观上具备了沿着欧亚草原带东西向交流的条件。汉朝的使者张骞通过匈奴人控制的区域，到达了中亚月氏人的驻地，也从侧面证实了这条路线的存在。在汉军的打击下，漠北匈奴大举西迁，进入欧亚大草原的西端，正是这条路线的生动体现。这条路线和漠南的丝绸之路，共同组成了汉代的丝绸之路。蒙古国高勒毛都 2 号墓地有目前发现的规模最大的匈奴墓，被认为是某位单于的墓葬，其年代在公元 20～50 年，其内出土了一批精美的随葬品，包括汉式马车、马车附带的鎏金或包银的马具、汉式漆器及金属容器等。这是当时漠南漠北相互联系的极好例证（邓新波，2019）。匈奴人的动物图纹中有屈蹄鹿、翻转形兽、鹰头形兽，其造型特点与我国北方地区传统的动物纹不同，具有西伯利亚野兽纹和阿尔泰艺术的风格（草原丝绸之路与中蒙俄经济走廊建设研究课题组，2020）。

草原丝绸之路真正的兴盛在北魏时期、辽夏时期以及元代。东汉史籍中，最早记载了鲜卑的活动。魏晋时期，鲜卑占据了原来匈奴的大部分区域，之后鲜卑力量壮大，出现了多个分支，其中以拓跋鲜卑和慕容鲜卑势力最盛。尤其是拓跋鲜卑，建立了北魏政权，统一了中国北方，打通了往来西方的丝绸之路，使首都平城（今大同附近）成为丝绸之路东端重镇，胡商集聚、异宝云集，是当时草原丝绸之路和绿洲丝绸之路繁荣的最好写照（李凭，2000）。河北定县北魏佛塔中发现的一批西方小型玻璃器、波斯萨珊王朝的银币，山西大同北魏墓中发现的萨珊王朝的狩猎纹银盘，都是这个时期通过丝绸之路而来的舶来品（苏赫和田广林，1989）。北魏时期的丝绸之路，前期应该是从平城，经河套平原进入阿拉善高原，然后再通过河西走廊前往西域，后期是从洛阳出发，经长安并入汉代的丝绸之路路线。

辽是契丹人建立的王朝，又称辽国、大辽、契丹，简称辽，是中国五代十国北宋时期以契丹族为主体建立，统治中国北部的王朝。公元916年，辽太祖耶律阿保机统一契丹各部称汗，国号“契丹”，定都临潢府（今内蒙古赤峰市巴林左旗）。公元947年攻灭五代后晋，改国号为“辽”，公元947年，辽太宗耶律德光率军南下中原，攻占汴京（今河南开封），于汴京登基称帝，改国号“大辽”。公元983年更名“大契丹”。1066年又改为“大辽”。1125年被金朝所灭。辽朝亡后，辽德宗耶律大石西迁到中亚楚河流域建立西辽，定都虎思斡耳朵，1218年被蒙古所灭（《辽史》）。

契丹人建立的辽朝，使草原丝绸之路更加通畅（图5-10）。辽兴盛时期疆域广大，“东至于海，西至金山，暨于流沙，北至胪朐河，南至白沟，幅员万里”（《辽史·地理志》）。金山即今阿尔泰山；胪朐河是今天蒙古国东部的克鲁伦河；白沟，是海河支流大清河的一支，是宋辽之间的界河，位于河北中部。辽代武力强大，回鹘、波斯、大食、高丽等国无不遣使通好，民间贸易往来不断，东西方文化交流日渐增多。公元1020年“大食国遣使进象及方物，为子册割请婚”（《辽史·本纪第十六》）。辽代的丝绸之路，分南北两条路线，一条是从上京出发，向西北方向前进，沿着蒙古国草原带的南部边界，向西到达阿尔泰山，再折向南下，到达天山，和绿洲丝绸之路相接；另一条是从上京沿着内蒙古草原向西，到达河套平原，在乌兰布和沙漠西北通过鸡鹿塞，向西到达额济纳绿洲进入河西走廊（马文宽，1994）。所以，辽代草原丝绸之路的南线是通过本区域的。1125年，辽灭国，余部在耶律大石率领下沿草原丝绸之路西迁至中亚地区，征服了西州回鹘、喀喇汗王朝，建立西辽政权。西辽政权保持了正统的游牧民族文化的同时，还将东方的儒家思想、语言文字、典章制度及生产方式带到了中亚，中亚、西亚与东欧等地区更将辽（契丹）视为中国的代表称谓。

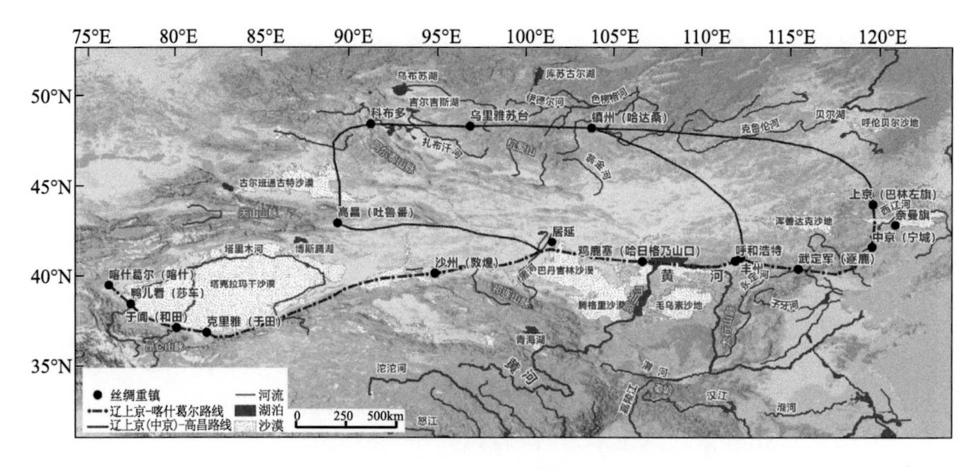

图5-10 辽国丝绸之路路线示意图

当时西夏占据河西走廊和阿拉善高原，西夏与辽基本保持友好，《辽史》也记载了西夏与辽国的朝贡和通使，辽国公主曾经下嫁西夏国王李继迁。西夏截断了北宋通过河西走廊的丝绸之路，迫使宋人走青藏高原上的青海道入西域，却大力发展绿洲丝绸之路向辽国的转口贸易，也允许西方商人借道西夏去往辽地。元代几乎一统欧亚草原，草原丝绸之路畅通无阻。在元朝通达天下的驿道系统中，本区域是其中重要的一环。

明朝时期北方草原地区战争迭起，明王朝被迫关闭边境，加固长城，草原丝绸之路一度被阻断，加之海上丝绸之路的繁盛，制约了草原丝绸之路的发展。清朝建立后，实行了闭关锁国的政策，阻滞了中西方文化交流，在这种背景之下，草原丝绸之路逐渐衰落。从张家口出发，直抵库伦（今蒙古国乌兰巴托），后向北还延伸至恰克图，向南延伸至北京、天津，连接俄国、中国和蒙古地区的重要贸易路线，是一条将华北与更广阔世界连接的草原丝绸之路。

二、绿洲丝绸之路

狭义的丝绸之路，或者最早定义的丝绸之路，其实就是指通过河西走廊和新疆诸绿洲，通达至中亚的商道。所以，河西走廊在绿洲丝绸之路中，是关键的一段。但从史书记载来看，至少在击败匈奴以前，从长安经陇右至河西走廊再到西域的官方交通路线是不存在的。张骞通西域的路线，在很多书（包括一些中学教科书）中是：长安—陇西—玉门关—大宛—大月氏—阳关—陇西—长安。但这是不对的，“列四郡，据两关”是汉军占有河西走廊以后才发生的事，在张骞第一次通西域的时候，玉门关、阳关这些地名都还不存在或者不在它们后来的位置上，所以张骞第一次通西域，并没有经过玉门关和阳关。《史记・大宛列传》记载了张骞第一次出使的线路：“出陇西。经匈奴，匈奴得之，传诣单于。单于留之……骞因与其属亡乡月氏，西走数十日至大宛”，可见，在去的时候，出陇西，进入匈奴的势力范围，为匈奴所擒，送至单于王庭，然后从单于王庭至匈奴西部与月氏相接壤的地方，这条路线更像是草原丝绸之路。

公元前 121 年，霍去病两次大破匈奴，河西走廊此后逐渐被汉军控制。两年后，即公元前 119 年，张骞第二次出使西域，基本路线是从长安出发，经敦煌和楼兰，再经天山廊道，到达中亚。他的此次出使，带了大量的丝绸，可以说是中国官方大规模向西输出丝绸的开端，也可以看作是绿洲丝绸之路的开端（张志坤，1995；雍际春，2015）。汉代的丝绸之路，在这里基本走向是：经武威、张掖、酒泉、敦煌，向西北出玉门关，或向西南出阳关进入西域。这个路线，在此后的几个世纪里，成为绿洲丝绸之路在本区的基本走向。当然，如前文所述，沿黑河而下，向东北入额济纳绿洲，可连接草原丝绸之路。

到了唐代，随着政治形势的变化，来自北方匈奴的威胁基本解除了，从河西走廊进入新疆，基本不再从敦煌向西南绕行艰险的白龙堆和罗布泊区域，而是从安西（今瓜州）附近向西北行，到达哈密盆地，沿着天山廊道向西。

唐朝中后期，吐蕃占据河西陇右等地，河西走廊的绿洲丝绸之路通道基本被截断。公元 848～861 年，张议潮陆续收复河西走廊各州县。但陇右仍有吐蕃势力骚扰，从河西走廊到长安需要绕行到草原丝绸之路或者灵州道（今宁夏境内吴忠附近），也就是从关中北上，经过甘肃东部的庆阳、环县等地，到达宁夏境内的吴忠，然后或者北上走草原道入西域，或者沿着腾格里沙漠南缘到达河西走廊，这条通道一直沿用到北宋初年（雍际春，2015）。

然而，随着西夏的崛起，以李元昊于公元 1028 年攻克甘州为标志，河西走廊通道基本被西夏控制，西夏和辽利用这一通道，大力发展贸易。但是北宋和西夏长期敌对，北宋基本无法利用这一通道，只能改走我们在第四章里面说到的青海道（雍际春，2015）。所以，宋、辽、夏并存的时期，沟通西域的丝绸之路其实有三条，草原通道基本被辽所控制，河西通道被西夏控制，北宋通过青海道与西域沟通。

元朝时期，草原丝绸之路畅通无阻，加上经过残酷的屠戮，河西走廊和阿拉善高原的人口锐减，民生凋敝（李逸友，1991），仅仅是全国交通网中的一段，丧失了东西交通枢纽的位置。

到了明代，河西走廊成为对抗蒙古的前线，军事意义大于交通意义。即使如此，明朝前期，仍有许多朝贡使者进入河西走廊，直到明朝中后期，随着嘉峪关的闭关，绿洲丝绸之路的荣光一去不复返了。但河西走廊作为国防前线，对外的交通路线就是生命线。从《陕西通志》中宁夏镇、固原镇、甘肃镇地图中可以看到，河西的交通线路由甘肃镇凉州卫沿长城东行，经宁夏中卫，过赤水口可进入宁夏镇腹地。清代祁韵士《万里行程记》中也记载：“由靖边北行四十里至大河驿，武威县辖也。驿东北有一路设台站，可出宁夏达归化城至京师。”这条通路再向东行过黄河可与榆林镇相连，这一交通线路贯穿三镇，构成了三边地区的交通干线，使这三个西北边防重镇彼此联系，共同形成以延绥镇、宁夏镇、甘肃镇为前沿要冲，固原镇居调度中心的三边地区军事防御格局。这一通道使得彼此之间的人员物资得以互相交换，融交通、商业、军事为一体的通道带来了人口的流动，特别使河西走廊与宁夏地区联系紧密。

清代，传统的陆路丝绸之路虽然辉煌不再，但清政府十分重视对官道的经营，在东西向交通主干道上设置了更为完善的驿塘铺，在一定程度上克服了交通条件恶劣的客观条件，保证了商品流通的顺畅。另外，清代甘新交通的走向已经发生了变化，出嘉峪关后径直西行，至今瓜州县后西北行，达哈密，入新疆境，而不再经过唐代的瓜州、沙州，距离更短。

三、丝绸之路开通前后遗址空间分布的剧变

汉代在河西走廊和阿拉善高原上的额济纳绿洲、乌兰布和沙漠边缘筑造了一系列的城。虽然，在汉代以前这里也有城，如金昌三角城就是沙井文化时期就有的。但到了汉代，这里的城市出现了井喷式发展。到目前为止，在这个区域发现史前时期的古城有金昌三角城、民勤三角城，以及额济纳绿洲上的绿城子。但绿城子目前还没有年代发表。金昌三角城、民勤三角城的筑造年代见表 5-2。

表 5-2 河西走廊两个史前古城的年代

遗址	^{14}C 年代/年	校正后的日历年代/年	参考文献
民勤三角城	2615±35	840BC～670BC	本书
民勤三角城	2655±30	895BC～791BC	本书
金昌三角城	2230±30	384BC～204BC	Liu et al., 2019
金昌三角城	2650±25	888BC～792BC	Liu et al., 2019
金昌三角城	2675±100	1110BC～540BC	中国社会科学院考古研究所，1983
金昌三角城	2600±90	924BC～430BC	中国社会科学院考古研究所，1983

注：BC 为公元前。

可以看出，这两个古城都是沙井时期筑成的。民勤三角城在平面上大致呈三角形，建在砂岩基座上，残存的城墙也是砂岩混合黄土垒筑，推测是就地取材，凿取下伏砂岩而来。我们通过实地考察发现，下伏的基岩（砂岩）硬度不大。城址所在的基座应该是蚀余的砂岩小丘，被当时的人类所利用。

金昌三角城在平面上呈不规则的四边形，东北和西北有高起的土岗，推测系比较重要的建筑台基。城墙残高 1～2 m，最高处达 4m。城址墙基不甚规整，该城址还没有发掘，目测系利用自然地形和就地取土垒筑而成，城墙看不到明显的夯层。

河西走廊东部金川河、石羊河流域的遗址在沙井文化时期，主要散布在祁连山前的冲洪积扇和冲积平原上，从山前地带一直延伸到沙漠边缘（图 5-11）。到了汉代，石羊河下游绿洲上有较多遗址，更多的遗址沿着山前地带，顺着祁连山山势的方向分布。

从石羊河流域沙井和汉代的标准差椭圆分析来看（图 5-12），早期文化的重心落在石羊河下游绿洲上，文化遗址在空间上的方位角是 58.8°，说明遗址展布基本顺着河流的方向沿西南-东北分布；但椭圆的长短轴的差异不显著，说明不同方向上的差异并不太明显。到了汉代，文化的重心已经到了山前地带，文化遗址在空间上的方位角是 106.8°，说明遗址已经沿着西北-东南方向分布；且长短轴的差距明显，说明西北-东南展布的动力超过了西南-东北的动力。

沙井文化中，虽然畜牧色彩强烈，但也种植粟、黍、大麦、小麦等作物（Liu et al., 2019）。河西走廊气候干旱，农业发展基本依赖于河流提供的水源，所以早期的文化遗址的分布，主要受水源方向制约。

到了汉代，河西走廊被纳入中央政府的管理当中，丝绸之路开通，河西走廊-天山廊道成了连接东西方的最重要陆上通道，顺着山势在山前地带连接诸绿洲的交通路线成为影响文化发展的最重要因素。汉代在河西走廊“列四郡，据两关”，沿着交通线设置了烽燧等保卫设施，使得跨绿洲的交流和贸易成为常态。汉代实施的另外两个重要的政策就是屯田和管理制度，屯田带来了“人”和“技术”，各级边防体系为河西走廊沿线提供了安全保障，各级驿站“置”和城址则为信息传递提供了便捷，河西走廊成为丝绸之路上的重要通道，商品与文化交流大为繁荣，成为文化发展的重要驱动因素。

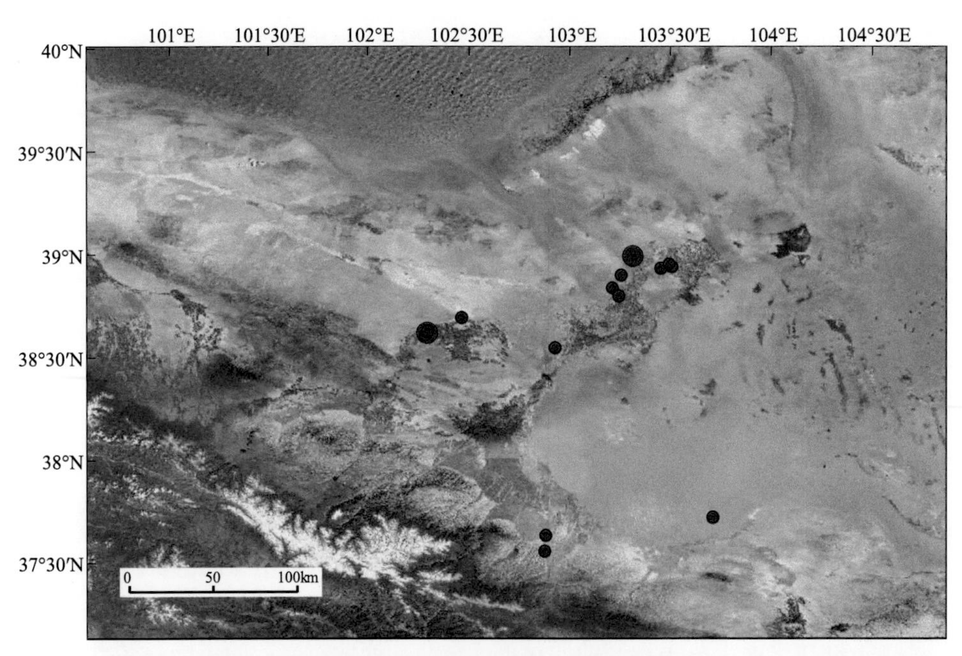

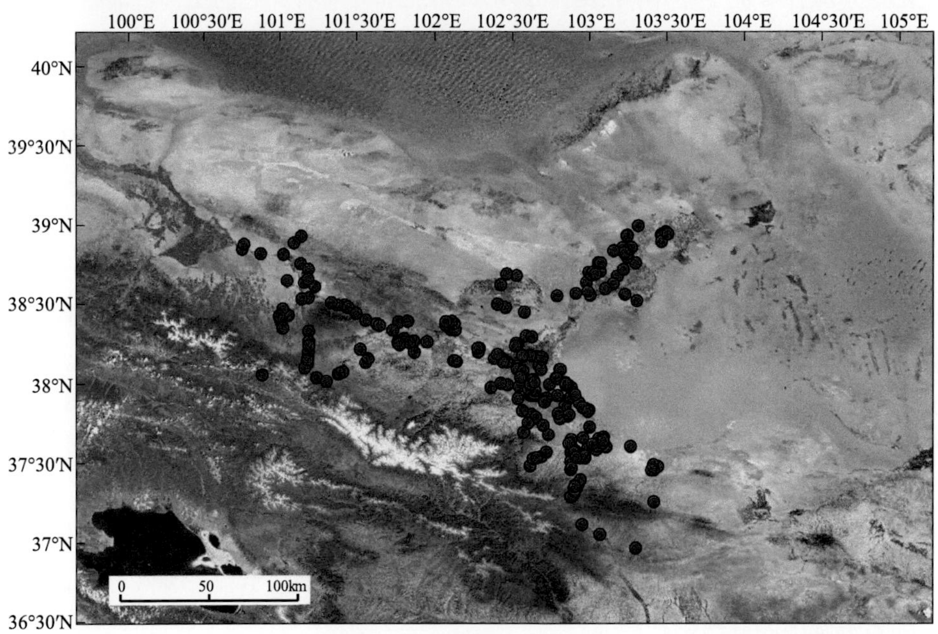

图 5-11　沙井文化时期（上）和同区域汉代时期遗址（下）的空间分布

从文化的空间分布来说，城必然是区域文化空间网络中的重要节点。区域内各遗址点之间存在密切的联系，主要体现在空间分布、规模结构、职能分工等方面，是展示区域内不同遗址点的相互关系、资源分布等的指示器。另外，作为大尺度区域的一部分，区域内的遗址空间关系受外围的影响和制约，需服从大区域的职能分配，反映了该区域与大尺度区域的依存关系（Gualtieri，1987；顾朝林，1992）。在不同的阶段，区域内社会及经济格局会发生变化，遗址的分布在不同时期受限于不同的因子。

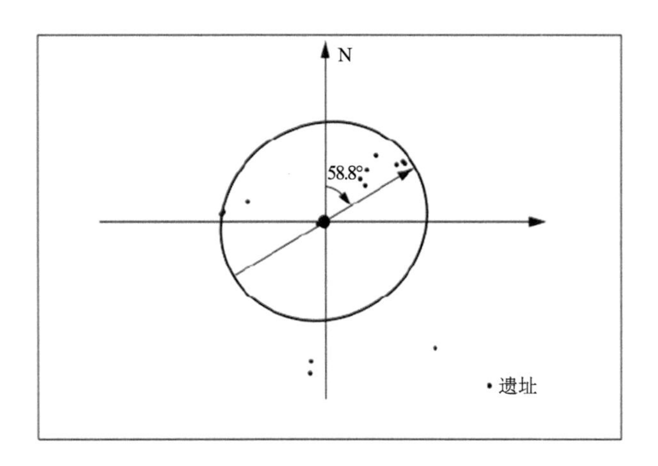

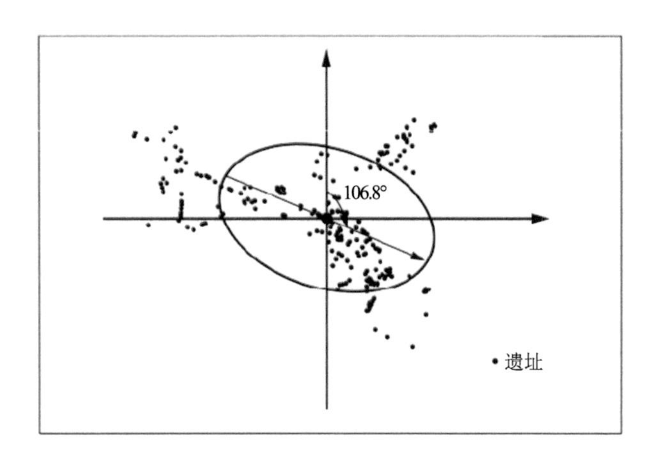

图 5-12　河西走廊东端沙井文化时期（上）和汉代遗址（下）的标准差椭圆分析

河西走廊东端在沙井文化时期，社会经济以畜牧业为主，辅以农业。社会分化初见端倪，大墓位于墓地中心，小墓分散四周，有的墓葬中还陪葬有铜器。这里的陶器受甘青地区彩陶的影响很大（甘肃省文物考古研究所，2001）。总体来说，虽然这里受外来文化的影响，但仍然是保有自我传统的区域性文化，没有受到更大尺度区域空间上文化的控制，所以，遗址的分布在空间上除了受水源、河流的影响，没有表现出强烈的空间方向性。到了汉代，这里成了整个丝绸之路大通道的一部分，沟通与连接是河西走廊最重要的功能，所以，顺着走廊的方向，汉代的遗址呈西北-东南方向分布，表现出强烈的空间方向性。

“欲保秦陇，必固河西，欲固河西，必斥西域”，顾祖禹在《读史方舆纪要》中的这句话道破了河西走廊在国防建设中的重要地位。这里自古就是丝绸之路的咽喉，自张骞“凿空西域”，开辟贯通欧亚大陆腹地的交通大动脉以来，本区地处丝绸之路的黄金地段，受丝绸之路繁荣的惠及，呈现出一派繁华景象。敦煌，中西交通三路总凑之地，为“华戎所交一都会”。不同的民族在这里耕耘放牧，无数的过客奔走在通向远方的长路。纵横大漠、雄姿英发的追风少年霍去病在这里留下了无法磨灭的功绩，激励着一代代的热血男儿为国拼搏。未来的岁月，这里必将有更加辉煌的篇章！

第六章

毛乌素沙地、库布齐沙漠及其毗邻地区的人类活动

阴山、胡马、无定河……，新秦、河套、统万城……这一个个鲜活的文化符号的背后是历史的大潮，从广袤的鄂尔多斯高原滚滚而来，并永远地凝固在我们的文化记忆里。从孩提时代，我们就读过北朝民歌：敕勒川，阴山下。天似穹庐，笼盖四野，天苍苍，野茫茫，风吹草低见牛羊。如此壮美辽阔的草原景象就这样自然地留在中华民族的历史中，留在我们的童年记忆里。阴山、长城、大漠边塞，这是对毛乌素沙地、库布齐沙漠所在的鄂尔多斯高原及毗邻地区的极简概括。这里自古就是征战之地，鬼方、猃狁、楼烦、匈奴、鲜卑、突厥、党项、蒙古……一个个古代民族从这里纵马而过，留下了他们矫健雄壮的身影，为中华民族的历史增色。这里为什么如此吸引历史和现代的目光？因为这是一片热土，沉淀了无数的情感和历史的热土。我们的祖先在这里放牧、开垦，在这里欢歌、悲鸣，在这里战斗，在这里安息。

这里注定是一块不平凡的土地。九曲黄河从青藏高原奔腾东来，在这里画了一个“几”字形的大弯，鄂尔多斯高原就在“几”字形的最里边。所以鄂尔多斯高原的西、北、东三面被黄河包围，加上南面的长城，就勾勒出了它的全部外轮廓。它整体位于亚洲季风区的边缘。每年夏季，温暖湿润的季风裹挟着水汽，浩浩荡荡地深入东亚大陆，经过重重山水，到达鄂尔多斯高原时，季风的势力已经大大减弱，所以，这里自东南向西北年均降水量从500mm 迅速减少到 150mm 左右，年平均气温 6～8℃。在这样的自然条件下，自东南向西北干旱程度增加，形成了荒漠草原-草原景观。鄂尔多斯高原是天然的牧场，但从地理形势来说，这里距离秦汉以及隋唐时期的政治中心——关中平原咫尺之遥。“烽火动沙漠，连照甘泉云”就是这种政治形势的生动写照。游牧民族占据此地，就可以频繁威胁关中；中原农耕政权要保证核心之地的安全，就要尽量把这里握在手中。所以，“天兵百万驰霜蹄”“悠悠卷旆旌，饮马出长城”就成了这里的宿命。

草原和沙漠的地理条件为人类活动定下了基调。库布齐沙漠是中国第七大沙漠，位于鄂尔多斯高原北部，沿黄河南岸东西展布，形状为东窄西宽的条状形。据说“库布齐”为蒙古语，意思是弓上的弦，因为它处在黄河大拐弯下像一根挂在黄河上的弦，因此得名。库布齐沙漠虽然紧邻黄河，但因为它的海拔比黄河要高，所以黄河并不能滋润干旱的沙漠。沙漠整体呈中间高两边低，地貌以沙丘链和网状沙丘为主，最高沙丘达 80m 以上。沙漠中

稀稀疏疏生长着一些杨柴、沙菊、沙竹、沙苇等植物，近年来通过大力种草，一些地下水位高的沙窝里，可见沙蒿，蒿子等植物生长。现代的库布齐沙漠形成于全新世（管超等，2017）。关于库布齐沙漠的最早记载出现在南北朝时期，当时这里“道多深沙，轻车往来，犹以为难”（《魏书》）。

毛乌素沙地主要位于鄂尔多斯高原与黄土高原之间的湖积冲积平原凹地上。出露于沙区外围和伸入沙区境内的梁地主要是白垩纪红色和灰色砂岩，岩层基本水平，梁地大部分顶面平坦（贺晓浪等，2019）。该沙地的地势自西北向东南倾斜，海拔为1200～1600m。地貌呈现梁地、滩地、河谷阶地、沙丘和湖泊交错出现的独特景观。它比库布齐沙漠要偏南，年降水量达250～440mm。毛乌素沙地不但降水较多，而且地表水和地下水也相对丰富。主要的河流如窟野河、秃尾河、无定河等，纵贯本沙地的东南部流入黄河。沙地内部还分布有170多个大大小小的湖泊。这些河流和湖泊为人类活动提供了宝贵的水源。夏商至西周时期，该区域及周边则生息着鬼方、猃狁、戎狄等部族。这个时期也是我国古代对这一区域最早开始记录的时期。对于毛乌素沙地究竟是自然成因还是人为活动造成，目前还有较大争论（吴正，1991；黄银洲等，2009）。

就行政区划来说，鄂尔多斯高原包括内蒙古自治区鄂尔多斯市全境，乌海市海渤湾区，陕西省神木市、榆林市、横山区、靖边县、定边县的北部风沙区，宁夏回族自治区的盐池县、灵武市的部分地域和陶乐镇全境。鄂尔多斯高原向北向西，就是河套平原。千里黄河，唯富一套。河套平原是鄂尔多斯高原与贺兰山、狼山、大青山间的地堑和拗陷地区，是经黄河等河流千万年沉积而成的冲积-洪积平原。这里地势平坦，土质较好，兼之黄河的灌溉之利，宜农宜牧，自古就被誉为塞上江南。河套平原其实可分为三大块，称为前套、后套、西套。所谓西套在宁夏境内，通常称为银川平原。后套和前套在地理上基本连在一起，合起来被称作东套，与西套相对应。狭义的河套平原仅指东套。前套就是介于内蒙古自治区呼和浩特市、包头市之间的土默特川平原，也就是前文提到的敕勒川。后套是指黄河进入内蒙古后至西山咀之间的平原，主要位于巴彦淖尔内境内的黄河北岸。河套平原得天独厚，虽然地处季风边缘区，但地势低平，掘渠引黄河水即可灌溉，加上黄河在此分叉，形成了许多的牛轭湖以及湖荡湿地，在荒漠半荒漠地带催生出一个天然的“绿岛”，成为动植物和人类活动的福地。

阴山从北面把河套平原紧紧地拥抱在怀中，成为河套平原北方天然的屏障。阴山东西长约1000km，西起狼山、乌拉山，中为大青山、灰腾梁山，南为凉城山、桦山，东为大马群山，平均海拔1500～2000m。阴山在呼和浩特以西的西段地势高峻，海拔1800～2000m，南坡与河套平原之间相对高度约千米。在河套平原的北方，狼山、乌拉山、色尔腾山、大青山，从西向东连绵不绝，山体和平原有上千米的高差，有些拔地而起的感觉，显得山势嶙峋，易守难攻，所以自古欲守河套，必守阴山。自秦汉以后，阴山是游牧文明和农耕文明的分界线，阴山—河套平原—鄂尔多斯高原构成一个环环相扣的攻防单元，成为中原王朝和北方游牧民族争夺的重点地区。一旦阴山南麓和河套平原掌握在游牧民族的手中，就很容易越过黄河，占据鄂尔多斯高原，进而对中原王朝的政治核心——关中构成重大威胁。反之亦然，阴山—河套平原—鄂尔多斯高原掌握在中原王朝手里，就能对草原游牧民族形成优势。阴山也成为古代边疆的代名词。“但使龙城飞将在，不教胡马度阴山”至今依然脍炙人口，抒发了崇敬英雄、完我金瓯的壮志豪情。但这个区域的人类活动历史，要远在此之前。

第一节 人类活动的基本脉络

一、史前时期

这里人类活动的历史悠久。旧石器时代的水洞沟遗址和萨拉乌苏遗址可谓是大名鼎鼎，都是由法国古生物学家德日进、桑志华首先发现。水洞沟遗址位于宁夏回族自治区灵武市临河镇水洞沟村，西距银川市19km，北望毛乌素沙地，明长城从不远处蜿蜒而过。1923年，两位法国学者不但发现了水洞沟遗址，并在地表采集到远古人类留下的遗物，根据文化遗存的出露情况命名了5处地点，而且进行了发掘工作，从地层中发掘出大量石制品和动物化石，揭示出旧石器时代先民生存活动的丰富信息。其后，法国学者基于对水洞沟遗址和萨拉乌苏遗址出土的石制品与动物化石的研究，发表了有关中国旧石器时代文化的首篇论文和首部专著，宣告在遥远的旧石器时代这里就有人类活动（高星等，2013）。可以说，水洞沟是中国最早发掘旧石器时代的古人类文化遗址，因而被誉为“中国史前考古的发祥地”“中西方文化交流的历史见证”，被国家列为“最具中华文明意义的百项考古发现”之一。

这两个遗址把这里人类活动的历史扩展到四万年前。经过近百年的发掘，在水洞沟出土了三万多件石器和大量的动物化石，揭示了当时人类活动的内容。水洞沟遗址出土的石器与欧洲旧石器中期的法国的莫斯特文化极为接近，即所谓勒瓦娄哇石核（没什么神秘的，在打制石器以前，先对石核进行修饰，以期打出更加精致锋利的工具，这就是勒瓦娄哇）。莫斯特遗址位于法国南部多尔多涅的维泽尔河畔，该遗址自公元1907年被发现后，一直被认为是欧洲旧石器文化的经典。所以法国古生物学家德日进、桑志华发现水洞沟的石器的时候，都觉得很眼熟。水洞沟遗址有丰富的用火遗存，包括灶塘和烧骨、烧石、灰烬（高星等，2009）。当时加工食物的石煮法简便易行，即使在今天，这样的方法在野外也可以尝试：在皮囊或者某种容器中盛上水，加入肉等食材，然后架起火堆，把捡来的鹅卵石等石头放到火中烧，再把烧得滚烫的石头放入皮囊中（尖利的石块容易刺破皮囊，所以圆润且随手可拾取的鹅卵石为最佳）。反复多次，皮囊中的食材就熟了。水洞沟人类活动的历史断断续续从四万多年一直持续到全新世之初。

进入全新世，冰期结束，全球气候趋向温暖湿润。首先是中国北方仰韶文化大繁荣的波浪荡漾到了这里。仰韶文化存续时间从距今约7000年起至距今约5000年止，持续了2000年左右的时间，以关中豫西晋南为中心，其扩散范围北到长城沿线及河套地区，南达鄂西北，东至豫东一带，西到甘青地区。仰韶文化的经济基础是粟作农业伴以采集狩猎，粟作农业起源于北方，主要作物有粟（小米）、黍（黄米）、豆等，这是一种不需要丰沛降水的旱作农业，实行刀耕火种的轮耕制，特别适合中国北方半湿润、半干旱的气候特征。除农业外，采集和渔猎也在经济中占有较大的比重，遗址中普遍发现的石制、陶制网坠和骨制鱼钩、鱼叉等工具也说明，此处捕捞活动比较普遍。彩陶是仰韶文化中最具特色的一类陶器，在中国北方很多区域都发现了具有共同特征的仰韶文化彩陶，它们早期以红地黑彩或紫彩为多，中期流行先涂白色或红色陶衣为地，再加绘黑色、棕色或红色的纹饰，有的黑彩还会镶加白边，绚丽而神秘。

具体而言，仰韶文化半坡类型（距今六七千年）的分布已经扩展到了鄂尔多斯高原和河套平原，以准格尔旗官地遗址为代表（内蒙古文物考古研究所，1997）。官地遗址存续了数千年时间，大致可分为四个时段（王魏，2014）：第一个时段相当于半坡文化或后冈一期文化之时（也就是仰韶文化的早期），彩陶花纹相对简单、形式单一；第二个时段与仰韶文化—庙底沟阶段年代相当（大致对应于仰韶文化中期），彩陶纹样增多；第三个时段属阿善文化（大致对应于仰韶文化晚期），区域内彩陶纹样具有多区域交流的特点；第四个时段为朱开沟文化，发现有“吕”字形双间房址。总体来说，这个时期鄂尔多斯高原和河套平原仰韶文化遗址的分布就是近河，靠近黄河以及其他的大小河流。遗址和中原地带的仰韶遗址有很多共同之处，如大型的房屋，围绕在聚落周围的壕沟等。

目前，对这个区域文化的认识已经比较清晰。仰韶时代早期，距今 7000～6000 年，主要分布在河套平原周边及黄河大拐弯以后南流黄河两岸和岱海周边地区，代表性遗址有包头市阿善遗址第一期，准格尔旗鲁家坡、官地一期、窑子梁、阳湾遗址，清水河县岔河口遗址，以及凉城县红台坡下、王墓山坡下等，在陕北无定河流域也有少量发现。后冈一期文化石虎山类型可分为早晚两期。早期原始农业有了一定发展，并形成了小的聚落，建有圆角方形的半地穴房屋。晚期聚落面积增大，周围出现了环壕，防御功能大大增强。生业模式以种植农业为主，但采集仍然占有重要的地位。此时尽管已经出现了家畜驯养，但规模小，程度较低，肉食资源的获取主要依赖狩猎，还存在一定程度的渔猎活动（冯宝和魏坚，2018）。

仰韶时代中期，距今 6000～5500 年，遗址分布在北起大青山，南至陕北的广大区域。代表性遗址有清水河县白泥窑子、岔河口遗址，准格尔旗窑子梁、坟堰遗址等。聚落的数量略有增加，面积也更大些，在王墓山坡下发现有面积达 87m^2 的房址。王墓下类型距今约 6000 年。这类遗址的房址有的面积很大，并整齐排列。农业生产有了长足的发展，生产工具有磨盘、磨棒、石刀、石斧等（杨泽蒙，1997）。

仰韶时代晚期，距今 5500～5000 年。此阶段遗址数量大幅增加，单个遗址的面积增大。代表性遗址有托克托县海生不浪遗址，准格尔旗周家壕、寨子上、南壕遗址，察右前旗庙子沟、凉城县王墓山坡上、包头市九原区阿善遗址和西园遗址等，以及陕西靖边县五庄果墚遗址等。此时的文化彩陶发达，纹饰纹样有平行线、网格双勾纹等。经济形态中渔猎和狩猎占有一定比重，但仍以农业为主（戴向明等，1997；管理等，2008）。

到了龙山时代，这里的文化也可以分为早晚两期。龙山时代早期，距今 5000～4500 年，代表性遗址有包头市阿善遗址第三期遗存，准格尔旗小沙湾、寨子上、白草塔遗址等，以及陕北绥德小官道、吴堡后寨子峁和横山瓦窑渠遗址等。这时期最大的变化就是在大青山南麓和准格尔旗南流黄河的两岸特征出现了许多带有石筑围墙的遗址，有学者称为石堡（任式楠，1998）。经济形态仍以农业为主（内蒙古文物考古研究所，1994）。

龙山时代晚期，距今 4500～4000 年。遗址主要分布在南流黄河两岸和陕北等地。典型遗址有准格尔旗永兴店、大口、寨子塔、白草塔、二里半遗址等，以及伊金霍洛旗朱开沟、清水河县后城嘴遗址等；陕北有神木市石赤、寨峁、石峁、新华、大柳塔等遗址，府谷县郑则峁、边城峁，吴堡县关胡圪塔、高家梁遗址，以及佳县石摞摞山等遗址。这个时期流行半地穴式白灰面房址，陶器中三袋足器发达，典型器有三足瓮、盆、豆和带耳罐等（魏坚，2000）。

在青铜时代，社会急剧变化，仰韶文化开创的粟作农业-狩猎采集相结合的经济方式受到冲击，因为随着晚全新世季风的衰退，季风边缘区的降水随之减少，削弱了粟作农业的基础，以定居为主体、农业为主导的生业方式逐渐退潮，来自北方草原地带的文化元素逐渐增多，这个趋势一直持续到历史时期的前夜，最终完成了从粟作农业-狩猎采集向游牧经济的蜕变。例如，河套地区在乌拉山南麓、战国赵北长城以南的区域发现的大量亚腰形、长方形、方形、圆形石堆，以及长方形、方形、圆形、半圆形石圈，展现出浓厚的草原游牧文化的色彩。所以，这个时期的遗址，保有粟作农业的遗址进一步向黄河两岸收缩，其范围在空间分布上比仰韶时期要小，以朱开沟遗址为代表。朱开沟文化及其后的西岔文化生业方式皆以农业为主，兼有渔猎，这两种文化均出土有鼎、爵、戈等典型的商周时期中原系青铜器，表明了它们和中原地区的紧密联系，西岔文化墓葬中同时还出土有北方青铜器系统的空首斧、小刀、管銎斧、銎内戈、耳环等，表明它同时受到了北方青铜文化的影响。

而另一类遗址，就呈现出强烈的草原文化的影响。例如，包头地区发现的以偏洞室墓、殉牲、随葬青铜饰品的西园类型（杨泽蒙等，1990），葬俗中流行牛、羊，但未见猪骸骨（刘幻真，1991）。包头以南的新店子文化，以新店子、西咀、阳畔墓地为代表，墓葬形制以洞室墓为主，墓主人皆为北亚人种，见殉牲动物头蹄且基本不见随葬陶器，青铜器以腰带饰品等为主要特征（曹建恩等，2009）。而到了相当于战国早期的桃红巴拉文化时期，墓葬中随葬有马、牛、羊的头、蹄及青铜短剑、鹤嘴镐、动物形牌饰等，具有鲜明的草原游牧民族特色，也有带扣、环饰、兽头形饰、鸟形饰、联珠形饰、管状饰等各种装饰品和服饰及衔、马面饰、镳等马具，还有金耳环、石串珠（田广金，1976）。可知，这个时期，鄂尔多斯高原的大部，是以游牧为主要的生业方式。

所以，我们可以想象，这个时期区域内的文化发展是这样的：在季风退缩、温度下降的冲击下，以粟作农业为主要谋生手段的文化受到了很大的影响，被迫向黄河两岸水热条件更优的地区集中，且其分布的北界已经退缩到库布奇沙漠的南缘，同时，它们也接受了一部分北方来的青铜文化的影响。但气候的持续干凉化，使得这些文化的规模在逐步萎缩，龙山时代早期的朱开沟文化尚能保有相当的规模，而到了其后的西岔文化时期，文化规模大为缩小。而还有一类文化来自北方草原，它们是在气候变化的影响下南迁的草原人群的遗留，具有强烈的游牧文化的色彩。北方游牧人群的南下，带来了欧亚草原流行的游牧经济技术，这些游牧人群与长城一带进行畜牧经济的族群结合，逐渐占据了该区域文化的主流地位。对西园遗址的人骨进行 DNA 测定的结果显示（常娥等，2007），西园墓地人群和现代游牧在西伯利亚北部的雅库特人的遗传距离最短，现代蒙古人次之，也昭示了这些具有强烈游牧色彩的文化的源头。

不同文化的进入和退出，不可能是田园牧歌式的和平交接，必然伴随着武力和征服。所以，在这个时期的遗址中，很多都出土了镞、弓、刀等兵器。更具有特色的，是这个时期，这个区域出现了大量的石城，最知名的可能就是石峁遗址。在龙山时代的晚期，更多的石城出现在毛乌素沙地东南的秃尾河、窟野河等流域。陕北目前发现龙山时代的城址 22 座，其中距今 5000～4500 年的城址有 12 座，距今 4500～4200 年的城址有 7 座，距今 4200～3900 年的城址有 3 座（唐雯雯，2019）。

二、历史时期

早在春秋时期，河套平原和鄂尔多斯高原便是多民族活动的历史舞台，不同源头的文化在此汇聚，成为北方各民族较早融汇合一的地区，在进入历史时期的前夜，鬼方、猃狁、楼烦、匈奴的身影从这里闪过，最终，在战国中期时，林胡、楼烦掌控了河套平原和鄂尔多斯高原的大部，魏国占有鄂尔多斯高原东南部的部分区域，此即魏国“河西之地”。

首先对游牧者的势力发起挑战的是战国时期的赵国。据文献记载，河套平原本是草原民族“逐水草迁徙，毋城郭常处耕田之业”的游牧地区，呈现出草木茂盛多禽兽的草原景观（《史记·匈奴列传》）。但是赵武灵王的胡服骑射改变了胡人和赵国之间的攻守之势，赵国起兵夺取了河套平原。“赵武灵王亦变俗胡服，习骑射，北破林胡、楼烦。筑长城，自代并阴山下，至高阙为塞。而置云中、雁门、代郡”（《史记·匈奴列传》）。这是历史上第一次在河套平原系统性地设置郡县行政体系，高阙在阴山以西的乌兰布和沙漠的北缘，从此整个河套平原已然纳入赵国的统治范围。为了巩固新得到的土地，防止游牧力量卷土重来，赵国在阴山下修筑长城，向西直到高阙。限于国力，赵长城未能修建于山脉的脊部，而是修筑于阴山南麓，背靠山脉邻近黄河，很多地段通过裁弯取直减少施工。赵国在河套平原修建了城池，设立的云中郡、雁门郡和代郡，建成了河套平原防御的骨架，为秦汉的进一步开发打下基础。

到战国后期，匈奴崛起，成为赵国北方的主要敌人。在河套平原与匈奴的长期拉锯中，赵国也积累丰富的战争经验，尤其是李牧利用混合兵团大破匈奴的战役，对后世很有启示意义。李牧建立了完善的烽火报警系统，牢牢掌握匈奴人的动向。在该次战斗中，李牧以车阵阻滞匈奴人的骑兵冲击，然后利用弓弩对匈奴人进行远程压制，等匈奴攻势受挫，指挥骑兵从左右两翼合击，发动钳形攻势，包围匈奴军于战场。经过激战，除单于率少量亲卫部队突围逃走外，进犯的 10 万匈奴骑兵全部被歼（《史记·廉颇蔺相如列传》）。此战使得匈奴大为震怖，其后多年不敢南下进犯。但是河套平原只是赵国用以抵御匈奴进攻的前哨，并未投入大量人力充实边防，并且随着时间推移，诸国争霸中秦国展露峥嵘，给赵国的压力越来越大，赵国战略重心被迫南移，对河套的开发力有不逮。

大致在赵北伐夺取河套的同时代，秦击败魏国，夺得魏国在晋陕之间黄河以西的土地（河西之地），于公元前 304 年置上郡，郡治肤施（今榆林附近）。昭襄王三十六年（公元前 271 年）彻底吞并义渠（以今天的庆阳为中心的西戎之国），将义渠故土设置了北地郡。由此秦国占据了鄂尔多斯高原东南部的土地，并修筑了“昭襄王长城”以防备匈奴（《史记・匈奴列传》）。

秦国统一中原后，发动对匈奴的进攻，将匈奴势力驱赶到乌加河以北（当时乌加河是黄河的主流，后因河床抬高淤积，主流南移），夺取了黄河以南直到“昭襄王长城”之间的大片土地（即所谓河南地）。之后将“昭襄王长城”和赵长城连成一片构筑河套平原防御体系，并且修建秦驰道沟通关中和河套，开始大量迁徙内地平民至河套（《史记・秦本纪》《史记・匈奴列传》）。“道九原，直抵甘泉，乃使蒙恬通道，自九原抵甘泉，堑山堙谷，千八百里”（《史记・蒙恬列传》）。秦代在这里设置了九原（治九原，今包头附近）、云中（治云中，今托克托附近）、上郡（治肤施，今榆林附近）、北地（治义渠，今西峰附近）共四郡，前两者在北，后两者在南。

秦始皇去世后，中原动荡。“十余年而蒙恬死，诸侯叛秦，中国扰乱，诸秦所徙适戍边者皆复去。于是匈奴得宽，复稍度河南与中国界于故塞”（《史记・匈奴列传》）。匈奴趁楚汉相交时的混乱，派兵南下重新占据河套平原和河南地，并向西囊括了河西走廊等地。汉初民生凋敝，汉弱而匈奴强，匈奴经常以此为基地威胁关中。从汉高祖刘邦到汉景帝刘启，西汉王朝基本都是以“和亲”之策应对匈奴的威胁。汉武帝曾下诏说：“高皇帝遗朕平城之忧，高后时单于书绝悖逆。昔齐襄公复九世之雠，春秋大之”（《史记・匈奴列传》）。汉武帝下定决心，要对匈奴开战。在先后经过三次关键性的战役：河南之战、河西之战、漠南之战后汉朝不仅解除了匈奴的威胁，也把河套平原和鄂尔多斯高原纳入了汉王朝的版图。

汉军在战后，最重要的是诸城和移民实边。元朔二年（公元前 127 年），汉武帝令卫青“出云中以西至陇西，击胡之楼烦、白羊王于河南……遂取河南地”（《史记・匈奴列传》），这就是河南之战。战后，汉朝继承秦朝的移民政策，将内地人口大规模移入河套，并于秦代九原郡故地“置朔方、五原郡”（《汉书・武帝纪》）。这是举国之战，以汉王朝多年的积蓄，仍然颇为艰巨。“兴十余万人筑卫朔方，转漕甚远，自山东咸被其劳，费数十百巨万”《汉书・食货志》。甚至被迫停止西南的开发，“罢西南夷，城朔方城”。

河西之战后，原游牧于河西走廊的匈奴浑邪王、休屠王两部归降汉朝。汉朝出于安抚和安全的目的，选择在河套周围设立五属国，以安置归降的这两部分匈奴牧民。初步形成了汉、匈杂居的局面。在汉宣帝的后期，匈奴呼韩邪单于来朝，持续了一百多年的汉匈对抗终于结束。从汉宣帝一直到王莽时期，中原与匈奴之间保持了六十多年的安定和平局面。自宣帝后，羌族人口逐渐从陇右迁入河套，进一步形成了汉、匈、羌多民族共居的局面（《后汉书・南匈奴列传》；胡小鹏等，2013）。因为河套平原和鄂尔多斯高原重要的战略地位，西汉王朝非常重视这里的军防，设朔方刺史部以镇之。尤其是在河套平原的黄河两侧，西汉设置了很多都尉和县治。东汉时定都洛阳，而且匈奴问题已基本得到解决，该区域对于中原王朝的军防意义略有下降，但依然非常重要，而这里的羌人，逐渐崛起成为一只重要的力量。

两汉之交，王莽建立了短命的“新”朝，与匈奴的关系处理得一团糟，不仅羞辱了匈奴单于，强迫匈奴单于“囊知牙斯”改名为“知”，而且剥夺了汉朝所给予匈奴的礼遇（《汉书 • 匈奴传》）。匈奴反叛，河套重新被匈奴夺回，河套的开发被中断。建武二十六年（公元 50 年）南匈奴归附，河套才得以收回。两汉时期，河套平原和鄂尔多斯高原的大部都归属于汉朝，只有银川平原以北的小片区域属于匈奴（《后汉书 • 南匈奴列传》；谭其骧，1991）。

东晋时期，河套平原和鄂尔多斯高原相继被汉赵、后赵、前后秦、大夏等诸族政权所统辖。大夏国皇帝赫连勃勃是匈奴人，自称是汉朝皇室刘姓之后裔，在位期间，“控弦鸣镝，据有朔方”，其首都统万城即位于毛乌素沙地的边缘。他将战争中掠夺人口迁入该区域，使得这里的人口有一个短时间的增加，使以统万城为中心的统治区域成为农牧交融、各族杂居的区域。赫连勃勃“虽雄略过人，而凶残未革……犹及其嗣，非不幸也”，他去世以后，大夏国内即陷入混乱（《晋书 • 赫连勃勃传》）。

及至北魏，柔然成为继匈奴之后的草原大汗国，经常对北魏进行袭扰。河套平原和鄂尔多斯高原又成为边防前线。北魏在这里设置边防六镇，长期肩负抵御柔然的重任，其中沃野镇，怀朔镇位于河套平原（狭义的，即东套），并建云中宫，作为北魏诸帝的北巡行宫。薄骨律镇、高平镇位于银川平原及以南区域，夏州囊括了鄂尔多斯高原其余的大部。在百余年里，柔然与北魏你来我往，六镇由此军力强盛，渐成尾大不掉之势。尤其在孝文帝南迁后，南拓逐步取代北御成为北魏军事上的战略核心，北方留守六镇的军镇贵族与南迁洛阳的贵族之间待遇越拉越大，导致六镇起义爆发。北魏孝昌元年（公元 525 年）北魏引柔然军攻击六镇起义军，柔然便一度占据了河套平原（《魏书 • 蠕蠕传》）。

在北魏分裂为东魏和西魏后，西魏占据了河套平原和鄂尔多斯高原的大部，隔阴山与柔然相持。但此时草原上大变方生，突厥与柔然的位置发生了戏剧性的变化。突厥人起源于铁勒，大约在 5 世纪的中叶，突厥人成了柔然的奴隶，被迫迁移到了阿尔泰山的南面，给柔然锻铁，当时还被柔然蔑称为“锻奴”。到了 5 世纪后半叶，突厥人以阿史那部为核心，逐步壮大，最终推翻了盘踞在漠北已经百余年的柔然汗国。至公元 552 年，一个崭新的汗国——突厥汗国正式出现在中国北方草原（《周书 • 异域下》）。

北魏之后的北周和隋基本保有河套平原和鄂尔多斯高原的大部。但突厥已经成为雄踞漠北的大国，隋末军阀梁师都投靠东突厥，在河套平原建立政权，突厥随时可以挥兵南下，威胁唐朝首都长安。阴山山脉-河套平原-鄂尔多斯高原又一次成为中原王朝和草原汗国争夺的焦点。在唐朝初期，唐军和突厥支持的梁师都政权爆发多次冲突，河套平原一带成为唐朝必须夺回的重要地区。公元 618 年，梁师都的军队在突厥的支持下进攻灵州，唐军经过激战打退了梁师都军队的进攻。公元 619 年，梁师都再次进攻灵州，和唐军多次激战。公元 623 年，唐军为消除梁师都的威胁，主动进攻梁师都政权，东突厥派出 1 万骑兵救援梁师都。公元 627 年，突厥天灾人祸，内外交困，薛延陀、回鹘、拔也古等十余部相继叛离突厥，引发了突厥内部连锁反应，唐朝乘机北伐消灭梁师都政权。公元 630 年，名将李靖仅带数千精兵，从马邑出发，夜袭突厥颉利可汗牙帐所在地定襄。

首战告捷后，唐军持续进击，不给突厥留下喘息的时间，直至其灭亡。战后唐朝把内附各族部落主要安置在河套和鄂尔多斯高原境内，随着内附部落的增多，唐朝在灵夏两州间设“六胡州”，将数万外族安置在此，以本族贵族为首领，统治其人民，其中有一个党项部落迁到赫连勃勃所建立的大夏故地，号“平夏部”，为此后几百年的历史埋下了伏笔（《新唐书·梁师都传》《新唐书·突厥传》《新唐书·地理志》《新唐书·西域党项传》）。

唐开元、天宝年间，开始在边缘战略要地设立节度使。这里大部分属于朔方节度使辖区。这里既有阡陌纵横、禾麦弥望的河套平原，也有水草肥美、牛羊遍野的牧场，所以朔方节度使所部不仅军力强势，经济上也可以自给自足。当中央政府威权尚在的时候，他们纵横出击，功勋赫赫，如王忠嗣、郭子仪等藉此匡扶国家，青史留名。一旦中央政府颓势显露，占据朔方的势力就沦为军阀，党项的崛起正是这一形势的反映。

安史之乱后党项以地方藩镇扎根一方。黄巢起义时，掌控宥州的拓跋氏党项族出兵，唐僖宗赐其首领拓跋思恭为“定难节度使”，并赐皇姓“李”，后封拓跋思恭为夏国公，历经唐、五代、宋，世袭于此，至此以拓跋氏为首的党项族各部牢牢控制了夏、银、绥、宥、静五州之地，有政治地位，有军有粮，成为事实上的地方割据政权，直至李元昊建国。宋朝和西夏在定川寨、好水川和三川口连番大战，但河套平原和鄂尔多斯高原的大部，属于西夏疆域，只有东北部分区域属于辽国的西京道，宋朝保有东南边缘的区域。

西夏虽然连番运作，但毕竟地小军弱，始终未能进入中原。随着金国崛起于白山黑水间，北宋和辽相继败亡，西夏乘机夺辽河清军、金肃军和宋府州、丰州，又与金结盟交好数十年，直至成吉思汗南征，蒙古迅速占领河套平原和鄂尔多斯高原。元朝时河套平原和鄂尔多斯高原不在国境线上，不再是战略前线。1359 年元军与红巾军大战于丰州府城，至此丰州毁于战火，居民大量南逃（http://nm.cnr.cn/lywh/nmfg/200612/t20061215_504352617.html）。明朝洪武年间为持续防御蒙古各部南下，在长城北边设立诸多卫所，其中大宁、东胜等几个卫所为核心节点。明成祖时直接弃大宁，东胜节点内迁，将河套平原和鄂尔多斯高原几乎无设防地弃置于在蒙古铁蹄之下（《明史·地理志》；董耀会等，2019）。《明史》称：“天下既定，徙宁王南昌，徙行都司于保定，遂尽割大宁地畀三卫，以偿前劳。”此后有明一代，河套平原和鄂尔多斯高原大部都在蒙古游牧范围内，蒙古诸部频频向明王朝发动袭扰。河套平原先后有瓦剌可汗、达延汗、阿拉坦汗、林丹汗蒙古政权控制。

明英宗时期，军备废弛，边患频发。明英宗率领 50 万大军北伐失败后，蒙古军队趁势南下包围北京城，差点灭掉了大明朝。在明英宗复辟和明宪宗在位的天顺、成化时期，蒙军和明军围绕阴山南部河套平原一带爆发多次激战，虽然明朝取得了红盐池大捷等胜利，但明军在河套平原和鄂尔多斯高原始终是消极防御的战略（董耀会等，2019）。到了明朝嘉靖年间，明军在阴山南部和河套平原的防御几乎为零，蒙古人打到了北京城下，嘉靖皇帝和严嵩都默不作声，这就是弃守大宁、东胜内迁的直接恶果（董耀会等，2019）。直至明亡，这种被动的局面也没有得到改变。清朝疆域广大，河套平原和鄂尔多斯高原深居内地，基本都是蒙古人的驻牧之地，清廷在鄂尔多斯高原设伊克昭盟，下辖六旗，另有部分区域属于乌兰察布盟。

第二节　人类活动的基本特征

早在旧石器时代时，准格尔地区黄河沿岸就有人类活动的足迹。在水洞沟遗址、萨拉乌苏遗址，以及准格尔旗上榆树湾遗址发现了大量打制石器，其中包括典型的尖状器、刮削器、圆头刮削器等，证明古人类在这片区域有狩猎、采集等原始生活。

进入新石器时代，生活在这里的居民以狩猎经济和原始农业为主要生业模式，开始了“原始农业兼营狩猎”的丰富生活。对陕北靖边五庄果墚动物骨的 C 和 N 稳定同位素分析表明，家猪、狗和鼠类主要以 C_4 植物为食，这与先民从事的粟作农业密切相关（管理等，2008）。新石器时代的著名遗址有阳湾遗址、官地遗址、周家壕遗址、寨子上遗址、白草塔遗址、寨子塔遗址、永兴店遗址、西岔遗址等。这些遗址，从聚落的总体布局来看，从始至终都具有统一规划，房屋成排分布、规划有序，以大房子为中心，而且聚落内部存在不同的分区。在不同的分区，房屋面积存在区别，房屋内部设置也不一样，房屋内出土的工具与陶器也因所在区域的不同而不同。

到了青铜器时代，鄂尔多斯市伊金霍洛旗的朱开沟遗址所出土的鄂尔多斯式青铜器证明了在当时鄂尔多斯地区已经出现了北方游牧文化，推测当时鄂尔多斯地区来自中原的民族和北方游牧民族融合共存，可能产生了游牧经济，或开始从定居的农耕生活向半农半牧的经济生活状态转变。

西岔遗址历时仰韶文化、龙山文化、朱开沟文化和商周时期四个阶段，对西岔遗址的动物遗存研究表明（杨春，2007），家猪始终是同时期动物中数量最多的，且数量整体呈上升趋势。在龙山文化时期，猪的数量仅发现 4 头，但猪、羊、牛间的数量比例为 4∶1∶1；到了商周时期，猪的数量达到 289 头。猪作为农业经济的象征，在数量上的这种变化，说明在西岔遗址的各个时期农业经济一直都占据主导地位。西岔遗址出土的龙山文化时期家畜（猪、牛、羊、狗）在数量上占出土同期动物总数的 66.7%，到了商周文化时期，这一比例达到了 89%，说明当时家畜饲养业已具备了一定的规模，而且重要性在逐渐提升；作为畜牧业经济代表性家畜的牛、羊，其数量之和与猪的比例在龙山文化时期为 1∶2，说明当时畜牧业经济已开始发展，但尚处起步阶段；到了商周文化时期，牛、羊数量之和与猪的比例上升为 0.7∶1，说明当时的畜牧业已经成为社会经济中不可缺少的重要组成部分，但仍未超过农业。

值得一提的是，在仰韶文化时期，这里的诸多遗址中发现的家畜主要是猪，其余的基本都是野生动物，显然，此时狩猎是非常重要的获取肉食资源的方式。在龙山文化时期的木柱柱梁遗址、火石梁遗址以及石峁遗址和新华遗址都发现了数量较多的家猪和狗，以及大量的家养牛和羊的动物骨骼，相比之下就可以发现，龙山文化时期遗址出土的动物骨骼中多了家养的黄牛和山羊，此时人类的动物资源主要是家猪以及家养的黄牛和羊，到了龙山文化晚期，黄牛和羊在人类生活中的重要性与日俱增。

畜牧业的比重上升，在人骨同位素中会留下印迹。从稳定氮同位素的研究结果来看（图 6-1），自龙山文化晚期，人骨中氮同位素的值在稳定上升，至春秋战国时期，氮同位素值已经超过了 10‰，指示肉奶蛋白摄入的显著增加，对应于此时这一区域大部被楼烦、林胡等游牧民族占据的事实。但值得指出的是，从龙山文化时期到春秋时期，C_4 作物始终在这个区域的食谱中占据重要的地位。

核密度估计（KDE）表明，仰韶文化时期，该区域遗址分布有多个明显的小区域遗址核心，如准格尔旗南流黄河区域、毛乌素沙地南缘的陕北等，且陕北的遗址核心的密度值低于准格尔旗等地；而到了龙山文化时期，该区域只存在以石峁遗址为中心的一个大的核心，表明仰韶文化时期到龙山文化时期是从多中心分布向单中心分布的变化过程。

平均最近邻（ANN）指数的分析也表明，该区域从仰韶文化时期到龙山文化时期，遗址分布有非常明显的集中化发展倾向：仰韶文化时期遗址平均距离超过 5000m，到了龙山文化时期，遗址之间的距离缩短到了 3000m。结合前文提及的龙山文化遗址更加靠近黄河及其支流的事实，可以看出在晚全新世季风衰退、降水减少的背景下，先民选择向更靠近河流的地区发展，在龙山文化遗址的空间聚集程度更高，且出现了一个极为明显的核心区——石峁遗址。

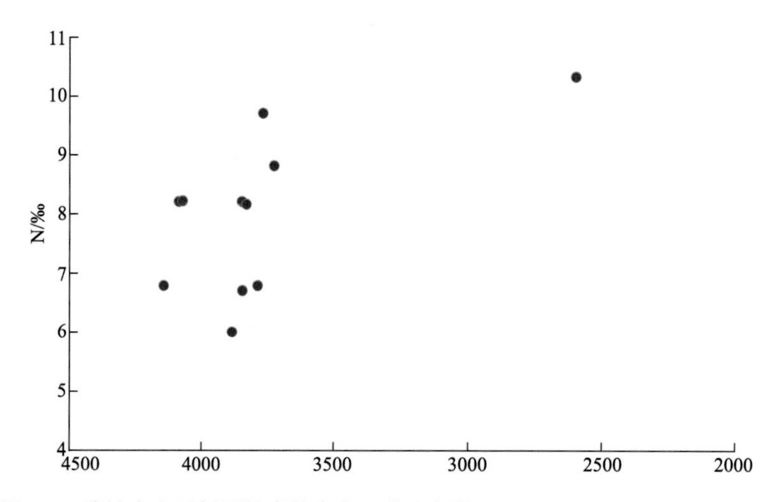

图 6-1 遗址中人骨氮同位素的变化（张全超等，2006；Atahan et al.，2014）

战国时期，据《史记·秦本纪》记载，“魏筑长城，自郑滨洛以北，有上郡”。后来魏国战败于秦国，割让上郡求和，秦上郡沿袭魏国传统，在上郡发展农业生产，实行军事屯田，筑长城防御北方游牧民族。从鄂尔多斯地区战国时期秦长城的实地考察来看，秦长城的走势能够大体反映出秦上郡的管辖范围；当时的秦上郡辖有：现今鄂尔多斯市东胜区、达拉特旗、伊金霍洛旗的东部以及准格尔旗等鄂尔多斯东部地区。其以北当属于游牧民族的范围。准格尔旗境内的战国时期遗址西沟畔墓地、玉隆太墓地等一般都看作和匈奴有关。

秦朝统一后，多次派兵攻打北方的游牧民族——匈奴，并把阴山以南的河套地区归入其领土，而后在这片地区修建长城、道路等，并设置郡县，迁入大量的移民，大力发展农业经济。此时准格尔旗北部隶属九原郡，东北部属于云中郡，其余则属于上郡。上郡的属县——广衍县的县城址为今准格尔旗内纳日松镇发现的瓦尔吐沟古城。

公元前 125 年，元朔四年汉武帝新设西河郡，郡辖有广衍、平定、富昌、增山、鸿门、榖罗、大成、虎猛、美稷等三十六个县，这些县城主要是为了抵御匈奴等北方游牧民族的南下骚扰，因此汉朝政府在西河郡大力修建军事防御工事，至此西河郡成为汉朝北部边疆重要军事要塞之一。

东汉建武二十六年，南匈奴单于率部众讨伐南下侵扰的北匈奴，战事不利，被光武帝下诏移居于西河郡美稷县；南单于在此带领诸部，驻守北部边疆，防范了北匈奴再次南下侵扰。他们徙居的美稷县县城即为今纳林镇政府附近的纳林古城。汉和帝永元六年，北匈奴南下归降于汉王朝的部众在美稷城深夜袭击南匈奴单于师子，以表对于南匈奴新任的单于师子不满。汉和帝永元十三年（101 年）后，羌族部落继续向东扩散，迁入跨越“河南地”的北地、上郡、西河三郡境内（《后汉书·南匈奴列传》《后汉书·西羌传》）。《后汉书》记载，汉顺帝阳嘉四年，乌桓侵入云中郡，与度辽将军耿晔的两千多人激战于沙南县，战果不利，遂后在兰池城围攻耿烨。由此看来，东汉时期匈奴、鲜卑、乌桓、羌等北方畜牧业民族先后进入这一区域，各民族间相互交流、碰撞、融合，使得这一地区成为农耕民族与游牧民族聚居的共同家园。

准格尔旗川掌遗址战国-汉代墓地的人骨研究表明，与中国古代居民以及现代东亚人种关系最为亲近，与现代南亚蒙古人种、现代北亚蒙古人种、现代东北亚蒙古人种有着一定的生物学距离。从牙齿磨耗情况而言，推测川掌遗址古代居民生存环境相对较为艰苦，以农业经济模式为主，饮食结构以植物性食物为主，动物性食物为辅（阿娜尔，2018）。这说明在这个时期，黄河沿岸的部分区域，农业仍然是主要的生业方式。

生业方式的变化，会在不同的人群中导致不同的龋齿病发病率。龋齿病是由于口腔中摄入致龋细菌，在食物残渣所提供的碳水化合物的营养供给下，且在长时间的作用中造成牙齿龋坏且不能自我修复。因此口腔中的食物残渣所含碳水化合物的含量是诱发龋病的关键，而食物摄取又与人类生存环境及生业模式有着最直接的关系，以农业为主要经济形态的人群食物中的碳水化合物比率要远高于以采集狩猎畜牧为主的人群。对这个区域龋齿病的研究也揭示了不同时期生业模式的差异（张旭，2020）（表 6-1）。

表 6-1　本区及周边区域不同时期人群患龋齿病情况比较

遗址名称	所在区域	时期	龋齿率/%	主要经济类型
庙子沟	察右前旗乌拉哈乌拉乡	仰韶文化中晚期	2.84	农业
朱开沟	伊金霍洛旗纳林塔乡	龙山文化晚期至青铜时代	—	早期农业，后期半农半牧
西麻青	准格尔旗魏家峁镇	西周晚期至春秋早期	9.55	农牧混合经济
新店子	和林格尔县新店子乡	春秋晚期至战国早期	3.29	畜牧
川掌	准格尔旗纳日松镇	战国至汉代	11.6	农业

注：该表据张旭（2020）修改。

汉代之后，这里进一步成为多民族共同生活的区域，东汉献帝建安二十年（公元 215 年），撤销云中、五原、朔方、上郡、定襄五郡，州郡县建制在鄂尔多斯高原不复存在。此后，鄂尔多斯高原先后成为汉赵（屠各）、后赵（羯族）、前秦（氐族）、后秦（羌族）、大夏（铁弗匈奴）等诸族政权的统辖之地，而鲜卑、乌丸、氐族、羌族、屠各、铁弗匈奴等族部落在该区域错处杂居。牧业成为最重要的经济模式，杂以农业种植。

隋朝开皇三年（公元583年），“罢天下诸郡”，以州管县（《隋书·帝纪》）。在研究区，隋文帝时期的行政建制为四总管府即夏州、灵州、丰州、榆关总管府，夏州总管府统辖夏州、银州、绥州；灵州总管府下辖灵州和盐州；丰州总管府仅管丰州；榆关总管府辖云州、胜州。隋炀帝时为七郡，即灵武、盐川、朔方、雕阴、榆林、五原、定襄郡。唐王朝与隋朝在研究区的建置基本相同。依托这些行政建制，农业屯垦稳步发展。如《元和志》灵州保静县条下记：“山之东，河之西，有平田数千顷，可引水灌溉，如尽收地利，足以赡给军储也。”开元九年，六胡州康待宾率众反，与党项连结，攻银城、连谷，以据粮仓，“此地为仓粮之地”（《旧唐书》）。所以农牧兼营是这个区域历史时期的常态。

到了宋代，这里大部属于西夏，部分属于北宋。到了元代归于陕西行省察罕脑儿宣慰使司都元帅府，明代属于东胜卫。明成祖时东胜卫内迁，河套平原和鄂尔多斯高原大部成为蒙古部落的游牧之地，以游牧为主。明嘉靖时期，蒙古土默特部首领俺答汗统率族人驻牧于丰州滩，收留汉人在那里筑房垦荒，建立村落，从事农、副生产。这些房舍、村落和汉族百姓称为“板升”。清朝时期对鄂尔多斯地区实行盟旗制度，“天聪九年，额林臣来归，赐济农之号。顺治六年，封郡王等爵有差，七旗皆授札萨克，自为一盟于伊克昭”（赵尔巽，1997）。清前期，禁止蒙汉往来，沿鄂尔多斯南部长城划出了一条南北宽五十里的禁地，禁止汉人垦种，也不许蒙古人放牧。故此时鄂尔多斯高原上的生业模式基本都是游牧。清朝中后期，一方面蒙古王公等土地拥有者大量招徕口内人到口外私垦，另一方面清廷为应对边疆危机而采取招民垦边政策，再加上民间的“走西口”现象，山陕地区的大量农民进入河套等地垦殖。鄂尔多斯其他旗县，如东胜、郡王旗等地，在康熙至道光年间也有部分晋陕移民进入，但规模不大。

在同治后期和光绪年间，河套涌入了大量的垦殖者。光绪初年的“丁戊奇荒”，致使晋陕及直隶等地出现了大批灾民，这些灾民随后涌入河套地区，相当一部分来到后套平原。至光绪二十八年朝廷设局大办垦务、全面放垦时，后套平原共修成大干渠八道，小干渠二十余道，形成了完备的灌溉网络。有了官方的倡导和鼓励，移民迁居河套更是势不可挡，这一趋势一直持续到民国时期，形成了游牧交错的生业模式。

第三节　河套和鄂尔多斯的古城

一、史前时期

河套平原和鄂尔多斯高原是我国较早出现史前城址的地区。目前已知的史前城址超过了40处，其分布如图6-2所示。

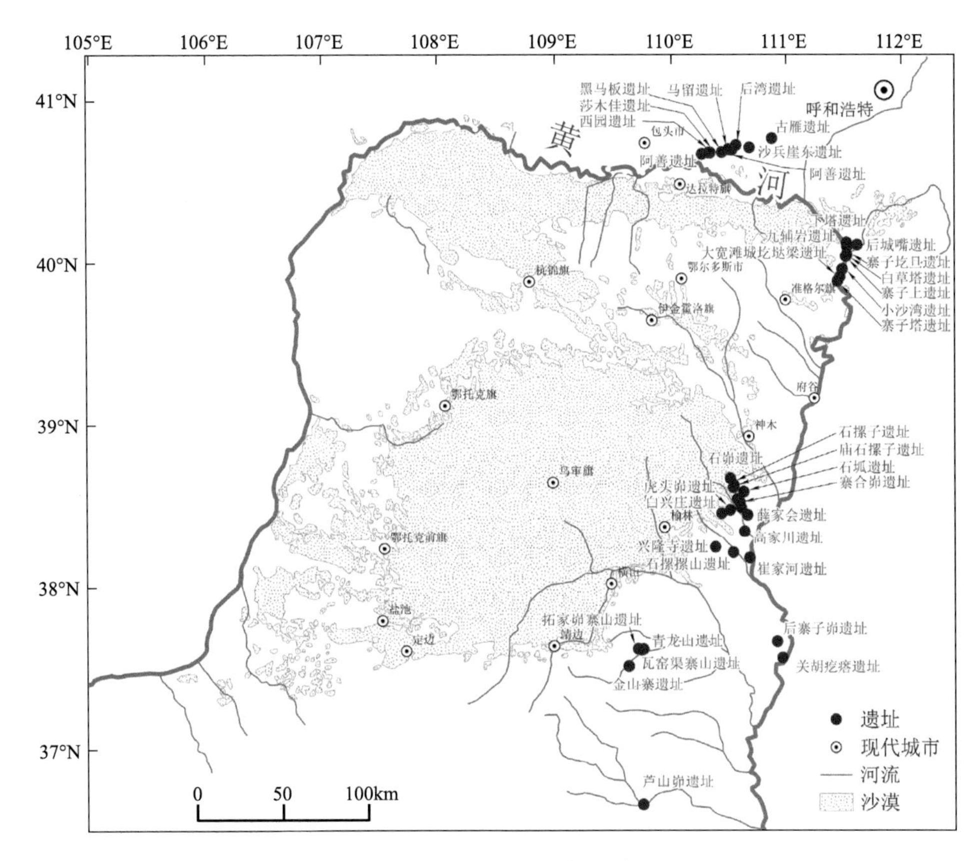

图 6-2　研究区史前城址分布图

表 6-2 列出了区域内已知的主要史前城址。我们在下文根据区域，按照河套平原及大青山南麓、准格尔旗南流黄河沿岸、陕北分区域介绍。

河套平原以北的大青山南麓共发现史前城址 9 座，经过系统发掘或调查资料丰富的遗址主要有阿善遗址、西园遗址、莎木佳遗址、黑麻板遗址、威俊遗址等。

这个时期的城墙基本都围绕着祭坛等具有宗教意味的建筑，其走向依据地形，充分利用原始地势，以石砌而成。以阿善遗址为例，它位于包头市东 15km 的阿善沟门东，北依大青山，南临黄河，城址位于高出周边区域的台地之上，倚山面河、地势险要。石墙依地势围绕着台地，修筑方式多为交错叠压，石块相交处用土泥固定，并以碎石填塞空隙，墙体断面呈梯形。其年代在距今 4800～4500 年（内蒙古社会科学院蒙古史研究所和包头市文物管理所，1984）。

这个时期出现了围墙的遗址，基本都是有较长存续时间的聚落。仍以阿善遗址为例，阿善遗址从仰韶时期就开始有人居住，直到阿善三期（龙山文化早期）才出现了围绕祭坛等遗迹的石墙。石墙的建造方式，是石块叠错，中间填以土泥和碎石；石墙的走势随地形而变，以取得最大的防护效果。同时，因为地形的原因，有的方向是悬崖或者高地，不需要修筑围墙，所以，并没有形成在平面上呈闭合形状的多边形，不能称为真正的城墙，护墙是更恰当的称呼。

表 6-2　河套平原及鄂尔多斯高原及其毗邻地区史前城址

文化类型	时间范围（距今）/年	遗址名称	所在区域
仰韶文化晚期	5500～5000	白草塔	准格尔旗南流黄河沿岸
庙底沟二期	5000～4500	阿善、西园、莎木佳、黑麻板、威俊、马留、后湾、沙兵崖东、古雁	河套平原及大青山南麓
		寨子塔、小沙湾、寨子圪旦	准格尔旗南流黄河沿岸
		后寨子峁、石摞摞山、兴隆寺、崔家河、瓦窑渠寨山、青龙山、拓家峁寨山、金山寨、庙石摞子、白兴庄、桃柳沟、虎头峁	陕北
龙山文化早期	4500～4200	寨子上、九辅岩、下塔、后城嘴、大宽滩	准格尔旗南流黄河沿岸
		芦山峁、寨峁梁、石摞子、高家川、薛家会、石呱、关胡疙瘩	陕北
龙山文化晚期	4200～3900	石峁、寨峁、寨合峁	陕北

其实，这样的护墙，在准格尔旗等黄河向南流的区域，出现得要更早一些。以白草塔遗址为例，它位于鄂尔多斯市准格尔旗窑沟乡白草塔村，坐落在一处面向东南的高地上，黄河在此转了一个近乎90°的弯，由东折转南下。遗址的地址选择别具匠心：黄河从北、东两面流过，是天然的“护城河”，西南面是断崖，西面是高地，只有东南面地势相对平缓，护墙就修筑在这个方向。石墙在修筑时，向下挖到基岩，然后从基岩开始用小石块错缝叠砌，使得墙体外观较规整，然后在墙体内部填以碎石沙土。现存墙高 85～95cm，宽85～90cm，截面略呈上窄下宽的梯形。这样的护墙的隔绝作用很明显。遗址内发现的房址均为方形半地穴式，门道多向东南，流行前后双灶，居住面用白色黏土铺垫而成，面积在10～25m^2（内蒙古文物考古研究所，1994）。从文化属性上看，这个遗址属于海生不浪文化，年代为距今5500～5000年，也可以说是目前北方地区发现最早的石墙。

到了龙山文化的中晚期，目前已知的遗址包括白草塔遗址、寨子塔遗址、小沙湾遗址、寨子圪旦遗址、寨子上遗址、下塔遗址、九辅岩遗址、后城嘴遗址和大宽滩遗址等。下塔遗址位于呼和浩特市清水河县王桂窑子乡下塔村，整体坐落于一坡地之上，依地势和冲沟而建，利用冲沟、黄河、城墙形成一个独立的防御体系。这是区域内龙山时代保存最好的石城之一，隔着黄河与圪旦石城、后城咀石城相对。遗址平面不规则，东西长400m、南北宽700m，面积约28万m^2。内城略呈不规则形、外城略呈弧形，均依山势而建，内外城垣南北两侧隔沟相望，其中东侧保存较好，可辨认的城门遗迹3处、马面遗迹21处，主要分布于内、外城东侧城垣之上。墙体直接垒砌于生土之上，或对墙基经过铺垫修整，或先形成夯土围墙，后下挖夯土墙形成基槽。墙体均由外侧石墙和内部夯土墙两部分组成，宽度 0.8～1.1m，残高0.75～1m。夯土墙外侧还分布有呈斜坡状的夯土护坡。马面与城门交错分布在城墙之上（曹建恩等，2018）。根据发现的器物判断，下塔遗址的古城兴建年代在永兴店文化的偏早阶段，废弃年代为永兴店文化的较晚阶段，古城的年代当为距今4300～4000年。

大宽滩遗址位于鄂尔多斯市准格尔旗哈岱高勒乡大宽滩村，同样位于黄河岸边的高地之上，东距黄河60余米。城垣遗址轮廓保存比较完整，平面呈不规则窄条形，东西长600余米，南北最宽200余米，面积约12万m^2。城墙底宽5～7m，修筑城墙前先对墙基经过铺垫取平处理，垫土厚0.5～1.2m，在南墙中部偏东处发现城门一座，宽约10m。大宽滩遗址，城墙内出土较多陶片，属遗址内第一阶段遗存。器型特征属于龙山早期偏晚阶段，年代在距今4400～4200年，城址修建年代也应在此范围内（连吉林，1999；内蒙古自治区文物考古研究所，2001）。

而在鄂尔多斯高原南部及其毗邻的陕北地区，目前已知的史前城址超过了20座，年代上从庙底沟二期到龙山文化晚期都有发现，庙底沟二期的史前城址以石摞摞山、后寨子峁等遗址为代表，龙山文化早期芦山峁、寨峁梁遗址等比较典型，龙山文化晚期本区域最具有代表性的城址是石峁遗址。

陕北地区发现的庙底沟二期的城址比较多。后寨子峁遗址位于榆林市吴堡县辛家沟镇李家河村西北，石墙分布在地势相对较低的两座山梁之上，均修筑在与地势较高山梁的连接处，在墙体外围还发现有壕沟，以及连接上下的台阶。石墙包围的区域内发现有房址，沿地势成排分布，流行半地穴式、窑洞式以及两者相结合形式的房屋，属于阿善文化小官道类型，年代较早（王炜林等，2005）。

关胡疙瘩遗址位于榆林市吴堡县宋家川镇王家川村，由四座前后相连的山峁组成，面积约10万m^2。遗址南端为黄河断崖，东西两侧为冲沟，仅北端与其他山体相连。石墙分布在遗址地势平缓处，在北端修筑平行两道石墙。半地穴式、窑洞式和两者相结合的复合式房址分布在遗址内的山峁上。根据器型来看，属于龙山文化早期阶段遗存，年代范围在距今4500～4200年，推测城址修筑年代也应在此时期（王炜林和马志明，2007）。

五女河是陕北佳县境内第二大河，是佳芦河的最大支流（佳芦河是黄河的支流）。五女河流域发现三座史前城址，分别是石摞摞山、崔家河和兴隆寺。这三个地点的石城的修筑年代和文化性质大致相同，其中石摞摞山已经有初步的发掘结果。石摞摞山遗址位于佳县朱官寨镇公家坬村东北约4km处，地处五女河中游南岸梁峁地带。城址处于遗址东北部的石摞摞山，由内城和环绕外城和护城壕构成，且在外城的城墙外部存有夯实的堆筑护坡土。内城位于城内中部，平面呈圆角方形，面积3000m^2。外城在山体的中下部，依山势环绕山体一周，平面呈不规则的圆角四边形，城内面积约为6万m^2。城墙用石块和黄土砌筑而成。从出土器物来看，该遗址属于庙底沟二期遗存（陕西省考古研究院，2016）。

大理河在《水经注》中称为平水，是无定河的支流（无定河是黄河的支流），发源于靖边县中部，流经横山区、子洲县、绥德县，在绥德县城东北注入无定河。大理河流域共发现史前城址4座，分别是瓦窑渠寨山遗址、青龙山遗址、拓家峁寨山遗址和金山寨遗址，其年代基本为距今5000～4500年。瓦窑渠寨山遗址位于榆林市横山区魏家楼乡境内大理河的山峁上，城墙遗迹主要分布在遗址东部、北部断崖地区，目前可以辨认的长约100m、其高1～2m。从出土器物推测其年代略早于或接近于老虎山文化早期（张杨军等，2009）。

青龙山遗址位于榆林市横山县魏家楼乡境内，坐落于大理河右岸的山峁上，面积约1万m^2。石墙围绕山顶和山腰各砌一周。拓家峁寨山遗址位于榆林市横山区魏家楼乡拓家峁村西南，大理河支流南侧的山峁上，面积约10万m^2。这两处都没有详细的发掘资料，推测其年代为庙底沟二期（李恭和丁岩，2004；王炜林和马明志，2009）。

金山寨遗址位于榆林市横山区石湾镇高川村一处名为金山寨的山峁之上，北距大理河约

1km。目前遗址四面均为深沟断崖，仅东南部有缓坡与其他山体相连。石墙位于遗址北部、东部和东南部地势较平缓处，石墙都紧紧贴合着断崖修筑。城墙的修筑充分利用地形，先将不同坡度的山坡修整成为垂直的断面，在断面外包筑一层宽约1m的夯土墙，然后再在夯土墙的外侧底部挖深3～4m的基槽，基槽内用填土夯实，上部垒砌石墙，墙体上窄下宽，残高3.9m，厚0.6～1m。在石墙底部外侧，层层夯打形成护坡土台面，宽3～4m，有的地段在护坡墙之外筑有与墙体垂直的小型石护墩，平面上类似于后世的“马面”。出土器物的时代为庙底沟二期至龙山文化早期，城墙的年代应该与此相同（王炜林和马明志，2006）。

秃尾河，汉代称圜水，后称吐浑河，明代称秃尾河，是发源于神木市的公泊海子的黄河支流，位于陕西境内，共有史前城址十余座，多数没有发掘，下文重点对寨峁梁遗址、石峁遗址、石摞子遗址和庙石摞子遗址四处进行介绍。寨峁梁遗址位于榆林市榆阳区安崖镇房崖村，与石峁遗址同属秃尾河流域，位于秃尾河一级支流开光川（又名开荒川）南岸的椭圆形山峁上，北距石峁遗址20km，面积约3万m^2。遗址所在山峁底部出露基岩，上部黄土堆积较厚，除南侧与其他山梁相接外，其余三面均临深崖，现存的石砌城墙即位于遗址西侧和南侧，隔断与山梁的连接。石墙分布于遗址西侧和南侧，大致呈“L”形，在南侧城墙外侧尚存有一段平行于城墙的护坡墙。石墙修筑方法是石块错缝平铺垒砌。测定其年数据显示为距今4300～4200年（孙周勇等，2018）。

芦山峁遗址位于延安市宝塔区李渠镇芦山峁村，面积超过200万m^2。在遗址核心区域“大山梁”的顶部确认了至少四座大型夯土台基，由北向南依次是寨子峁、小营盘梁、二营盘梁、大营盘梁。勘探资料表明，每座夯土台基顶部都规整地分布着大型夯土建筑遗存。芦山峁遗址出土了大量精美玉礼器和我国目前发现年代最早的一批板瓦、筒瓦，以及规划有序的高等级院落布局、规模宏大的夯土台基与超大面积的聚落体量，且在大型房址、院墙、广场的夯土中，发现有用猪下颌骨、玉器奠基的现象。测定其年代在距今4300～4200年。因此，芦山峁大营盘梁的院落建筑群或可视为龙山文化晚期至夏商周时期宫殿建筑的重要源头（马明志等，2019）。

石峁遗址位于神木市西南40余公里处的高家堡镇，地处秃尾河及其支流洞川沟交汇处，总面积达400多万平方米。由皇城台、内城和外城构成完整的城址体系。皇城台位于内城中心，是一座四周砌有层阶状护坡石墙的台城，平面为圆角方形，面积约8万m^2。内城面积约210万m^2，墙体沿山势建于山脊之上。外城是由在内城外向东南扩建的一道弧形墙体与内城东墙相接构成的，面积约190万m^2。内外城以石城垣为周界，内外城墙总长度约10km，宽度约2.5m。

皇城台为大型宫殿及高等级建筑基址的核心分布区，有成组分布的宫殿建筑基址。皇城台周边以多达九级的堑山砌筑的护坡石墙层层包裹，底大顶小呈金字塔状，坚固而壮丽。在皇城台周边发现有石雕人头像、鳄鱼骨板、彩绘壁画等遗存。皇城台被认为是高等级贵族或者“王”居住的核心区域。

石峁遗址的城墙采用因地制宜，根据不同地形采取不同的建筑方式。断崖绝壁处利用天险不设防，在山崖断崖采用堑山形式，下挖形成断面后垒砌石块，这种形式的墙体多不高于地表；在平缓处下挖等宽基槽，然后垒砌高出地表的石墙。石墙利用打磨平整的石块砌筑墙体两侧，内侧填充石块，并交错平铺以草拌泥加固。三道城墙均发现城门，内城和外城发现了方形石砌墩台遗迹，在外城墙外还有马面、角楼遗迹。外城北部的一处门址由“外瓮城”、夯土墩台、曲尺形“内瓮城”以及“门塾”构成，结构复杂，防御性突出。石峁的城墙长度达 10km 左右，宽度在 2.5m 以上，仅以城墙现存最高的 5m 计算，石料的总用量在 12.5 万 m^3 以上，无疑需要大量的劳动力长时间修筑而成。石峁城址的修筑年代可能早至距今 4300 年，在距今 3800 年左右趋于衰落，逐渐被废弃（孙周勇等，2013）。

概括来说，河套平原和大青山南麓的史前城址，主要集中在庙底沟二期。这里的城址石墙往往修筑在地势冲要之地，尚没有形成从形状上四面闭合的城墙，所以，还不能看作是完全意义上的“城址”，属于城址的雏形。石墙沿地形分布，曲直不一。遗址基本都建造在大青山南麓山坡地势相对平坦的台地上，遗址中心往往有大型的石砌祭祀建筑遗迹。

在准格尔旗南流黄河沿岸地区，从仰韶文化晚期到庙底沟二期以及龙山文化早期，这里都有城址出现。仰韶文化晚期聚落外围开始出现石墙的现象，使其成为这一地区最早的城墙雏形。庙底沟二期出现了结构复杂、防御设施齐全的早期城址。龙山文化时期的墙体更为坚固，出现了将土和石块共同混合使用来作为建筑材料筑墙的现象。不同时期的城都坐落于黄河沿岸山前坡地或台地上，仅一侧与外界相连，其他几个方向三面被冲沟隔绝，地势险要，易守难攻，甚至在重点防守区域修筑两道以上的石墙。相较于河套平原和大青山南麓的史前城址而言，这里的城址中祭祀遗迹较少。

而到了陕北，这里的史前城址在年代上相当于庙底沟二期以及龙山文化时期。这里的史前城址充分利用黄土峁的地貌特征，城址基本都建造在地势险峻、三面隔绝的山峁上，形成易守难攻之势。相对于河套平原和大青山南麓、准格尔旗地区南流黄河沿岸地区的史前城址，这里的同类型遗址要更加复杂，出现了内外城的结构。庙底沟二期的石摞摞山遗址由内城、外城及壕沟构成。石峁遗址由皇城台、内城、外城构成，城门处的瓮城、城墙上的马面等建筑特征，已经和历史时期的大城别无二致。

龙山文化时期之后，这里的筑城活动进入相对沉寂期，一直等到历史的大幕徐徐拉开，这里又成为中国北方筑城的主要区域。

二、秦汉时期

秦汉时期是河套平原和鄂尔多斯高原历史时期人类活动的第一个高峰。如前文所述，战国初期，该地大部分区域为戎狄所居。之后，赵国和秦国先后进入这里，设置郡县。赵国在河套平原设置云中、九原二郡，并筑长城以为屏障。秦国则将夺取的魏国上郡向北扩展至鄂尔多斯高原东南部；吞灭义渠后设立了北地郡，推进至鄂尔多斯高原南部。秦在一统中原后，短暂地将整个区域纳入版图，设置九原、云中、上郡、北地四郡。但在秦末，匈奴趁中原混战之际，重新占据“河南地”，直到汉武帝时期北逐匈奴，在此地重新设置郡县，筑城以守。西汉在河套平原设置朔方郡，并将九原郡更名为五原郡，云中郡保持不变，由上郡分出了西河郡，从北地郡分出了安定郡，所以这里就有了七郡之地。东汉继续沿用了西汉的郡级设置，唯有县级设置有所变动，县城数量减少（《汉书·地理志》）。两汉之际，河套平原和鄂尔多斯高原的在籍人口曾经高达90余万人（《汉书·地理志》），大规模地筑城，一方面是出于保境安民，另一方面也是加强行政管理的必要举措。

汉代在这里的七郡之地设置了上百个县，按照汉人的惯例，有县必有城（当然，因为七郡的范围有超出本区域的，所以有的县城不在本区域），再加上管理投降的匈奴人的属国行政系统以及都尉府等军事机构的驻地城池，两汉之际在这里修筑了大量的城址。汉代的城，部分应当是继承了秦代的，但更多的是重新修筑的。目前该区域的秦汉城址的分布，已经有了比较完备的记录（冯文勇，2008；何彤慧，2010）。秦汉时期的古城，基本都是就地取材，夯土而筑。鄂尔多斯高原和河套的地表，主要都是含沙量比较高的沙质土壤，以此筑成的城墙，易受风化影响。加上后期人为的损毁，经过两千年的岁月沧桑，遗留至今的城址基本都是断垣残壁，城址中的建筑已经荡然无存，很多城址的城墙被完全破坏，仅有城外的壕沟依稀留存，或者在地表散落有片瓦断砖，可供辨认。所以，关于这些城址的归属或身份认定，至今仍然是争议颇多。

古城的形状基本上是长方形或者是方形，只有极少数的城受限于地形等因素，呈不规则形状。周长在2000m以下的古城数量占到所有古城的将近三分之二，所以很多应该是寨堡之类的军事设施。阴山—河套平原—鄂尔多斯高原是保卫京畿地区的第一道战略区域，是国家北部国防的重要屏障，各级管理机构的设置带有鲜明的军事色彩，从而城镇建置也带有鲜明的军事色彩。

黄河两岸是城址集中出现的区域，尤其是河套平原的黄河两岸，城址比较密集（图6-3）。

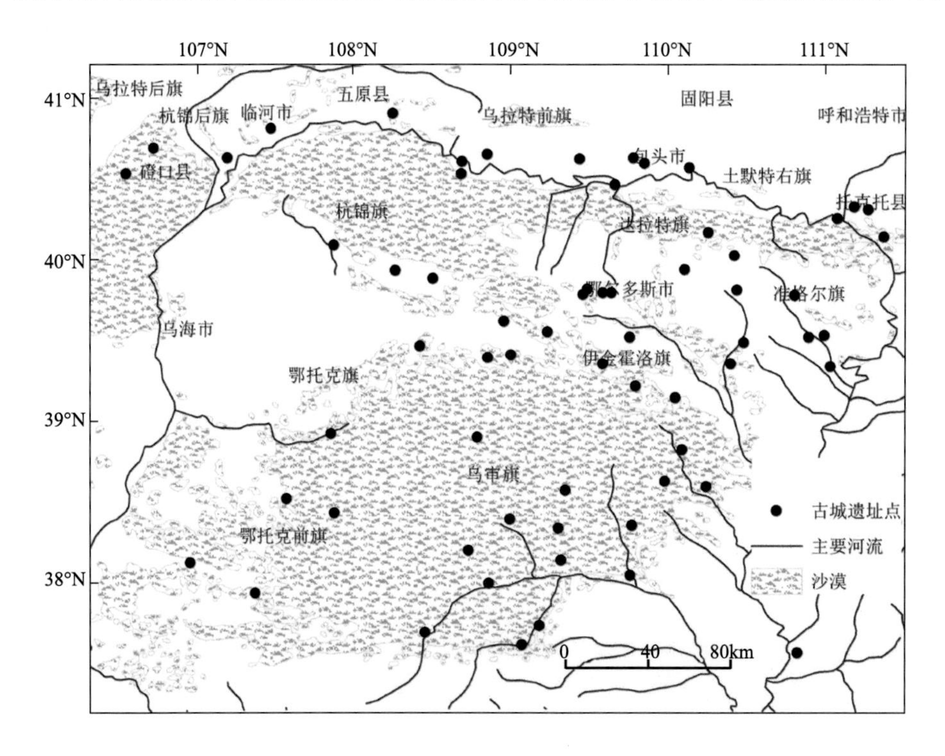

图6-3 本区域目前已知的秦汉古城的分布（据王洪娇，2016修改）

一方面，这里自然环境较好，适宜人口聚集，包括匈奴投降以后有很多即安置于此。另一方面，阴山是抵挡匈奴人的重要防线，这些城址与长城共同构成了有一定纵深的复合防御体系。黄河的支流沿岸也有比较多的秦汉古城，即使深入沙漠中的城址，如毛乌素沙地东南部的汉代古城，基本都是在沙漠中的河流沿岸，这充分说明用水的便利性是筑城时必须考虑的首要条件，“朔方、西河、河西、酒泉皆引河及川谷以溉田”（《史记·河渠书》）。另外，在库布齐沙漠和毛乌素沙地之间的位置，也有比较多的古城，这里地形比较平缓，基本没有沙漠，环境相对优越。

三、隋唐时期

隋唐时期是本区域人类活动的第二个高峰期。隋文帝开皇三年对地方行政区划进行了相当大的调整，即废除了已经有名无实的郡一级，以州统县，在这里先后设置了灵州、丰州、夏州、盐州、延州、绥州、银州、云州等，并“于朔方、灵武筑长城，东距河，西至绥州，绵历七百里，以遏胡寇”（《资治通鉴》）。

唐代曾在这里设置夏州、银州、宥州、胜州、麟州、丰州、盐州、灵州等郡州及其属县。同时设立三受降城和天德军、经略军、横塞军、振武军等军事性质的城市，中后期又设置朔方节度使等带有浓厚军事色彩的行政机构，形成军城和州县并行的军政城市体系。隋唐时期州城基本是沿用前朝旧址。新筑的城主要有丰安军城、定远城、三受降城（西、中、东）及唐长庆四年新筑乌延、临塞、阴河、陶子四城，这些都是军城。这些军城，一方面尽量建在环境适宜之地，但军事战略是非常重要的考量。关于天德军城，在《元和志》中记载为：居大同川中，当北戎大路。拟为朔方根本，其意以中城、东城连振武为左翼，又以西城、丰州连定远为右臂，南制党项，北制匈奴，左右钩带，居中处要。

现存的唐代废弃古城址主要集中分布于毛乌素沙地西南，这应该与安置降附的诸多游牧部落，在灵夏两州间设“六胡州”有关。在无定河流域，沿着河流方向也有少量城池。总体来说，隋唐时期新筑的城池不多。

四、明代

朱元璋北逐蒙古，在明初初步形成了明朝和北元南北对峙的局面。起初河套平原和整个鄂尔多斯高原均处于明王朝的控制之下，并设置了卫所，大的卫所如东胜卫，为北方国防重要卫所之一。东胜卫利用元朝的东胜州故地，《明史》记载：“（洪武）二十五年又筑东胜城于河州东受降城之东，设十六卫，与大同相望。自辽以西，数千里声势联络。”东胜卫北倚阴山，南临黄河晋陕峡谷，西与鄂尔多斯隔河相望，地理位置十分重要。东胜卫下辖：五花城、失宝赤、斡鲁忽奴、燕只斤、翁吉拉等五个千户所，控制着河套平原和鄂尔多斯高原的大部分区域。整个明朝，基本都取战略守势，防备蒙古各部又是重中之重。从洪武二十五年开始，明朝加紧了北防御体系的整合与完善。“立十六卫”，除东胜左右卫以外，先后设立镇虏、云川、玉林、威远、宣德、官山、大同、阳和、高山、天成、万全、宣府、开平、开元、大宁等卫，以及各卫兼辖的千户所，共同构成东、北部防线，从而形成互为犄角、遥相呼应的战略、战术防御体系。东胜卫起了相互联结东、西诸卫所的关键作用。

但到永乐之后，这条完整的防御体系被人为地破坏了，可以说是“自废武功”。明成祖永乐元年（1403 年），将东胜左卫迁于北直卢龙县，东胜右卫徙往北直遵化县。东胜中、前、后三个千户所退在山西怀仁县一带守御。整个战略防线被人为地大大收缩，不仅失去了河套平原等坚固的支撑点，而且使得首都北京的战略纵深大大缩短了（孙卫春，2008），所以，有明一代，蒙古数次打到北京城下，也算是历史上的一大奇观了。收缩的明军基本固守长城一线，放任蒙古游牧部落进占河套平原和鄂尔多斯高原。唯有的反制措施，就是组织兵力，进行短暂突袭，即所谓“搜套”，目的是通过突袭，消灭这里的主要游牧力量，达到以攻为守的目的。可惜，失去了河套平原的明朝边军，基本不具备像唐朝朔方节度那样的自我造血功能，反而成为中央财政的沉重负担。到了明朝后期，连“搜套”的力量都组织不起来了（孙卫春，2008）。事实上，在明成化时期，明朝的统治力量已完全退守到明长城以南，于是构筑边墙用以防御，并沿边墙修筑许多驻军城堡。因此，该区明代城堡的分布就是沿边墙分布于毛乌素沙地南缘，单薄而瑟缩。《嘉靖宁夏新志・卷一・边防》关于修筑长城的记载：“……故凡草茂之地，筑之于内，使虏绝牧沙碛之地，筑之于外”，这终究是明朝政府一种美好的想象，终明之世，河套平原和鄂尔多斯高原的蒙古部落从无到有，从弱到强，长城只是明与蒙古南北对峙的分界线而已，最终没有达到“使虏绝牧”的畅想。

阴山—河套平原—鄂尔多斯高原因为其本身的特点和地理位置的关系，曾经在中国历史上上演了一幕幕波澜壮阔的史诗大剧。敕勒川下的青青草场，是无数游牧人纵马驰骋、放声高歌的梦中家园，河套平原的平畴沃野，是多少移民胼手胝足、开辟荆榛的汗水心血。无数人为了心中的正义和情感，在这里劳作、战斗和死亡，又有无数人，为了同样的情感，在这里欢笑、庆祝和新生。

第七章

内蒙古东部三个沙地及其毗邻地区的人类活动

内蒙古东部是中国最广阔美丽的草原。离开城市的森林水泥，来到辽阔无垠的草原，就好像来到了一个不同的世界。这里绿草如茵、繁花点点，空气中混合着草木的清香，沁人心脾。羊群如洁白的云朵从缓缓起伏的山丘上飘过。不见喧嚣、不见黑烟，这里的一切像蒙古长调一样，是悠然深沉的。这样的环境，养育了无数的游牧文明，从早期的东胡，到后来的匈奴、鲜卑，以及契丹、蒙古，都是从这里孕育、壮大。当然，这也和地理环境息息相关。

这里是欧亚草原带的东端，又是季风边缘区。研究区的降水主要受东亚夏季风的影响。年平均降水量为 200～600mm。气候类型以温带大陆性季风气候为主，昼夜温差大，四季分明，春季气温回升快，风速大，降水少；夏季温暖而短促，雨热同期，形成了典型的温带草原景观。大兴安岭呈东北-西南横亘于整个区域，东、东南为和缓丘陵，呈扇形展开，连着松嫩平原。地势由南向北、由西向东呈逐步降低趋势（刘佳慧等，2005）。整个区域南北跨十个纬度以上，所以南部比北部要温暖得多；季风边界基本沿着大兴安岭的走向，所以东部比西部要湿润。

这个区域的三个沙地，呼伦贝尔沙地和浑善达克沙地位于大兴安岭的西侧，前者在北，后者在南，科尔沁沙地位于大兴安岭的东南翼，向东和松辽平原相连。三个沙地基本是不相连的，自然条件相差也比较大。呼伦贝尔沙地位于呼伦贝尔草原北缘，发育于呼伦贝尔盆地内，是中国纬度位置最高的沙地，且地势平坦，平均海拔在 500～800m。呼伦贝尔沙地夏季短促，冬季漫长，多年平均气温为 1～2℃，极端最低气温达–49℃，年均降水量 200～400mm，不适宜农耕，是中国优良的草原牧区之一。

浑善达克沙地位于内蒙古中东部，地势平坦，由东南向西北缓缓降低，平均海拔 1100 多米，是这三个沙地中海拔最高的。它呈东西向延长的椭圆形，向东被大兴安岭余脉的低山丘陵和科尔沁沙地隔开。多年平均气温为 0～3℃，年极端最低气温普遍在–35℃以下，年均降水量 150～400mm。它是这三个沙地中最为干旱的，现代植被以半干旱草原、荒漠草原为主。

科尔沁沙地位于内蒙古自治区东南部，处在东北平原向内蒙古高原的过渡地带。它整体上由西向东倾斜，海拔自西向东由 650m 下降至 180m 左右。沙地的沙来源于大兴安岭南段的西辽河的干支流如西拉木伦河、胶莱河、老哈河等的沉积，所以河流的分布控制了沙区的基本分布格局。多年平均气温为5～8℃，年降水量可达300～450mm。它是这三个沙地中最为湿润的，呈现沙丘与沼泽湿地相间的景观，植被类型以疏林草原为主。

总体上来说，内蒙古东部是优良的牧场，特别适宜牧业发展，是历史上许多游牧民族的发源地。拓跋鲜卑源自大鲜卑山，现在一般认为大兴安岭即大鲜卑山（米文平，1981），拓跋鲜卑的先祖从大鲜卑山迁徙到呼伦湖畔，与匈奴、高车等诸多部落混合交融，逐步壮大，所以，呼伦贝尔草原也可以看作是鲜卑民族的起源地。他们自汉代就在这里繁衍生息，并逐步南迁，深刻地影响了南北朝时期中国历史的进程。唐宋之交，北方游牧民族鲜卑的一支——契丹，建立契丹国（后改国号为辽），先后征服奚、回鹘、室韦和渤海等部族，统一了北方草原大部。室韦是蒙古族的前身之一，为中国古代北方民族，史书上有时记作失韦，或失围。最早在北魏时就见于记载，多次遣使朝贡至北周、北齐，室韦也曾在唐武德年间（公元618～626年）遣使向唐贡献。唐末，中原大乱，唐王朝无力北顾，崛起的契丹乘机多次出兵征伐室韦，致使室韦诸部要么被契丹征服并吞，要么西迁南徙，其中的一部蒙兀室韦约在10世纪初由额尔古纳河以东向西迁移，最后到达斡难河（今鄂嫩河）发源地不儿罕山（今肯特山）。经过数百年的发展，到金末发展为蒙古族。1206年，蒙古各部贵族在斡难河源头召开大会，推举孛儿只斤•铁木真为大可汗，尊号“成吉思汗”，标志着蒙古帝国正式登上了历史舞台（《元史•太祖本纪》）。呼伦贝尔作为室韦最早的游牧地，可以看作是蒙古的起源之地。

从行政区域上，这里大致包括了通辽市、赤峰市、兴安盟、锡林郭勒盟、呼伦贝尔市等地。内蒙古东部是一片宁静的草原，但它有灿烂辉煌的历史，人类活动的历史具有鲜明的区域特色。李牧、秦开、李广、曹操、耶律阿保机、金兀术、忽必烈、朱棣……一代代人杰曾在这里经历了刀光剑影，鼙鼓声声、旌旗猎猎，胡笳绕梁、金鼓远去，留下塞外金黄的牧草，在秋日的暖阳里衬托着新时代的和谐与宁静。

第一节　人类活动的基本脉络

一、史前时期

在旧石器时代，这里不仅是人类的家园，也是猛犸象、披毛犀、转角羚羊等动物的家园。在扎赉诺尔区先后获得16个人头骨化石及大量的人工制品、古生物化石，证明了在一万多年以前，扎赉诺尔地区曾是古人生活和栖息的故乡。扎赉诺尔人已具有较高的劳动技巧和活动能力。他们改善了打击、琢削、压削和修理石器的方法，可以制作出更加多样的石器，他们的石器更加精细美观，对称均匀，而且特别锋利实用。更有意义的是他们已掌握制作复合工具和复合武器的方法，如在木棒装上石矛头制成矛，使得其更加锋利，或者给鱼叉装上木柄，叉起鱼来更加顺手，更常见的是给石斧加装木柄等。他们尤其善于把精制的石片嵌入骨柄中，制成带骨柄的刀或锯；他们还懂得利用骨针和骨锥，把兽皮缝制成衣服，用于御寒蔽体（何佳和孙祖栋，2016）。在扎赉诺尔蘑菇山北麓，也发现了数百件旧石器时代的遗物，包括石核、石片、断块和石器等（汪英华等，2020）。

进入新石器时代，本区域南北的新石器文化发展表现出一定的差异。赤峰、通辽等地的史前考古学文化序列自成体系，按照年代先后，大致有新石器时代早期的小河西文化与兴隆洼文化；新石器时代中期的富河文化、赵宝沟文化、红山文化、哈民文化；新石器时代晚期和青铜时代的小河沿文化、夏家店下层文化和夏家店上层文化。小河西文化因首先发现于赤峰市敖汉旗境内的小河西村而得名。小河西文化的年代上限超过了距今 8200 年，主要分布于通辽市和赤峰市境内，其中以教来河、孟克河等流域较为集中，遗址位置大多在较高的山梁上。小河西遗址发掘的房址，呈圆角方形或长方形半地穴式建筑，房间都有向外的门道。小河西文化的器物特征十分明显，陶器均为夹细砂陶，制作较粗糙，器型以筒形罐为主，方唇直口。石器有石球、石斧、磨盘、磨棒、饼型器等。骨器有骨刀、鱼镖等。当时主要的生活方式是采集和渔猎，辅之以简单的农业，肉食资源的获得主要依赖于狩猎捕获的猪、鹿等野生动物，通过渔猎捕捞活动获得的水生动物也是其肉食资源的重要补充（于昊申，2021）。

兴隆洼文化因首次发现于内蒙古自治区敖汉旗原宝国吐乡（现兴隆洼镇）兴隆洼村而得名，年代距今 8200～7400 年，经济形态除农耕外兼狩猎、采集。它的分布范围比小河西文化要大得多，北及松辽平原，南达燕山南麓。兴隆洼遗址是个聚落遗址，居住方式延续了小河西文化时期半地穴式房屋，纵横的房屋遗址达十几排，遗址中心最大的房址面积有 140m^2。整个遗址井然有序，环壕围绕，防御功能明显。兴隆洼文化时期的陶器比小河西文化时期已经有一定的进步，陶质与小河西文化时期相似，但陶胎变得略薄，外部装饰纹饰也更为繁复而且有一定的规律性。从兴隆洼就开始用来装饰陶器表面的“之”字纹是区域陶器的典型特征之一。兴隆洼文化遗址出土了大量精美的玉器，引发轰动。其中出土的一对玉玦，两个的重量高度一致，表现出了极高的制作工艺。兴隆洼文化的生产工具以石器为主（图 7-1），其中主要是用于掘土而打制的有肩石锄。很多房址中都放置着这种生产工具，此外还有石铲、石斧、石锛、石磨盘、石磨棒和圆饼形石器等。由石片嵌入骨柄凹槽的刮刀很有特色，是北方细石器工艺传统的产品。其他加工兽皮用的石刀和渔猎工具也比较多。骨器有锥、镖、针等，磨制都比较精良。在房址的居住面上，常常发现琢制的石磨盘和磨棒，有的房间里还出土了石杵。这些谷物加工工具，既可以加工农作物去壳脱粒，也可以用于加工采集的植物籽实（任式楠，1994）。

赵宝沟文化是由兴隆洼文化演变而来，年代距今 7400～6200 年。其分布范围大致与兴隆洼文化相当，是农业和采集、狩猎并重的经济形态（王小庆，2006）。渔猎活动方面，兴隆洼文化时期的遗址中出土的猪骨经鉴定多是野生猪骨，而赵宝沟文化时期的猪骨则多出自家猪，平均 1～2 岁，比较一致。赵宝沟遗址是其代表。赵宝沟遗址位于敖汉旗新惠镇赵宝沟村。这里为缓坡丘陵，南北为山梁，中间沟岔有一条小溪，细流涓涓。遗址所在为一处向阳缓坡地，面积达 9 万 m^2，已发现的房址和灰坑有 140 余处。房址均为半地穴式建筑，平面呈方形或长方形，有的呈梯形，成排分布。遗址发现的动物骨骼较多，动物种类有猪、狗、牛、狍、马鹿、斑鹿、猫、熊、鼢鼠、黄鼠、天鹅、鱼、蚌等，其中，猪、狗为家畜，其他均为野生动物。出土动物贝壳 215 件。细石器一般为石镞、石球和弹丸等，均为压制而成。器形有刮削器、石镞、石叶、石核、尖状器、饼形器等。出土骨器 41 件，均为磨制而成，器形有角锥、带槽骨锥等。陶器中以筒形罐、椭圆形底罐、尊形器、钵和碗为多。陶质多夹砂褐陶，手工制作。出土尊型陶器上有鹿、鸟、猪、鱼等图形，吸引了很多研究者的注意（刘国祥，2000）。

图 7-1 兴隆洼文化白音长汗遗址所见石核及从遗址远眺所见

富河文化因发现于赤峰市巴林左旗的富河沟门遗址而得名，主要分布在西拉木伦河流域以北的乌尔吉木伦河流域一带。据 ^{14}C 测定其年代为距今 5500～5000 年，是由兴隆洼文化白音长汗类型发展而来，经济面貌以采集和狩猎为主。富河文化的陶器都是夹砂陶，质地疏松，火候不高。陶器表面的颜色为褐色，以黄褐色居多，灰褐色次之（滕海键，2005）。

哈民文化主要分布在通辽市科左中旗为中心的区域。位于内蒙古通辽市科左中旗的哈民遗址是其代表性遗址。哈民遗址，是迄今在科尔沁地区发现的规模最大的史前聚落遗址。该聚落遗址保存完整，出土遗物丰富，文化内涵鲜明，遗址房屋结构、墓葬形制和叠肢葬等丧葬习俗具有明显的地域特色。陶器的基本组合，尤其是富有鲜明特点的麻点纹、方格纹及施纹方式，都区别于该区域已发现命名的其他新石器文化，由石耜、石凿、磨盘、磨棒、盘状器、石杵、骨锥、骨匕、蚌刀等构成的生产工具组合，也与周邻已知考古学文化不同，如出土的肩部有耳的小壶，还有浅腹大圈足盆或钵。目前这里遗存仅见于西辽河以北的科尔沁地区，年代大体上与红山文化晚期相当（朱永刚和吉平，2012）。

红山文化因最早发现于赤峰市东北郊的英金河畔的红山而得名。^{14}C 测定红山文化的年代为公元前 4000～前 3000 年。红山文化的居民农牧兼营，既种植粟、黍等作物，还饲养猪、牛、羊等家畜，并涉及渔猎。夏家店文化晚于红山文化，可分为夏家店下层文化和夏家店上层文化，文化性质也是农牧兼营。红山文化和此前的诸文化相比，文化面貌表现出了突飞猛进的发展：首先，分布范围猛烈扩大，北界越过西拉木伦河，南界抵达华北平原，东界至下辽河西岸，西界已达桑干河上游，其中以老哈河至大凌河中上游之间分布最为集中；其次，遗址分布密度增加，遗址面积显著扩展；再次，出现了牛河梁遗址这样的具有大型宗教祭祀活动的遗址。红山文化的居民主要从事农业，还饲养猪、牛、羊等家畜，兼事渔猎。红山文化的彩陶多为泥质，以红陶黑彩常见，花纹十分丰富，造型生动朴实（索秀芬和李少兵，2011）。红山文化的玉器十分知名，其中的玉猪龙公众知名度很高。

到了小河沿文化（距今 5000～4500 年）和红山文化晚期，遗址数量锐减。小河沿文化是以敖汉旗小河沿乡白斯郎营子南台地遗址命名的。它晚于红山文化而早于夏家店文化。在南台地遗址发现的房址均为半地穴式，生产工具以石器为主，石器为磨制石器与细石器并存，这些特点与红山文化有许多共同点。石器基本都是磨制，器形有斧、锛、带孔石铲和石球，并有少数琢制的石铲和石斧。加工精细的细石片，应是镶嵌在骨器上的复合工具的部件（刘志一，1992）。

呼伦贝尔市新石器时期最典型的文化是哈克文化。该文化不仅出土有精美的石器和玉器（图 7-2），而且发现了彩陶，这也是我国新石器时代彩陶分布最北的一个出土地点。因其强烈的地域特色和文化特征，呼伦贝尔市境内的同类型遗存被统一命名为“哈克文化”。哈克遗址是我国北方地区原始社会新石器时代的聚落遗迹，其出现的时间比长江流域的河姆渡文化、黄河流域的仰韶文化、辽河流域的红山文化年代还略早一些（丁风雅和赵宾福，2018）。

哈克文化分布于呼伦贝尔草原上和海拉尔河、乌尔逊河、伊敏河及辉河两岸的草原上，在呼伦贝尔草原上目前已知的有 240 多处。哈克文化的陶器基本特征是手制、夹砂，采用泥圈套接法成器，器表饰窝点纹、平行短斜线纹、菱格纹 、篮纹、细条附加堆纹、细绳纹，陶色为红褐色、黑褐色，火候较高，质地较硬，以骨做梗，以石刃镶嵌的复合细石器很有代表意义。哈克文化的经济形态，应是渔猎经济与畜牧经济并存（赵越，2001）。其时代从 7000 年前延续到距今 5000 年左右或者更晚（丁风雅和赵宾福，2018）。

图 7-2 哈克文化辉河水坝遗址所见石器及地层

右图黑灰色地层是石器富集的地层

进入青铜时代，本区域南北差异依然显著。南部的夏家店文化，是继红山文化之后的又一个文化大繁荣时期。夏家店下层文化距今 4300～3500 年，因最初发现于内蒙古自治区赤峰市夏家店遗址下层而得名，以发达的农业经济为主，兼营畜牧业。其分布范围以通辽和赤峰南部为核心区域，北起西拉木伦河流域，南到燕山以南。在老哈河、孟克河、教来河、大小凌河和柳河上游地区，当时的居民点分布相当密集，如赤峰以西的西路嘎河两岸，聚落的分布几乎超过现代居民点的密度，饲养牛、马、猪、狗等家畜。居址多位于沿河两岸的高地上。较大的聚落周围往往有石砌或夯土筑成的城墙及壕沟，聚落内的房屋从数十座至百余座不等。居室有半地穴式的，也有土坯、石块垒砌成的平地起建的房屋。青铜器主要是耳环、指环、杖首等小件物品。夏家店下层文化陶器主要的制法是泥条盘筑，只在少数器皿的口、底部见有轮制痕迹（朴真浩，2020）。

以大甸子遗址为代表的夏家店下层文化体现出鲜明的社会分化特征。这里宽厚的夯土城垣、建筑考究的房址、成组组合且等级差异明显的随葬彩绘陶礼器群、来源复杂的精美玉器、具有高等级权力象征的北方系青铜器等，都体现了夏家店下层文化中最精美、最独特的文化内涵。在阴河、英金河两岸发现的石城聚落为代表的原始城址，具有石砌圆形房址、院落、窖穴、城墙、半椭圆形马面等特征，体现出了夏家店下层文化时期聚落中严密的防御体系；以二道井子遗址为代表的一类遗址，具有环壕、堆筑城墙、层层起建圆形土坯房址、窖穴、院落、中心广场、中心大房子和城外的生产区，以及等级分明的墓地及精美彩绘的陶礼器、小件玉器、铜器等特征，体现了当时相对复杂的社会构成与社会分化；而以环壕、半地穴式房址，不见彩绘陶器、玉器及青铜器等为特征的一类遗存则代表了夏家店下层文化相对较低层级的村落型聚落（中国科学院考古研究所，1996；席永杰等，2011）。

夏家店上层文化距今 3200～2500 年。它是以农业定居为主，游牧及渔猎占据较大比例的混合型生业方式的文化。该遗址发现的房址以长方形半地穴式为主，以梯形竖穴土坑墓、袋状坑内套长方形竖穴土坑墓为特点；陶器以素面夹砂抹泥磨光红陶为主。遗址内有大型石砌祭祀区，祭祀区内有祭祀性房址、窖穴和墓葬等，并以陶器、粮食、动物等为祭祀品等，与夏家店上层文化存在差异。夏家店上层文化是西周至春秋时期一支从各方面都体现出浓厚的北方游牧文化色彩的重要的考古学文化。其与该区域发现的战国时期的林西井沟子墓地、敖汉铁匠沟墓地和水泉墓地等共同描绘了这一农牧交错地区在历史的前夜民族融合的画面（乌恩岳斯图，2008）。

在呼伦贝尔草原，大致同时代的主要是在欧亚草原地带特别流行的石板墓（图 7-3）。冯恩学先生对此做了论述：石板墓文化是分布在外贝加尔南部、贝加尔湖沿岸、蒙古国中部和东部的青铜时代到早期铁器时代的以石板墓为特征的考古学文化。石板墓是指在墓坑之上的地面有立置石板或框的墓葬。石板墓是外贝加尔和蒙古国的草原和森林草原地带分布最为广泛的考古遗迹之一，在我国的内蒙古东部也有发现。其基本结构是地面有积石堆，积石堆内有竖立的石板。竖立的石板围成长方形的框。并列的石板之间连接紧密或不紧密。个别墓的竖立石板除了有长方形的框外还有一个墓道框。积石堆之下多数有一个长方形的土坑，少数没有土坑。在一个墓地中这两种形式都有。地上石板围成的框要比土坑大（冯恩学，2002）。这类石板墓群分布在呼伦湖、克鲁伦河、海拉尔河和额尔古纳河一带。它们多坐落在依山傍水的朝阳坡地，分布较为密集。

图 7-3　呼伦贝尔草原所见石板墓

二、历史时期

进入历史时期之初，内蒙古东部主要为东胡和匈奴的属地。《辞海》中这样描述东胡："古族名。因居匈奴（胡）以东而得名。春秋战国以来，南邻燕国，后为燕将秦开所破，迁于今老哈河、西拉木伦河流域。燕筑长城以防其侵袭。秦末，东胡强盛，其首领曾向匈奴要求名马、阏氏和土地，后为匈奴冒顿单于击败。退居乌桓山的一支称为乌桓；退居鲜卑山的一支称鲜卑。"

东胡一名最早见于东周时期的《逸周书•王会篇》，其中提到"东胡黄罴，山戎戎菽"，意思是东胡向周王进贡黄罴，山戎向周王进贡戎菽。据《史记・匈奴列传》中记载，东胡从有史记载以来，和中原的燕国和赵国的接触比较频繁。春秋时期，东胡游牧在燕国以北的内蒙古草原，曾打败过燕国。战国时期，东胡势大，燕国和赵国以北的草原都成为它的领地，这个时期东胡最为强盛，号称"控弦之士二十万"，曾多次南下侵入中原。燕国大将秦开曾大败过东胡，使东胡向后退却一千余里。燕国便从今河北怀来直到辽宁的辽阳一带修筑了长城，以防东胡。赵国的大将李牧在击败匈奴的同时，又一次战败东胡。秦汉之际，东胡逐渐衰落。匈奴乘势而起，以骄兵之计大破东胡。东胡瓦解后，主要分裂成两个部分，一部分退居乌桓山，形成乌桓族；另一部分退居鲜卑山，形成鲜卑族。

汉代内蒙古东部虽有乌桓、鲜卑，但匈奴势大，他们都要臣服于匈奴。汉武帝时期，在上谷郡至右北平郡的北部修筑了长城，以抵御匈奴。公元前 119 年（西汉武帝元狩四年），汉军大破匈奴，将匈奴逐出漠南，乌桓臣属汉朝，被南迁至上谷、渔阳、右北平、辽西、辽东五郡塞外驻牧（相当于今内蒙古锡林郭勒盟的中东部、赤峰市北部、河北省北部、辽宁省北部地区），为汉朝抵御匈奴（《后汉书·乌桓鲜卑列传》）。汉朝设置护乌桓校尉，持节监护乌桓各部不得与匈奴勾连，东汉末年乌桓被曹操击破，势渐衰落（《三国志·魏书·乌丸鲜卑东夷传》）。

乌桓南徙后，原居地为鲜卑所占；少数留居塞外者皆归降鲜卑。鲜卑从东汉至南北朝时期，在大兴安岭、额尔古纳河一带崛起，数经迁转，占据了内蒙古东部的大部分草原，形成强大的草原势力。匈奴经过汉朝的一再打击，分裂为南北两部，南匈奴内迁，北匈奴西迁。北匈奴西迁后，鲜卑趁机占据蒙古草原，吞并匈奴余种十余万落，开始强盛。2 世纪中叶，檀石槐统一鲜卑各部，他死后各部独立发展。3 世纪早期曹操将南匈奴安置于中原，鲜卑人乘机占据了其旧地（《后汉书·乌桓鲜卑列传》）。3 世纪前叶，轲比能再统一东部和中部鲜卑，并与曹魏交好，他死后联盟瓦解，各部又自行其是，相互征伐不休，与中原王朝时战时和（《三国志·魏书·乌丸鲜卑东夷传》）。东部鲜卑先后形成慕容部、宇文部、段部三部，占据辽西和内蒙古东部。西晋建立后，对周边鲜卑各部采取安抚政策，总体来说，西晋和鲜卑保持着良好的隶属关系。东晋时期，鲜卑各部在北方掀起建国高潮，从 337～420 年，共建立前燕、后燕、西燕、南燕、南凉、西秦、北魏等国家。其中以起源于大兴安岭北段的拓跋部建立的北魏最为强大。

随着鲜卑纷纷南迁，东晋十六国时期，内蒙古东部成为鲜卑后裔契丹、库莫奚、乌洛侯的领地。及至隋唐，蒙古高原主要由突厥统治，继而回鹘汗国兴起，在北方草原上形成了西回鹘、中突厥、东契丹的格局。唐代还在契丹、奚等少数民族区域设置松漠都督府和饶乐都督府。唐朝中期，契丹人吞并诸部，势力膨胀，开始东征西讨，至唐宋之交时建立了幅员辽阔的辽国。内蒙古东部是其核心统治区域，尤以赤峰为甚，文物古迹数不胜数。

辽代设置有五京：辽上京临潢府、中京大定府、东京辽阳府、南京析津府、西京大同府，其中上京临潢府、中京大定府都位于本区域。上京临潢府，位于今内蒙古自治区赤峰市巴林左旗林东镇南郊，辽国时称西拉木伦河为潢水，临潢府就因为临近该河而得名。公元 918 年，耶律阿保机在契丹的发祥地临潢筑城，作为皇都。《辽史·地理志》上说此处“负山抱海，天险足以为固。地沃宜耕植，水草便畜牧。”公元 1007 年，辽圣宗在所征服的奚王牙帐所在地，建立中京大定府（今内蒙古赤峰市宁城县）（《辽史》），将不少汉人迁到中京附近，随后又将都城自临潢府迁到此处，这里便成了辽朝后期的政治中心。

辽先后征服奚、回鹘、室韦和渤海等部族，统一了北方草原的大部，尤其是将燕云十六州并入版图之后，国力大增，在草原上修筑了许多城池，现存的辽金城址就有 170 多座。辽是一个崇信佛教的王朝，尤其喜欢建造佛塔。辽代庆州白塔（位于现内蒙古赤峰市巴林右旗境内）是这个时代佛塔的代表作（图 7-4）。这是一座仿木结构的楼阁式塔，非常逼真地以砖模仿出柱、枋、斗拱、出檐、门、窗等结构造型，八角七级，通高 73.27m，为砖木结构。该塔造型端庄秀美、浮雕精湛细腻。塔身洁白，轮廓挺拔，建于高台，直插蓝天。塔身遍饰各种精美的浮雕，七层出檐上挑挂着 2240 个生铁铸造的风铃，随风而鸣；铜制鎏金的刹顶及塔身嵌装的几百面铜镜，在蓝天白云下，熠熠生辉。塔内中空，每层均砌有塔室，但塔内无楼梯、塔心室彼此也不连通。1989 年维修古塔时，发现六百余件辽代珍贵文物。

图 7-4　辽代庆州白塔

其后女真崛起，攻灭辽国，建立了金国，占据本区域的大部。但此时由室韦演变而来的蒙古诸部开始壮大。金与蒙古时和时战，为了抵御蒙古部落日益增大的压力，金王朝修建了界壕边堡（俗称金界壕或者金长城）。金界壕东起呼伦贝尔市莫力达瓦达斡尔族自治旗，西南经科尔沁右翼中旗、扎赉特旗、巴林左旗、克什克腾旗、锡林郭勒盟正蓝旗直至阴山黄河后套平原，全程计 1500km。另外还修筑了外线和复线，外线自额尔古纳河北岸经满洲里市北直到蒙古国；复线从克什克腾旗天合园乡至广兴源乡。

1206 年成吉思汗一统蒙古，忽必烈于 1271 年改国号为“大元”，统一全国。内蒙古东部成为诸位宗室王爷的封地。1256 年春，忽必烈命人在桓州以东，滦水（今闪电河）以北，兴筑新城，名为开平府，作为藩邸。1263 年，升开平府为上都，以取代和林，成为元朝的夏都。每年四月，元朝皇帝便去上都避暑。八九月秋凉返回大都（《元史·地理志》《元史·刘秉忠传》）。皇帝在上都期间，政府诸司都分司相从，以处理重要政务。皇帝除在这里狩猎行乐外，蒙古诸王贵族的朝会（忽里台）和传统的祭祀活动都在这里举行。元上都遗址位于今锡林郭勒盟正蓝旗境内。

另外，诸王在封地内都建有城郭，规模大小不一。呼伦贝尔下辖的额尔古纳市境内的黑山头古城就是元代所筑（图 7-5）。蒙古汗国时期，额尔古纳河流域为成吉思汗大弟拙赤·哈撒儿的封地，古城为哈撒儿时期所建城池。根据史实，拙赤·哈撒儿是成吉思汗的大弟，也是有名的神射手（《元朝秘史》《元史·别里古台传》）。成吉思汗曾说：“有别里古台之力，哈撒儿之射，此朕之所以取天下也。”1206 年，铁木真被推举为大汗，正式称成吉思汗后，哈撒儿受封四千户，在诸兄弟中受封最多，但远远不及成吉思汗诸子的封赏（最多的为术赤，受封九千户，最少的为窝阔台和拖雷五千户）。因此成吉思汗的弟兄们难免有些怨言。这也就给“通天巫”阔阔出提供了某种机会。阔阔出是萨满教的领袖，他说，长生天说了，不知是该让铁木真当首领还是让哈撒儿当首领。事情虽然以阔阔出被杀了结，但成吉思汗仍对哈撒儿产生了戒心，夺走了哈撒儿的大部分封赏，只给他留下了一千四百户。1213 年，蒙古大军攻金，哈撒儿受命统率左翼军自中都东进，连克蓟、平、滦及辽西诸州，与中、右军会师包围金中都。1214年春，金宣宗献公主求和，哈撒儿随成吉思汗撤回蒙古高原。同年，成吉思汗把斡难河下游、也里古纳河（今额尔古纳河）流域及阔连海子（今呼伦湖）以东的草原分封给了哈撒儿、帖木格。其中哈撒儿的封地在北，在也里古纳河、迭烈木儿河（今得尔布干河）、斤河（今根河）流域等地。世事无常，哈撒儿虽然受到成吉思汗的压制，但他的子孙枝繁叶茂，几乎遍及整个内蒙古地区。黑山头古城与俄罗斯境内的康堆古城和吉尔吉拉古城正呈鼎足之势。在吉尔吉拉古城还发现了迄今发现最早的回鹘蒙古文石碑——移相哥石碑。移相哥是哈撒儿的次子。根据几座古城的地理位置和出土的文物判断，这些蒙古王城就是哈撒儿及其子孙的驻地。黑山头古城里规制不凡的柱础、沧桑斑驳的琉璃，无不记录着那段波澜壮阔的历史。

图7-5　黑山头古城遥感影像

可以清晰地看到内外城两道城墙

明代初期，大将蓝玉曾经在捕鱼儿海（今贝尔湖）打败北元。明朝起初在内蒙古东部设立了大宁、全宁等卫所。明成祖以后，放弃了大宁等卫，内蒙古东部成为蒙古鞑靼和朵颜三卫的游牧之地。清代号称“满蒙一体”，厚待科尔沁蒙古，内蒙古东部多为蒙古各旗的牧地。呼伦贝尔等地属于黑龙江将军辖地。蒙古族信奉藏传佛教，在内蒙古东部建有许多喇嘛庙，葛根庙就是其中的典型。葛根庙的来源最早可以追溯到1748年，其前身为莲花图庙，建于18世纪40年代。清乾隆十三年（1748年），乾隆皇帝御赐莲花图庙名为“梵通寺”。乾隆五十九年（1794年），梵通寺第二世葛根（活佛）为扩建庙宇来到科尔沁右翼前旗中部地区。传说二世葛根走到一处树木茂密的山坡时，从草丛里跑出了一只白兔，葛根当即命名此山为“陶赖图山”（有兔的山），并决定在山脚依山傍水处修建寺庙，庙名定为“陶赖图葛根庙”，后简称葛根庙［《兴安盟志（1996～2005年）》］。葛根庙是仿西藏斯热捷布桑庙式样的寺庙群，庙宇布局严谨，殿堂错落有致，前后三排殿堂汇聚了藏汉风格，整个建筑十分雄伟壮观，装饰金碧辉煌。庙内有甘珠尔、丹珠尔、吉宗等多部经卷。

第二节　人类活动的基本特征

内蒙古东部草原的人类活动，表现出很大的时空差异。从时间变化来看，文化的繁荣期和衰落期的遗址数量差距明显。为了便于比较，我们计算了内蒙古东部草原史前时期与历史时期的文化遗址每百年出现个数，结果如图 7-6 所示，可以看出史前时期人类遗址出现的高峰在青铜时代的夏家店下层文化时期。在历史时期，遗址点在各个朝代均有分布，辽金时期达到高峰（刘露雨等，2022）。这也说明，夏家店下层文化时期是本区史前文化的高峰，辽金是历史时期人类活动强度最大的时期。

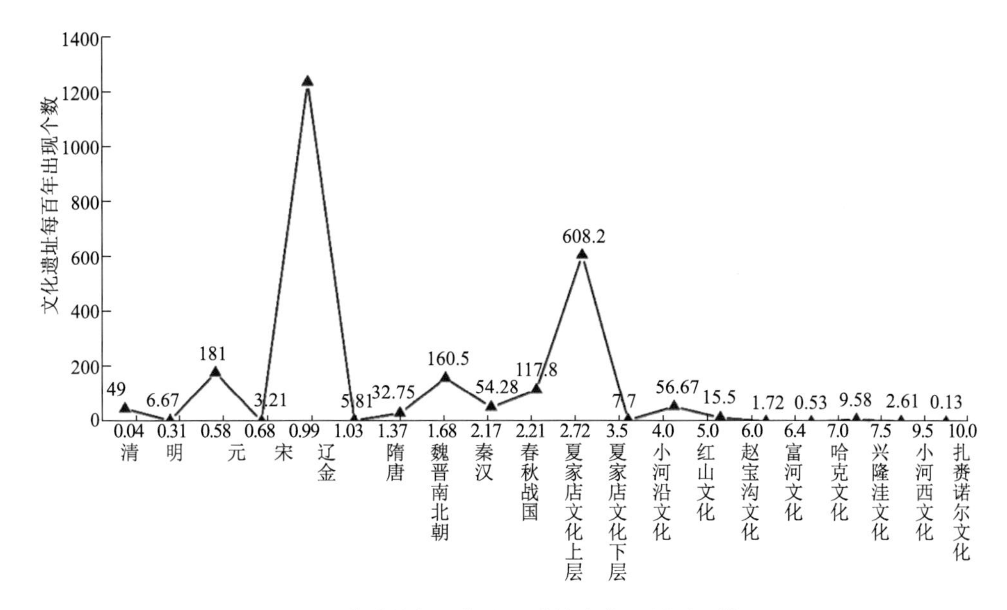

图 7-6　不同文化遗址每百年出现遗址个数（刘露雨等，2022）

横轴数字距今万年数

关于空间分布的变化，我们可以沿着经度，做一个解剖，观察从南到北，文化遗址分布数量的变化。选择可以纵穿最多县（旗）的 121°E，计算各县不同时期的遗址密度，以便进行比较。由图 7-7 可知，文化遗址在各县（旗）的密度由北向南逐渐增大。且无论是在新石器时代，还是遗址数量较多的青铜时代与辽金时期，遗址密度都呈现由北向南逐渐增多的特点。尤其在辽代，辽代农牧并举，非常重视在水丰土肥之地筑城开垦。《辽史》记载，辽朝有“京五、府六，州、军、城百五十六，县二百有九”，所以在今日的草原地带留下了许多辽代的古城，把人类活动的强度高峰向更高的纬度推进。

在辽代以前，兴安盟及其以北的呼伦贝尔草原等地，基本都以游牧经济为主，人类活动的强度不大。辽代及其后的金代，从中原大量掳掠农人和工匠，在其境内择地开垦，并在冲要之地筑城。尤其在攻灭渤海国和与宋朝的战争中，抄掠大量汉族、渤海移民到辽境内，从事农耕开垦，在上京道和中京道辖区，共建有数十个府州军城。汉民和渤海移民都是农业民族，他们定居以后，要服从官府，开荒垦地，建立村镇，构筑城市。例如，在今呼伦贝尔草原就有许多辽代筑城开垦的遗迹。这个人类活动的力度，确实是空前的。北宋时苏颂曾在宋治平四年（公元 1067 年）和宋熙宁十年（公元 1077 年）两次出使辽国，写有诗句说“农人耕凿遍奚疆，部落连山复枕冈”“田畴高下如棋布，牛马纵横似谷量”，苏辙于宋元祐四年（公元 1089 年），出使辽国，记录在辽国见到的汉人和契丹人、奚人混居，并被驱使劳作的情形：“奚君五亩宅，封户一成田。故垒开都邑，遗民杂汉编”，这也反映了当时辽国遍地垦殖的真实情况。

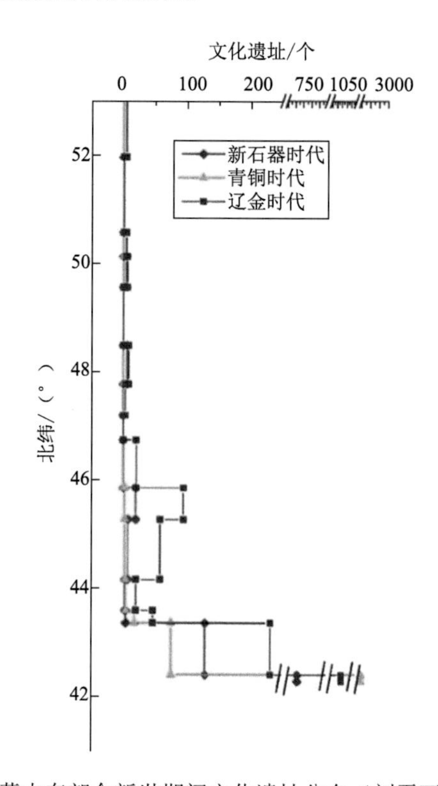

图 7-7 内蒙古东部全新世期间文化遗址分布（刘露雨等，2022）

如果我们把内蒙古东部不同时代的古城数量做一比较，就会发现非常有趣的现象：城的出现是社会生产能力发展的重要体现，是聚落形态发展到一定阶段的产物，如果没有特别的外力干预，它的数量应该是随着人类社会的进步，数量逐渐增加的。但在内蒙古东部，这个规律被打破了，被喜欢筑城的辽代打破了。由图 7-8 可知现存城址遗址的分布，史前时期城址数量较少，主要是青铜时期的城址。进入历史时期，从汉代到唐代，这里的城址数量一直不多，但到了辽代，大量的城址出现了。城址在辽代显著突然上升，辽代城址占到总数的一半以上，这与辽代王朝在内蒙古东部发展与扩展活动有较大关系。内蒙古东南部是辽代王朝统治的中心区域，当地的城市建设也因之空前繁华，金代继续在该地沿用旧有的城市同时兴建新的城市，至此，当地的古代城市建设达到顶峰。元代除了在本区域建设元上都，还给分封的各位宗王建城。在元代中期以后，随着中国行政统治中心的南移，该地区人去城空，多数城市逐渐荒废，城址遗址数量下降明显。所以，目前内蒙古东部的城址主要来自辽金元时期的遗存，其他历史时期城址均较少，城址中辽代最多，为 171 个，金其次，为 100 个，元代又次之。

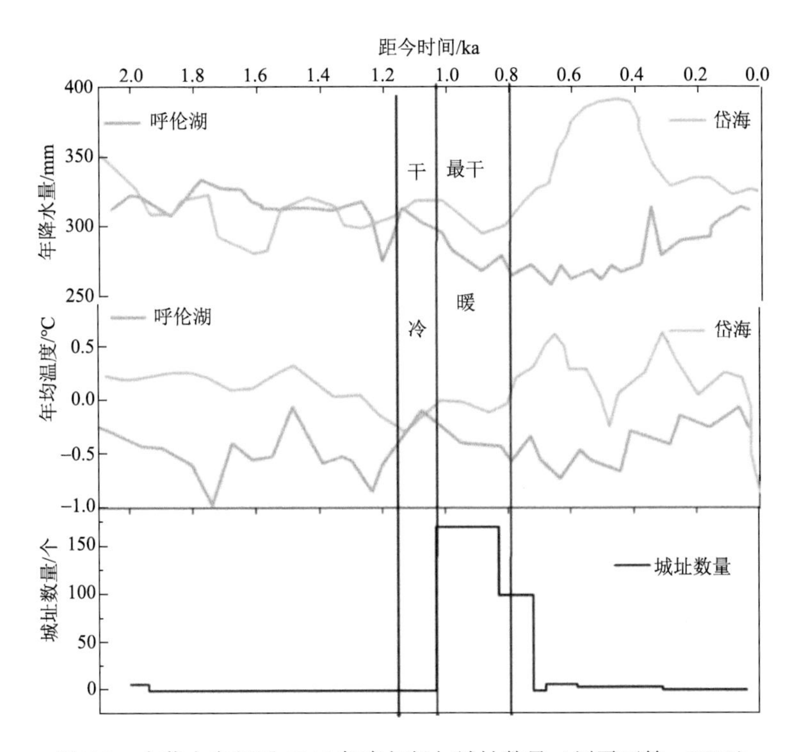

图 7-8　内蒙古东部近 2000 年来气候与城址数量（刘露雨等，2022）

可惜，辽代和金代筑城的时期是恰逢气候比较干旱的时期，可以说是逆潮流而动（图 7-8）。分析湖泊所记录的那个时代的气候，都是比较干旱的（Li et al.，2004；温锐林等，2010）。所以，这样大规模的垦殖，是不可持续的，大多数开垦的地区到辽金以后就废弃了。更严重的是造成了较多区域的水土流失。对于辽金时期的开垦造成的水土流失以及沙漠化，已经有许多学者进行了多方面的论证。当然，有人主张人类活动是造成该区域沙漠化的首要因素（景爱，1988；张柏忠，1991），也有人主张自然变化才是主因（王守春，2000；邓辉，1998）。

无须讳言，辽金时期的垦殖确实破坏了很多地方的植被，对沙漠化起了火上浇油的作用。金朝中期，为防止蒙古人南侵，金人大修边壕，这些行为无疑是加剧了水土流失的。但地质记录已经表明，随着晚全新世季风的衰退，这三个沙地都出现了沙丘活化、沙地范围扩张的现象，不单是垦殖最为集中的科尔沁沙地（周亚利等，2008；杨萍，2015）。因为这个问题争论的人比较多，所以在这里略加讨论。

首先，从史前时期的遗址分布来看，在全新世大暖期，有人类活动遗址出现在沙地的腹地；而到了距今 4000 年以后，史前人类活动更多地向相对湿润的河谷地带聚集，沙漠腹地再没有遗址了。这是人类活动对大时间尺度和大空间尺度的气候变化的响应。而到了辽金时期，大范围地开垦、筑城和修筑宫室等活动，对当地的森林资源和草地资源造成了相当大的破坏，无疑加剧了沙漠化的进程。

很多人根据史料的记载，力证辽代时这里水草丰茂、松林漠漠。确实，据《辽史》记载，契丹故地有“平地松林”“长松郁然”，高原多榆柳，下隰饶蒲苇。金代诗人亦有“松漠三百里，飘然一日中。山长云不断，地迥雪无穷。远岭贪残照，深林贮晚风。烟村一回首，独鹤下晴空”之类的诗句。但我们要知道，《辽史·食货志》记载：“辽地半沙碛”，《辽史·营卫志》中记载：“广平淀，在永州东南三十里，本名白马淀。东西二十余里，南北十余里。地甚坦夷，四望皆沙碛，木多榆柳。其地饶沙，冬月稍暖，牙帐多于此坐冬。”也就是说辽代皇帝越冬之处，也是“四望皆沙碛”。而沙地与沼泽并存、疏林草原与沙地交错正是现代科尔沁的景观常态，但从《辽史》的记载来看，辽代也是如此。

北宋时期，经常有使者去往辽地，他们都要尽量详细地记录沿途的所见所闻，以备朝廷咨询。沈括于北宋熙宁八年（公元 1075 年）出使辽国，他的《熙宁使虏图抄》中这样记载当时的首都临潢府附近的沙地的情况：“……自馆西行，稍西北过大碛……又三十里至保和馆，皆行碛……乃行碛间十余里……复逾沙陀十余叠，乃转趋东北，道西一里许庆州。”按沈括所记，当时上京道已经是处处沙碛。苏颂曾在宋治平四年（公元 1067 年）和宋熙宁十年（公元 1077 年）两次使辽，他的诗文中固然有形容辽地“青山如壁地如盘，千里耕桑一望宽”这样的诗句，但更多的是“风寒日白少飞鸟，地迥黄沙似涨川”“沙行未百里，地险已万状”“迢迢归驭指榆津，日日西风起塞尘”“沙底暗冰频踠马，岭头危径罕逢人”，尤其是第二次出使辽国的时候，在辽国京都恰逢沙尘蔽日，写下了“百重沙漠连空暗，四向茅檐卷地飘”这样的诗句。所以，即使在许多人认为的环境尚未被大规模的人类活动破坏的辽代中前期，辽国境内也是沙地广布。

第三节　史前时期的人类活动与农牧交错带的变迁

总体来说，内蒙古东部的三个沙地不同于新疆和内蒙古西部的阿拉善高原诸沙漠，甚至也不同于毛乌素沙地，要比后几者湿润得多。所以，在塔克拉玛干沙漠、巴丹吉林沙漠、腾格里沙漠等地，沙漠内部除非有河流或者湖泊可以提供水源，不然基本是没有人类活动的，人类活动集中在沙漠周边的绿洲及其毗邻区域。而在内蒙古东部的三个沙地，因为相对湿润的气候条件，沙地有很多草生长，内部也是有人类活动的。在中国的西部，沙漠是很大的地理障碍，如塔克拉玛干沙漠曾经号称是飞鸟难越的“死亡之海”，而在内蒙古东部，这三个沙地都不是地理障碍。它们内部及周边都有很多人类活动的遗迹，如忽必烈建立的元上都就位于浑善达克沙地的南缘。历史时期的人类活动史不绝书，这里我们仅仅绘出史前时期的人类活动遗迹分布，提供直观的认识（图 7-9）。

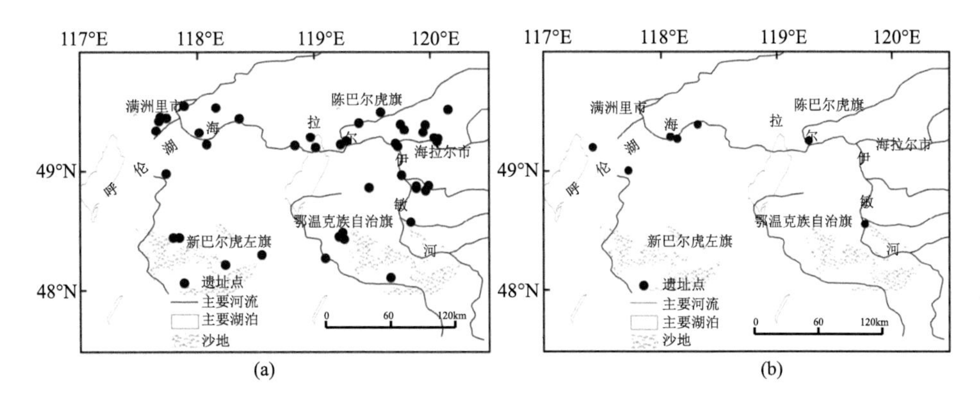

图 7-9　呼伦贝尔沙地全新世大暖期（a）和晚全新世（b）的史前人类活动遗址分布

虽然这三个沙地比中国西部的沙漠湿润得多，但它们仍然是沙地，所以对气候变化，特别是降水变化特别敏感。根据古气候的研究成果，距今 4000 年以后，季风明显衰退，对这个区域的人类活动造成了显著影响（夏正楷等，2000；Li et al.，2004；温锐林等，2010；Wen et al.，2010；杨萍，2015；王琳等，2016；Jia et al.，2016）。所以，我们把这三个沙地史前时期的人类活动，分为距今 4000 年以前和距今 4000 年以后两个时期，略加分析其分布和时空变化。

从图 7-9～图 7-11 中可以看出，在全新世大暖期，三个沙地中都分布了较多的遗址，即使在沙地的腹地，也不乏人类活动的踪迹，尤以科尔沁沙地为甚。呼伦湖的孢粉记录表明（温锐林等，2010；Wen et al.，2010），距今 10000～8000 年，湖区周边是以蒿、藜占优的干草原，气候暖干；距今 8000～6400 年，湖区禾本植物扩张，周围山地发育桦林，降水显著增加，但气温逐渐降低；距今 6400～4400 年，湖区旱生草本植物增加，降水减少，气温继续下降；距今 4400～3350 年，气候极端干旱，湖区周边荒漠化，耐旱的藜科植物大量生长；直至距今 3350～2050 年，气候的湿润程度才略有增加，草原植被开始恢复。所以，哈克文化的繁荣发生在气候相对温暖湿润的时期，在伊敏河、海拉尔河的两岸，大量的遗址出现（图 7-9）。可以推测，当时的气候条件下，草原-森林的环境为渔猎人群提供了丰富的资源。距今 4400～3350 年的极端干旱气候对这里的史前人类活动造成了较大影响。仅仅有寥寥几个遗址分布在河流和湖泊的岸边，也从侧面反映了当时水资源对人类活动的限制。

科尔沁沙地和浑善达克沙地在全新世大暖期时流动沙丘基本消失，在距今 10000～4000 年，沙地中古土壤普遍发育（沙地上长草，沙层被改造成了土壤层）；在距今 4000～1000 年，气候趋向干旱，流动沙丘重新出现，往往可见到古土壤与流沙层交互出现的现象（杨萍，2015）。浑善达克沙地随着全新世夏季风增强，气候湿润，地表植被覆盖度大（周亚利等，2008）。科尔沁沙地在全新世大暖期时气候温暖湿润（许清海等，2002）。这样的气候条件促进了这两个沙地的新石器时代文化的出现和发展。当时的人类活动已经初具规模，农业文化得到极大发展。科尔沁沙地和浑善达克沙地的内部也有为数不少的人类活动遗迹，说明当时沙地的腹地有了可供人类生活的动植物资源（图 7-10，图 7-11）。

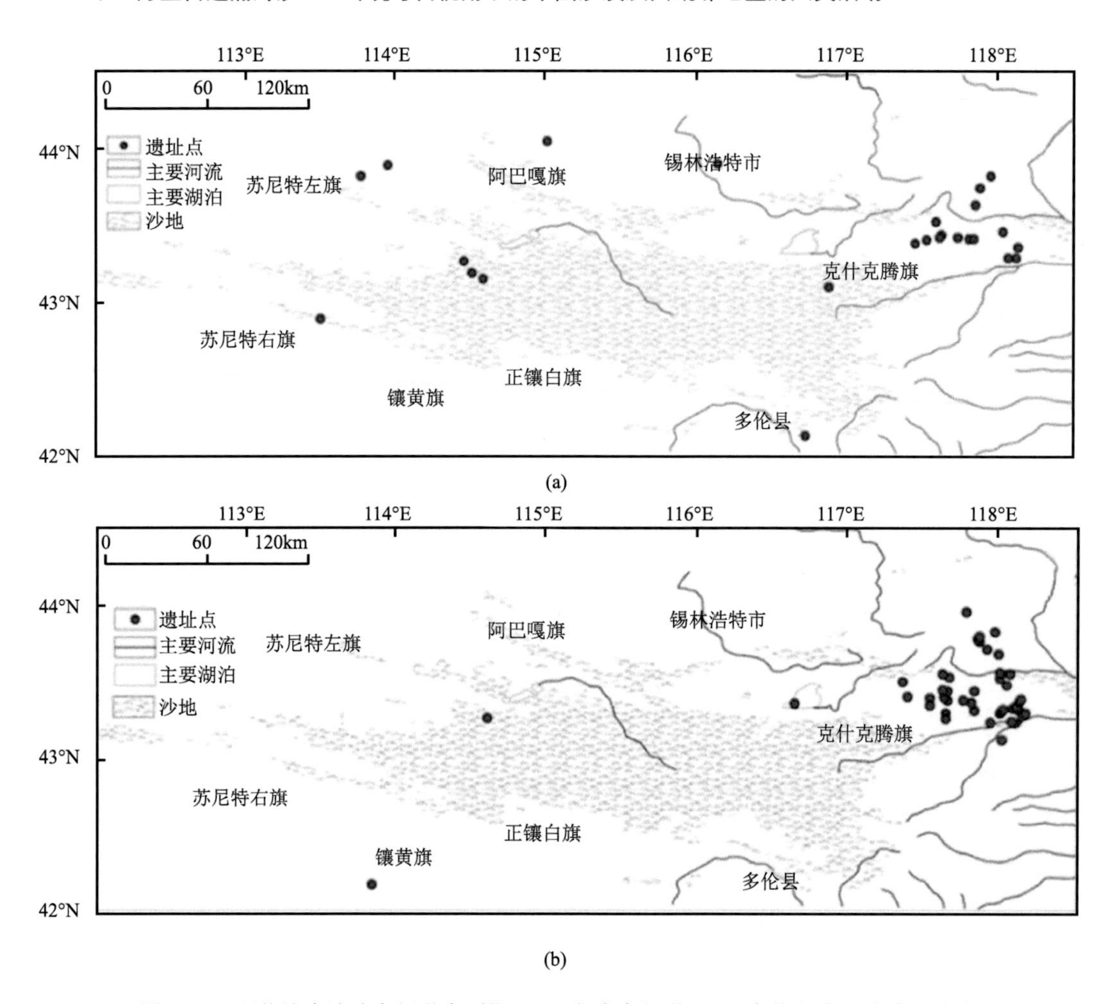

图 7-10 浑善达克沙地全新世大暖期（a）和晚全新世（b）史前人类活动遗迹分布

到了距今 4000 年以后，季风衰退，流沙重新出现。在浑善达克沙地和科尔沁沙地，随着季风的衰退，一方面沙地内部的遗址数量大大减少，另一方面，两个沙地东南部相对湿润区域的遗址数量不降反升，反映出这两地的农牧混合经济对降水变化极端敏感，在相对干旱的沙地西部和腹地，人类活动的规模大大被压缩了，而在相对湿润区域，农牧业显然受到气候的冲击不大，造就了夏家店文化的繁荣。具体来说，浑善达克沙地的人类活动遗迹向东部的西拉木伦河上游集中；科尔沁沙地的人类活动遗迹向东部和南部的河谷地带集中。

内蒙古东部是一片美丽的草原，连这里的沙地也脱去了西北大漠的粗犷之气，多了几分灵秀。山是和缓的，没有高山峻岭的严酷与冷厉。这里正处在农牧交错带上，新石器时代就广为种植的粟、黍在今日的很多地方都能见到，当然，玉米已经成为今日作物当中的大宗。但农牧兼营的生产特征古今皆然。随着自南向北，降水量和气温逐渐降低，农牧混合经济中牧业成分逐步增加，农业成分逐步减少，至呼伦湖西岸，很少能见到农田。与同纬度的蒙古高原（包括我国内蒙古和蒙古国）其他区域相比，我国内蒙古东部要湿润得多，年积温同样要稍高，更加适合农牧兼营的生产方式。

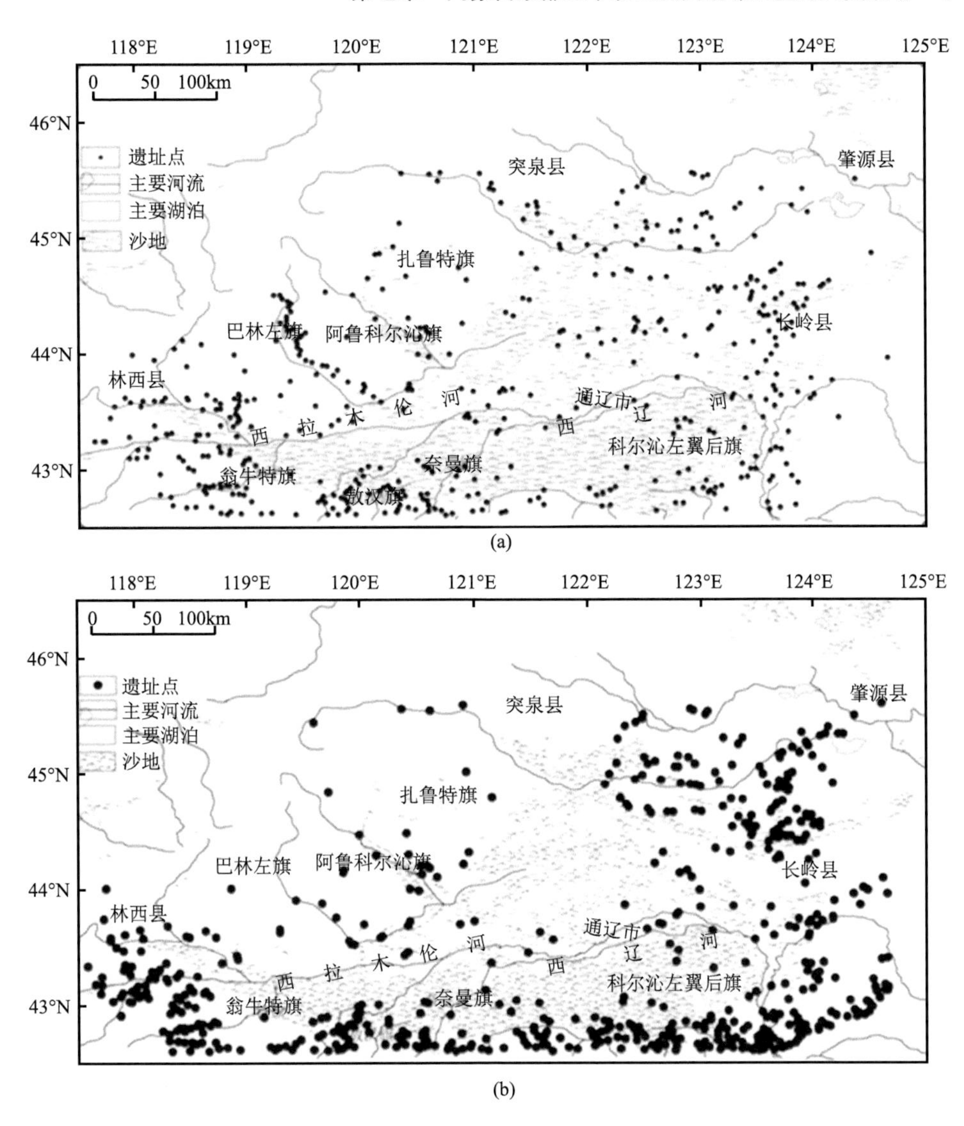

图 7-11 科尔沁沙地全新世大暖期（a）和晚全新世（b）史前人类活动遗迹分布

具体而言，在以呼伦湖为核心的呼伦贝尔大草原，从早期的哈克文化，到后期的石板墓葬为代表的游牧文化，主要的经济方式是畜牧，兼有渔猎和少量农业。以西拉木伦河流域为核心的通辽、赤峰等地，农牧俱兴，从早期的小河西文化、兴隆洼文化时期就有聚落分布，经过赵宝沟文化时期的集聚，聚落分布开始趋于集中，到红山文化时期得到了大发展，到了夏家店文化上层、下层时期聚落和人口分布达到了鼎盛，出现了大规模聚落，也有了青铜冶炼等活动。概而言之，内蒙古东部的文化发展经历了三个高峰，一是红山文化—夏家店文化时期，二是鲜卑时期，三是契丹时期。所以，这三个时期的遗址，在内蒙古东部随处可见。仰韶文化在中原勃然而兴的时候，哈克文化、红山文化等在内蒙古东部与之相辉映，它们之间既有联系，又有区别。例如，它们之中共同的玉器传统，代表着相同的文化要素，陶器、生产工具等又表现出鲜明的地域特色。在历史时期，鲜卑和契丹再次在这里掀起发展的高潮。鲜卑在呼伦湖畔发展壮大以后就南下到今日的科尔沁草原等地，进一步厉兵秣马，统一了中国北方。鲜卑的一支后裔契丹在占据燕云之地之后，征伐乌古部（主要分布于今克鲁伦河下游、呼伦湖、哈拉哈河及根河、海拉尔河等地的游牧部落），筑城垦殖，盛极一时。元代也在这里留下了许多遗存，但还不及契丹时期。

内蒙古东部地理位置极其重要，从呼伦湖畔到西拉木伦河流域，没有地理障碍。到蒙古发展壮大以后，呼伦湖草原是蒙古进击金国的前进基地之一，从这里击破平滦诸州，就可以威胁金国的都城。明代初期，明成祖北伐就从北京等地北上，在呼伦湖畔击败北元大军。明末清初，清采用合纵之策，首先收服科尔沁等蒙古诸部，从北方包围北京，把明廷重金打造的山海关防线甩到了身后，多次绕行蒙古高原，进犯北京（《明史·成祖本纪》《清史稿·太宗本纪》）。甚至在日军侵华期间，东施效颦，师清初之故智，妄图分化蒙古诸部，扶持德王等汉奸主持的傀儡政权“蒙疆联合自治政府”（陈宏，2018）。战争的硝烟已经散去，时至今日，这里不仅是内蒙古的经济重镇，也是我国重要的生态屏障。远离了历史的金戈铁马，和平年代的草原分外妖娆。近年来在政府的大力支持下，整治环境，兴建新农村，一栋栋具有民族特色的新民居代替了蒙古包，成为农牧民的新家园。

第八章

中国沙漠带与中华文明

中国古代诗歌中，最催人奋进，让人心情激荡的诗歌应属边塞诗。而边塞诗中，最激动人心的当属描写大漠边关的诗句，如“大漠风尘日色昏，红旗半卷出辕门”“十年通大漠，万里出长平”。在中国的文化印象里，大漠始终和边关紧密相关。这主要是因为，在中国古代，中原农耕民族和草原游牧民族的征战贯穿了全部的历史，从威名赫赫的匈奴、柔然和突厥，以及后来席卷欧亚草原的蒙古铁骑，都是雄踞漠北，搅动世界风云的大民族，遑论如同走马灯一般来去的中小民族，如诗经中提到的猃狁（“靡室靡家，猃狁之故”），到之后的东胡，再到后来的楼烦、林胡，以及回鹘、党项等民族。游牧民族与农耕民族的接触前线，大多在沙漠及其毗邻地区，如河西走廊、鄂尔多斯高原等地。迥然于农耕区阡陌纵横、人烟稠密的景象，沙漠地区往往显得苍凉辽阔、气象雄浑，在古人的笔下显得格外明显。

但沙漠往往是和草原相伴而生的，两者在空间上也是交错分布。中国沙漠地带及其毗邻地区是中华文明萌发、成长的重要区域。科尔沁沙地周边的红山文化遗址中的玉猪龙和祭坛、毛乌素沙地毗邻的石峁遗址，是中华文明早期阶段的重要证明。草原地带孕育发展的许多古代民族，如鲜卑、契丹、回鹘等，都给中华文明增添了新的色彩，而他们的活动区域，都包含了沙漠地区。

对欧亚大陆的古代社会乃至人类历史都产生了影响的丝绸之路，更是离不开沙漠地区。至今在沙漠地带仍然可以发现古代的城址、屯垦灌渠、寺庙、墓葬等不同的人类活动遗迹。沙漠地带虽然艰险，却不是无人区。无论是沙漠地带的绿洲农业、游牧，抑或交通要道，都有其不同于草原和农耕区类似活动的特质，沙漠以其独特的方式，给中华文明增添了丰富的内涵。

第一节　文化互鉴视野下的史前欧亚草原文化对中国沙漠带的影响

如前面的章节所描述的，中国大大小小的沙漠，在地理空间上构成了一个巨大的弧形，可以称为中国的沙漠弧或者沙漠带。在全新世中期，仰韶文化的繁荣，给中国沙漠带浸染上了浓重的中国文化的底色：以粟、黍为主的旱作农业，以玉器为代表的礼仪规制，以彩陶为代表的审美和生活氛围。可以说，中国的沙漠带，是仰韶文化时期形成的“最初的中国”的一道璀璨的金边。但从地理空间上来说，中国沙漠带紧邻草原地带，和欧亚草原的关系非常密切，甚至在中国沙漠带东部，它和欧亚草原带的东段交错分布、紧密相融。

一、欧亚草原及其分布

欧亚草原是世界上面积最大的草原带，西起欧洲多瑙河下游的黑海沿岸，呈连续带状往东延伸，经东欧平原、西西伯利亚平原、哈萨克丘陵、蒙古高原，向东直达中国东北的松辽平原，东西绵延近 110 个经度，构成地球上最宽广的地带性草原区。欧亚草原以北就是横贯欧亚大陆北部的泰加林，被森林、沼泽所覆盖，其南界不太清晰，因为从欧亚草原带向南，气候的干旱程度逐步增加，除了少数山地森林草原以外，大部分被戈壁沙漠所覆盖，也就是说，在其南界，沙漠和草原是交错分布的。有的学者喜欢把中亚和我国新疆等地的沙漠-山地草原地带也归到欧亚草原带，这其实是不对的。作为一种地带性的地理景观，欧亚草原是连续东西向伸展的，沙漠边缘的山地草原是断续分布，两者不能混为一谈。阿尔泰山把欧亚草原带一分为二，其以西的欧亚草原带湿润多雨，以东的欧亚草原带相对干旱（Scott，1995）。

总体来说，欧亚草原带东西伸展，所在区域纬度相近、气候特征和自然景观比较类似，除个别区域外，基本不存在隔绝交通的地理障碍。所以从旧石器时代以来，它就是沟通欧亚大陆东西部的重要通道。这里也诞生了许多人类历史上著名的游牧民族，如匈奴、斯基泰、突厥、蒙古等。

二、欧亚草原带史前人群的融合

欧亚草原带人群的移动和融合现象，不仅在历史时期经常出现，史前时期亦然。在距今数万年前的末次冰期，现代人已经分布到了西伯利亚等地，从西伯利亚西部额尔齐斯河沿岸发现的 Ust’-Ishim 中提取了迄今为止世界上最古老的早期现代人基因组，其年代在 4.5 万年前；基因数据显示他与欧亚大陆西部的古代狩猎采集人群以及古代和现今的东亚人群有相同的遗传联系（Saey，2014）。陆续发现的新的基因证据进一步揭示了欧亚大陆人群的多样性，以及旧石器晚期人群迁徙与融合历史的复杂性，2.4 万年前生活在西伯利亚贝加尔地区的 Mal’ta 男孩可以看作是其代表。Mal’ta 男孩所属的人群被称为古北亚欧人（ANE），他们生活在亚欧大草原的广袤范围，横跨数千公里，从黑海沿岸一直到西伯利亚（Zhang and Fu，2020）。大约 2 万年前，部分 ANE 和部分东亚人混合，然后在大约 1.5 万年前去了美洲。大约 5600 年前，在欧亚草原带的西部，一部分 ANE 和来自中东的人群混合，形成了颜那亚文化（Yamnaya culture）（平婉菁等，2020）。

颜那亚文化对欧亚大陆乃至整个人类的历史发展都产生了深远的影响。颜那亚文化向西扩张，导致欧洲现代人的基因发生了巨大的变化。新石器时代欧洲有个著名的“ice man”Ötzi，是1991年登山者在阿尔卑斯山脉的厄茨谷（Ötztal）偶然发现的一具冻在冰川里的“尸体”。后来通过 ^{14}C 年代研究表明，Ötzi生活的年代为大约距今5300年（Bonani et al.，1994）。进一步的基因研究表明，Ötzi没有Mal’ta男孩的基因，也和今天欧洲大陆的各个人群的基因不同（Keller et al.，2012）。但到了距今4800年以后，欧洲人就有了Mal’ta男孩的基因了，而且是突然、大量地增加，本土的基因几乎消失了。也就是说，颜那亚文化以及其后的来自欧亚草原的诸游牧文化向欧洲的扩张极大地改变了欧洲现代人的基因组成（Krzewińska et al.，2018）。颜那亚人以游牧为生，不仅会做绳纹陶器，还会做青铜器，开启了欧洲的青铜时代。

颜那亚文化向东扩张，传统的观点认为，颜那亚文化和人群成功地占据了从乌拉尔山到中亚的广大区域，并在阿尔泰山-萨彦岭-米努辛斯克盆地形成了阿凡纳谢沃文化，也就是说，颜那亚文化在东进中，实现了技术和人群两个方面的完美替代，原有的技术和人群基本被颜那亚文化所取代了，恰如颜那亚文化西进欧洲的翻版。然而，新的DNA研究表明，颜那亚文化的东进似乎不是那么顺利，他们并没有完全取代原来生活在中亚和阿尔泰山-萨彦岭-米努辛斯克盆地的土著人群（Damgaard et al.，2018）。所以，颜那亚文化向东扩张，更多的是技术传播，人群没有实现完全替代（图8-1）。

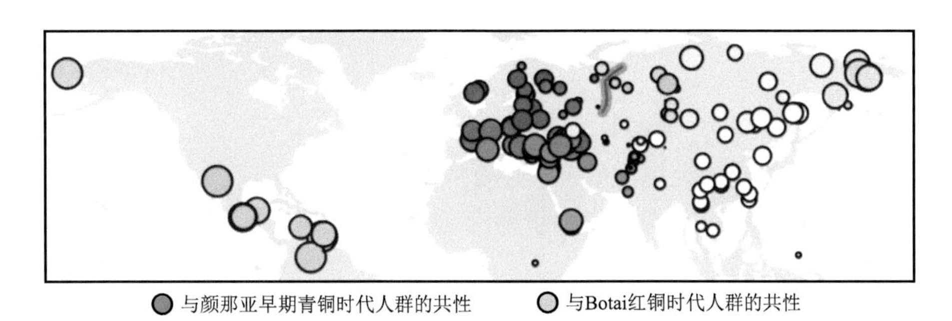

图8-1 现代人与颜那亚早期青铜时代人群和Botai红铜时代人群的共性（修改自Damgaard et al.，2018）
圆圈的颜色表示原始单倍型的贡献，圆圈的大小表示单倍型差异的大小，绿线代表乌拉尔山脉；红铜时代是部分学者对新石器时代和青铜时代的过渡时期的称呼

颜那亚文化扩张的一幕，仅仅是欧亚草原带文化与人群交流融合的一个片段。在人类文明出现的前夜，欧亚草原带出现了许多著名的史前文化。在欧亚草原的西端，颜那亚文化的发源地，也就是从乌克兰到乌拉尔山脉南段的广大区域，这里的自然景观是森林-草原和草原，宜农宜牧，是欧亚草原上文化发展的重要策源地之一。这里不仅处在东西向（沟通欧亚大陆东西部）和南北向（沟通欧亚草原带和中东）的交通路线上，而且铜矿资源丰富，给早期的农牧业、冶金等技术提供了优越的先天条件。从颜那亚人到后来的斯基泰人，都曾经以此地为基地，席卷欧洲（Krzewińska et al.，2018）。后来的木椁墓文化（乌拉尔

以西）和安德罗诺沃文化（乌拉尔以东）也深受这里的文化传统的影响，并且从此处发端并扩散向整个欧亚草原，对欧亚大陆的历史产生了深远的影响。

在欧亚草原的中部枢纽地带，即以阿尔泰山-萨彦岭-米努辛斯克盆地为中心的山地-草原-森林草原地带，是欧亚草原另一个重要的文化发源地。这里地处西西伯利亚平原与中西伯利亚高原之间的过渡地带，地形多样（山地、盆地、丘陵、平原、沼泽），自然资源丰富（动物、植物、矿产），气候上从欧亚草原西部的湿润型过渡为欧亚草原东部的干旱型，地形、气候以及自然资源的多样性，使得这里的自然条件比周边地区更加丰富多样，为人类的生产生活提供了优越的自然基础。尤其是地形相对封闭的米努辛斯克盆地，被东、西萨彦岭和库兹涅茨克阿拉套山所环绕，又有叶尼塞河纵贯南北，自然环境和气候条件比周边区域更加优越，成为人类活动的首选之地，留下了异常丰富的考古遗存。目前已知的这个区域的青铜时代以来的考古文化序列是阿凡纳谢沃文化（公元前3100～前 2500 年）—奥库涅夫文化（公元前 2500～前 1900 年）—安德罗诺沃文化（公元前 1900～前 1500 年）—卡拉苏克文化（公元前 1500～前 800 年）（Kuzmina，2008；Svyatko et al.，2009）。

三、欧亚草原和我国沙漠带史前文化的互动

1. 青铜时代

从欧亚草原西端和中部枢纽地带策动的文化扩散不可避免地对中国的草原、沙漠地带产生影响。尤其是米努辛斯克盆地与中国北方地区之间也存在着紧密的文化联系。米努辛斯克盆地几乎记录了青铜时代欧亚草原上自西向东每一次大规模的人群迁徙。目前已经确知的青铜时代较大规模的人群迁徙或者技术扩散有两次。第一次是青铜时代早期草原西部的颜那亚-竖穴墓文化人群向东迁徙，在欧亚草原枢纽地带催生了阿凡纳谢沃文化。这一文化的早期中心在俄罗斯临近中国、哈萨克斯坦的阿尔泰地区，后来转移到米努辛斯克盆地（Poliakov et al.，2019）。此外，近年在新疆的阿勒泰和伊犁地区也已经发现了属于阿凡纳谢沃文化的考古学遗存。虽然阿凡纳谢沃文化人群未进一步向东扩展，但它的文化影响远达蒙古国境内和中国的新疆北部，是欧亚草原和中国境内诸文化的第一次密集互动时期。我国新疆通天洞遗址就出土了这一时期源自中国中原的黍和源自西亚的小麦（于建军，2021）。阿凡纳谢沃文化人群饲养牛、羊等动物，可能对这些动物传入东亚，具有重要意义。

第二次密集互动时期发生在青铜时代晚期，是辛塔什塔—彼特罗夫卡—安德罗诺沃文化人群的扩散，他们使安德罗诺沃文化遗存席卷中亚，并渗入米努辛斯克盆地和我国新疆。这个过程大致相当于中国青铜时代的早期阶段（公元前 21～前 14 世纪）。从学者王鹏的判断来看，中国北方地区于公元前 2000 年左右出现的小麦和冶金技术，最有可能与此次人群的迁徙有关（王鹏，2020）。

目前来看，与我国早期冶铜技术互动较多的文化主要集中在以阿尔泰山-萨彦岭-米努辛

斯克盆地为中心的区域，其中包括阿凡纳谢沃文化、奥库涅夫文化、安德罗诺沃文化和塞伊玛-图尔宾诺现象。除了前文提及的阿凡纳谢沃文化和安德罗诺沃文化以外，米努辛斯克盆地青铜时代中期的奥库涅夫文化和青铜时代末期的卡拉苏克文化的形成，可能也伴随着人群的交流。奥库涅夫文化的面貌具有强烈的地方性色彩，在陶器、葬俗等方面和阿凡纳谢沃文化相比都有变化，更重要的是，体质人类学显示出奥库涅夫文化的居民更具蒙古人种的特征（阿凡纳谢沃文化的居民更具高加索人种的特征），这显示出很可能有来自东部地区人群的强烈影响。

文化和人群的交流，在我国草原沙漠地带留下了许多考古证据。举例来说，螺旋形指环在欧亚草原的流传范围很广，在伊朗地区以及中亚西伯利亚地区都有发现，在竖穴墓文化时期开始出现后，直至卡拉苏克文化时期，米努辛斯克盆地和阿尔泰山仍然能够见到这种饰品。在我国的沙漠草原地区也有不少发现，东天山地区的天山北路文化、河西走廊的四坝文化、河徨地区的齐家文化以及北方地区的朱开沟文化的遗址中都发现过这类指环。在古尔班通古特沙漠北缘的克尔木齐古墓群，曾发现有一批圜底罐，表面饰有戳刺的几何形纹饰，其形制与阿凡纳谢沃文化的橄榄形圜底罐较为近似，两者有较明显的联系（易漫白，1981）。

塞伊玛-图尔宾诺现象是指青铜时代晚期分布于西西伯利亚和东欧平原的一批富有特色的青铜器。塞伊玛-图尔宾诺现象的铜器主要为武器和工具两大类，约占全部金属器的七成多，装饰品数量较少。典型的器物包括横銎斧、竖梁斧、矛、标枪、刀、金属柄短剑，宽体锥、锛、凿、针，窄体锥、鱼钩以及手镯、指环等装饰品（切尔内赫和库兹明内赫，2010）。塞伊玛-图尔宾诺现象的冶铜技术是从中国新疆地区经河西走廊渐进式地影响了西北地区，齐家文化出土的带耳竖銎斧和叉形直銎铜矛，都是塞伊玛-图尔宾诺现象最为典型的器物（梅建军和高滨秀，2003）。事实上，迄今中国境内至少发现有十数件塞伊玛-图尔宾诺式铜矛，反映了这时期南西伯利亚与中国北方地区之间存在某种形式的文化联系，中国国家博物馆就藏有一件这样的带钩矛，青海省博物馆藏有的一件在外观上和国家博物馆的藏品十分相似。

有学者指出，奥库涅夫文化晚期阶段的年代与鄂尔多斯南缘的石峁遗址大体相同，并且奥库涅夫文化（及南西伯利亚地区同期的其他考古学文化）与石峁文化（及中国北方地区同期的其他考古学文化）在石雕艺术（尤其是“兽”食人、人-“兽”双面母题）、建筑形式（石砌“山城”；礼仪性建筑的布局）和一系列特殊的遗物（如柄形器；石、铜璧、玉璧）等方面均表现出了惊人的相似性。这些文化因素在西伯利亚和中国各有更加古老的渊源，因此奥库涅夫文化与石峁文化之间，很可能存在双向的文化联系（王鹏，2020）。

从考古遗存可以看出，阿凡纳谢沃文化在生产方式上仍然是畜牧加渔猎采集，牛、马和羊科动物等皆有被饲养的记录，同时他们也依然会猎捕打鱼。奥库涅夫文化也不存在农业，生产活动以畜牧业和渔猎业为主，在墓葬中，牛、绵羊、马等家养动物骨骼较为少见，更多的是野生动物骨骼。在奥库涅夫文化的石雕当中，常见公牛的形象，在一些石雕当中还见有双轮、四轮牛车的图像。以奥库涅夫文化为代表的南西伯利亚早期青铜时代诸考古学文化，在塞伊玛-图尔宾诺现象的背景下，与中国北方存在紧密的文化联系。

2. 青铜时代晚期至铁器时代早期

安德罗诺沃文化除了具备奥库涅夫文化的畜牧特征之外，骆驼在这一时期也进入畜牧业的行列。此时出现了一个重要的变化，就是有些区域出现了季节性移动的现象：在不同的季节生活在不同海拔的区域，可视为游牧的萌芽。卡拉苏克文化是欧亚草原东部地区诸“后安德罗诺沃文化”的一种，是在安德罗诺沃文化的影响下，及奥库涅夫文化的基础上发展起来的，最终由塔加尔文化所替代。在经济上，他们是农业与畜牧业混合的形态，主要饲养的牲畜是绵羊，在短剑和刀柄上装饰可见圆雕的山羊、绵羊和麋鹿等动物纹样，农业既有源自西亚的小麦，也有源自中国的粟、黍。值得注意的是，卡拉苏克文化具有独特外观的兽首刀、三钮环首刀和蕈首刀，也见于中国北方（包括中原）和蒙古地区，尤其是它的陶器和装饰艺术，与中国北方内蒙古等地的特别类似。卡拉苏克文化本身就是草原上诸文明相互交流的结晶，它的人群组成异常复杂。2009 年发表的古 DNA 研究结果，四个卡拉苏克个体就显示他们各来自不同的地方（Keyser et al.，2009）。最重要的是，在卡拉苏克时期，马开始用于骑乘，也就是说，开始出现了早期的游牧。

游牧是以游动放牧为基本生产方式的一种经济形式，是人类为适应特定环境而产生的一种相对精细的经济社会体系。最早的专业化游牧可能出现在公元前 1000 年左右，随即就在草原地区迅速发展，到公元前 700 年左右，整个欧亚草原地区都已经被游牧人群所占据。这些人群包括黑海北岸的斯基泰人、里海北岸的萨夫罗马特人、哈萨克斯坦和天山地区的塞人以及萨彦-阿尔泰和蒙古等地的早期游牧人。虽然各种游牧文化都有自身的特色，但是在广袤的草原上早期游牧文化有很强的一致性，即拥有发达的武器、马具和动物纹装饰等斯基泰三要素，墓葬中随葬大量殉牲，少见或不见定居遗址等（邵会秋和吴雅彤，2020）。

当然，所谓武器、马具和动物纹装饰等斯基泰三要素，现在许多学者认为，这并不是斯基泰游牧文化所特有或者独有的，其起源可能是多点的，起源地包括南西伯利亚、阿尔泰山、中亚北部、蒙古高原和我国北方等广阔地区（沈爱凤，2009）。其中就包括被广泛讨论的夏家店上层文化。夏家店上层文化是欧亚大陆东部地区最为发达的晚期青铜文化之一，其核心地域就在科尔沁沙地周边。在夏家店上层文化中，有发达的青铜冶铸业。出土有銎柄曲刃、直刃、短茎、丁字曲刃等短剑，饰有虎、鹿、鸟、蛇等造型，还有戈、斧、盾、镞和头盔。出土车马具有三环形、马镫形和两端装饰猛兽造型的衔镳，还有当卢、镳、铃、銮铃、軏等，动物造型有鹿、虎、鸟、蛇、鸭、蛙、山羊、兔等。在夏家店上层文化的繁荣期，车马器发现的数量较多，这些车马器中以马衔和马镳数量最多，依据连接方式可以分为衔镳一体和衔镳分离两大类。这些发现充分说明，夏家店上层文化具备了完整的三要素，但它的时代要早于斯基泰文化（沈爱凤，2009），但夏家店上层文化的生业模式是畜牧兼营的混合经济，并不是游牧。

所以，游牧很可能在欧亚草原的少数地区起源，一旦部分地区产生了这种经济方式，就需要有足够的辅助生业来支持，很可能这时期人们选择了掠夺作为辅助。青铜时代晚期，首先出现的养马、游牧的族群和以战争、掠夺为生的族群应是并存的，这一习俗被历史时期著名的游牧民族匈奴所继承。《史记》记载，匈奴"士力能毌弓，尽为甲骑。其俗，宽则随畜，因射猎禽兽为生业，急则人习战攻以侵伐，其天性也。其长兵则弓矢，短兵则刀铤"，特别强调了是其天性。

流动的放牧生活、频繁的对外掠夺，促进了更加广泛的财富交换和文化交流（当然这个过程很血腥），这也可能就是早期游牧文化相似性的内在原因，而欧亚草原人群居住环境、经济生活、社会发展程度和意识形态的相似性以及人群的大范围迁徙等因素，都在欧亚草原早期游牧文化发展过程中发挥了重要的作用，早期游牧的快速扩张也和这里的自然环境及文化传统有关（邵会秋和吴雅彤，2020）。另外，驯化马的传播也是一个重要因素，在蒙古高原的杭爱山等地，在相当于卡拉苏克文化的时期，最重要的家畜是绵羊和山羊，其次就是马，马是如此重要，以至于在葬俗中大量地用马，明显区别于以前时期（Houle，2010）。

青铜时代晚期至公元前 700 年左右的铁器时代早期是游牧文化形成的关键时期。在此时期内，从欧亚草原西端的黑海沿岸到东端的蒙古草原有许多发达的文化存在，如黑海北岸的吉米莱人（Gimirrai）文化、米努辛斯克盆地的卡拉苏克文化以及早期塔加尔文化、阿尔泰地区的早期巴泽雷克文化、图瓦地区的乌尤克文化、蒙古及外贝加尔地区的早期石板墓文化等。在这个时期，欧亚草原上的人群实现了由畜牧向游牧的转变，并以旋风般的速度把这种生业模式推广到欧亚草原。这个大河洪流式的过程，甚至冲击到了其南缘的沙漠-绿洲地带的人群，使得游牧的范围进一步向南扩展。鄂尔多斯高原东缘的西岔文化还保有一定的粟、黍农业，但到了更晚一些的位于鄂尔多斯高原的桃红巴拉文化，就以牧业为特色了。石板墓文化遗存在古尔班通古特沙漠周边、呼伦贝尔沙地毗邻地区都有分布。

欧亚草原牧业文化的快速扩展，使得它们的文化在很多方面表现出了共性，如桃红巴拉文化的中的"触角式"和蘑菇形首短剑、鹤嘴斧、马镫形首和环首马衔、双环马镳、环形带扣、镜形饰等青铜器在巴泽雷克文化、乌尤克文化、塔加尔文化、石板墓文化中皆有发现；它们之间的相似性不仅体现在个别器物上，而且表现在一组器物之间（乌恩岳斯图，2007）。

概而言之，在青铜时代早中期，欧亚草原带基本都是以畜牧加狩猎采集为主要经济方式，而在我国河西走廊、鄂尔多斯高原、科尔沁沙地周边等区域，主营农业加畜牧、狩猎。而到了青铜时代晚期和铁器时代早期，游牧首先诞生在欧亚草原的部分区域，然后快速扩展到整个欧亚草原，并影响到中亚南部、印度次大陆、中国北方沙漠地带。欧亚草原上三次大的文化扩张时期，也是欧亚草原和亚欧大陆其他区域发生密集的文化交流的时期。就目前欧亚草原的研究结果来说，这三个时期大致是颜那亚文化时期、安德罗诺沃文化时期和铁器时代早期，从 ^{14}C 年代的频率累积曲线上可以清楚地观察到（图 8-2）。其高峰在青铜时代晚期和铁器时代早期，也就是游牧产生并迅速席卷欧亚草原的时期，这一巨大变化是气候变化和文化发展耦合的结果（Zaitseva et al.，2004）。

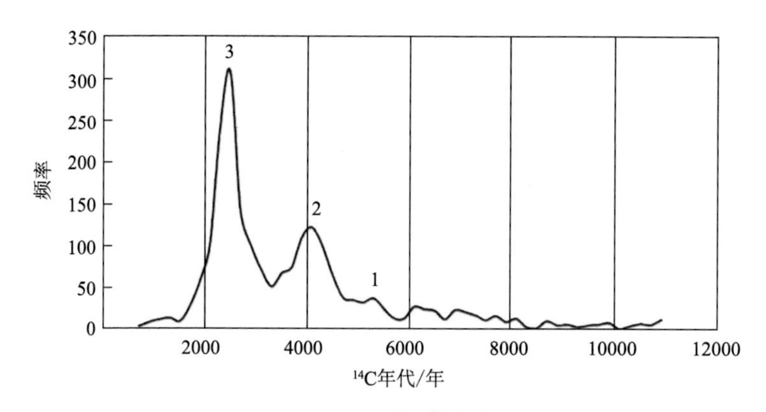

图 8-2 欧亚草原带史前时期 ^{14}C 年代频率累积曲线（修改自 Zaitseva et al.，2004）

图中 1，2，3 分别代表颜那亚文化时期、安德罗诺沃文化时期和铁器时代早期

公元前 300 年之后，欧亚草原进入一个新的阶段，即匈奴-萨尔马特时期。欧亚草原的东部地区由匈奴人称雄，西部地区由萨尔马特人称雄。匈奴兴起于蒙古高原，不仅改变了欧亚草原东部地区的政治、经济与文化格局，而且匈奴被汉朝击败后的西迁对欧洲历史的进程产生了很大影响。匈奴帝国的出现，也标志着它所占据的广大区域（包括中国北方沙漠带的大部分区域）进入了历史时期。

第二节　中国沙漠带生业模式变迁与农业畜牧业起源及传播

青铜时代，东西方文化交流从深度和广度上大大增加，其频率是以前的任何一个时代无法比拟的。近东地区起源的冶铜技术、驯化的农作物小麦与大麦、驯化动物黄牛和绵羊等在欧亚大陆传播，并于公元前 2500～前 2000 年出现于黄河流域，这被称为跨欧亚大陆的文化交流。青铜时代跨大陆的文化交流中，农作物和家畜的传播是其重要的内容，包括粟和黍的由中国北方西向传播，麦类作物与牛羊从近东、中亚的东向传播。不同的作物和家畜的传播，对塑造中国沙漠地带的生业模式、社会面貌乃至聚落形态都产生了巨大的作用，值得详细分析。

一、马、牛、羊、骆驼、驴等家畜的起源与传播

1. 马的驯化

马的驯化是草原文明发展的推进器，同时也深深地影响着古代人类文明的进程。马不仅可以提供肉、奶等蛋白性食物，而且可供骑乘和拉车，极大地提高了人类运输和战争的

能力。古代的骑兵就相当于现代战争中的坦克部队，是举足轻重的战略性打击力量。横扫欧亚草原的蒙古铁骑充分证明了蒙古马在战争中的重要作用。同时，随着马的扩散，骑马民族的扩张活动导致民族的迁徙、种族的融合、语言和文化的传播以及社会的更替（Vila et al., 2001）。迄今为止，马的遗骸在欧亚大陆、西伯利亚草原地带公元前 4000 年以来的考古遗址中出土得越来越多，提供了马被驯化的时间和地点。

从考古材料上看，两个欧亚草原上的遗址：即乌克兰草原的 Dereivka 遗址（距今 6300～5900 年）和哈萨克斯坦草原的 Botai 遗址（距今 5500～5000 年）最为重要。在这两个遗址中都发现了大量的马骨遗骸，被认为与马的驯化、骑乘和马奶利用有关（Anthony and Brown，1991；Brown and Anthony，1998；Outram et al.，2009）。Outram 等（2009）对 Botai 遗址中马的掌骨样本进行了检测，分析认为掌骨纤细的马是被驯化了的，而脂肪较多相对肥硕的掌骨来自野生的马，统计分析结果显示这里的马以驯化马为主。此外，他们还通过同位素分析来鉴别残留在陶器上的脂肪酸是体脂（肉）还是奶脂（奶）。动物脂肪中有两种最主要的饱和脂肪酸——软脂酸和硬脂酸，他们用氢的稳定同位素比值分析马的体脂和奶脂中的硬脂酸和软脂酸。由于氢同位素比值与环境降水和温度有关，体脂反映全年的累积信息，奶脂则反映特定季节。马主要在夏季产仔和哺乳，故马奶可反映夏季信息。在欧亚大草原，夏季和冬季降水的氢的稳定同位素比值相差大于百分之十。结果显示，陶器上的脂肪酸是奶脂。

当然，对于这两个遗址中的马是否已经被驯化也是有争议的（Ning et al.，2014；Elizabeth，2018）。2012 年，线粒体 DNA 的研究力证马的驯化起源于欧亚大陆西部草原（Warmuth et al.，2012），雄马的 DNA 比较集中，排除了其他地区起源。母马的 DNA 比较混乱，线粒体来源非常多。这是由于马的野性很重，喜欢外出偷欢。2018 年的一项研究彻底颠覆了以往的认识（Gaunitz et al.，2018），他们的研究发现，普氏野马不是真正的野马，而正是 Botai 遗址马的后代。而过去 4000 年以来已知的基因数据中，驯化马来自博泰马的血统只有 2.7%。这充分说明世界上已经没有野马这个物种，所有的野马都是家马再野化；马是一个野性很重的物种，数千年来各地的马都是混血，从血统上没有所谓特别纯的“纯血统马”。

2021 年的 DNA 研究，进一步把马的起源地锁定在欧亚草原西端的乌克兰-俄罗斯之间的草原地区（Librado et al.，2021）。他们分析了来自亚洲与欧洲两地共 273 匹古马的遗骸并对其进行了基因组测序，然后将结果与现代马的 DNA 进行对比，以确定马的起源。研究发现亚欧大陆上曾生活着各种不同种群的马，但在公元前 2200～前 2000 年间，发生了戏剧性的变化，在顿河和伏尔加河流域内第聂伯河以东的北高加索-里海草原上出现了一个显性遗传马种群，该地区如今在俄罗斯境内。之后，这个种群在亚欧大陆上遍地开花，在几个世纪内就代替了其他野马种群。除了 DNA 的特征之外，研究者还发现，这一类型的马更温顺，耐力和抗压能力都更强，同时它们还有更强壮的背部骨骼，以支撑更大的重量。这些都和人类对现代家马的骑行要求相符。

所以，我们现在可以推测，马首先在距今 4000 年以前在欧亚草原西端的俄罗斯草原被成功驯化，然后沿着欧亚草原迅速传播到中国西北，进而到达中国东部地区。新疆呼斯塔遗址发现的马匹年代当不晚于距今 3600 年以前（贾笑冰，2019）。石峁遗址发现的马也是比较早的。在中原地区，最晚在商朝时已出现马战车，当时掌握马战车的是商朝的王族，应用并不广泛。晚商时期，在黄河中下游地区多个遗址发现了车马坑，如河南安阳殷墟遗址、陕西西安老牛坡遗址、山东滕州前掌大遗址等，说明至少在距今 3000 年以前，家马已成为中原地区重要的运输工具。到了春秋时期，马战车才得到较广泛的应用，有了“千乘之国”和“万乘之国”的说法。与此差不多的时候（公元前 307 年），赵武灵王“胡服骑射”，从匈奴人那里学会了骑射，骑兵出现。

马被驯化后，在农业、交通、战争等方面发挥了重要作用。通过数千年的繁育，家养马品种繁多。目前，世界上大约有 300 多个马的品种，它们的体形、速度、精力都有差异。这些差异表现在方方面面。从颜色上来说，有白色、黑色、棕色、枣红色、黄色、花色等。从体型上来说，大种马体重 1200kg，高 200cm；小品种体重不到 200kg，只有 95cm 高；所谓的袖珍小马矮种马身高只有 60cm。

马在过去数千年来人类社会发展中的重要性怎么强调都不为过。随着机械文明的发展，马在战争、农业和交通运输中的作用逐渐下降。然而，马仍然被广泛驯化，并被用于人类娱乐、赛马和运动。目前，全球约有 7000 万匹马，主要产于我国，以及中亚、北美、南美、欧洲部分地区等国，其中我国马匹的数量有数百万匹，以新疆、内蒙古的数量为最。

2. 牛的驯化

牛是深受大众喜爱的家畜。我们夸赞一个人辛勤劳动，会说他是“老黄牛”，形容一个人能干，会竖起大拇指赞一句“牛”！世界上现存的家牛分为三种，即黄牛、水牛和牦牛。它们的起源与驯化过程各不相同。

黄牛由野牛驯化而来，野牛分布很广，仅现存野生牛属就有七种，在世界各地几乎都有其踪迹。早在数万年前，史前的人类就和野牛有了非常密切的互动。欧洲旧石器时代的洞穴中就发现了大量和野牛有关的壁画，西班牙阿尔塔米拉洞窟中的壁画“受伤的野牛”就是其中的代表。但并不是所有的野牛都可以被驯化，美洲野牛性情凶猛，至今也没有被驯化；欧洲野牛长期是人类狩猎的对象，至第一次世界大战期间终于被屠杀灭绝。

正是因为野牛在全球的广泛分布，所以对黄牛的驯化及最早的驯化地点，历来争议颇多。近东和南亚是通常认为的黄牛最早被驯化的地点，时间在距今 10000～9000 年以前（Loftus et al.，1994；Bradley et al.，1998）。但争议中的地区还有许多，如中国东北、欧洲巴尔干等地（Jovanović et al.，2004；Zhang et al.，2013）。但基因研究表明，除了上文所说的近东和南亚之外，埃及西部沙漠地区是驯化家牛的第三个起源地（Pitt et al.，2018）。古埃及人确实是非常喜欢牛的。在古代埃及的神话体系中，长着牛头的女神哈索尔是埃及的守护神，也是几位最受敬畏的神祇之一。中国北方的黄牛很可能是近东起源的黄牛沿着两条路线传播而来：一是沿着新疆—河西走廊—中原的路线传播，二是沿着欧亚草原—东北亚—中原的路线传播（蔡大伟等，2014）。

牦牛的分布范围和黄牛完全无法相比，属于以青藏高原为中心，及其毗邻的高山、亚高山地区的特有牛种。饲养牦牛的国家除了中国以外，还有蒙古国、吉尔吉斯斯坦、俄罗斯、塔吉克斯坦、不丹、印度、阿富汗、巴基斯坦等国家以及克什米尔地区（钟金城，1996）。但由于牦牛对高寒缺氧环境拥有其他品种无法比拟的高度适应性，使其成为青藏高原居民日常生活所必需的家畜。牦牛是由生活在青藏高原上的野牦牛驯化而来的，于大约距今5000年由当时生活在高原东南部的羌人所驯化。在这之后，驯化了的牦牛被羌人带到了青藏高原腹地。在距今3600年，家养牦牛的数量比最早时增加了六倍（Chai et al.，2020）。

水牛是黄牛之外另一种世界性分布的家牛，家水牛分布很广，整个亚洲南部，往西一直到埃及都有。印度水牛是家水牛的野生种。目前，在尼泊尔、印度北部，还可看到野水牛活跃的身影。水牛在分类上属于水牛属，水牛的祖先于距今260万年以前首次出现，是亚洲的特有动物（徐旺生，2005）。水牛属最早于距今100万年以前出现在如今的广西崇左地区，在距今20万～10万年，水牛开始在中国北方扩散，发现水牛化石及亚化石的地点和遗址将近三十处。在我国长江流域下游河姆渡文化遗址，科研人员发现了水牛头骨，到了新石器时代晚期的良渚文化遗址发掘出许多水牛骨骸（楼佳，2018）。由此可以看出，距今5000～4000年，在江南一带，先民已经开始饲养水牛了。基因研究表明，水牛驯化于距今7000～5000年，驯化的中心地区位于南亚、东南亚和中国的长江流域（Sun et al.，2020）。

3. 羊的驯化

羊生性温顺，肉质鲜美，皮毛可被广泛利用，对人类来说是非常重要的家畜。家羊分为两种，即山羊和绵羊。绵羊可能由盘羊驯化而成，其雄羊以角大而呈螺旋形为特征；山羊则由野山羊驯化而成，角为细长的三棱形，呈镰刀状弯曲。多数学者认为，最早被驯化的绵羊和山羊是在伊朗西南部的扎格罗斯及周边地区，时间为距今9000年以前（Zeder and Hesse，2000；袁靖，2015）。但也有争议，其他可能的驯化点包括安那托利亚高原中部和黎凡特南部地区等（Levy，1983；Arbuckle et al.，2009；Daly et al.，2018），但基本都在西亚的范围之内。后续的研究也发现，绵羊的驯化不是一蹴而就的，现今广泛分布于欧亚和非洲的绵羊经历至少了两段独立的驯化时期：第一段，人类主要以获取肉食为目的而驯养了Mouflon，Orkney，Soay 和 Nordic 短尾羊等古老品种；第二段，人类开始专门以获取羊毛为目的而培育了具有较高产毛率的现代主要品种，这种驯化目的的改变首先在西北亚出现，然后才传到欧洲、非洲和亚洲的其他地区（Chessa et al.，2009）。

绵羊和山羊被驯化以后，从西亚向周边扩散，大约于距今8000年到达欧洲，于距今7000年传播到非洲大陆（Petraglia et al.，2017）。绵羊和山羊向我国扩散的时间和路线目前还不清楚。大致来说，大约于距今8500年到达中亚南缘科佩特山北麓的Djeitun遗址，距今8000年到达费尔干纳谷地（历史上的大宛国所在的区域）（Taylor et al.，2021）。在距今5600～5000年，中国最早的家养绵羊出现在甘肃和青海一带，然后逐步由黄河上游地区向东传播。甘肃省天水市师赵村遗址的5号墓（距今5600～5300年）中发现随葬羊的下颌骨，在青海省民和县核桃庄马家窑文化墓葬（距今5300～5000年）里发现随葬完整的羊骨架（袁靖，2015）。在距今4000年以后，在各个历史时期的遗址里则普遍出土羊骨。湖南宁乡出土的青铜四羊方尊，其羊具有逼真的肉髯和须，表明商周时期山羊可能已在我国南方饲养。商周以后，羊成为提供肉食和祭祀的首选，如《礼记·王制》中就有记载，“诸侯无故不杀牛，大夫无故不杀羊”。汉代董仲舒在《春秋繁露》中写道：“羊，祥也，故吉礼用之”，羊在大众的心目中寓意着吉祥与美好。

4. 骆驼和驴的驯化

不同于马、牛、羊，骆驼是主要生活在沙漠地区的一种动物。目前世界上有两种骆驼：单峰驼，生活在西亚、北非热带沙漠地区；双峰驼，生活在中亚高纬度的沙漠地区。它们同属哺乳动物骆驼科骆驼属。一般认为骆驼科动物起源于美洲大陆，在人类到达美洲以前，骆驼就已经从美洲扩散到了旧大陆。至今在中亚以及中国境内还可以发现野生的骆驼。在亚洲最干燥的地区，尤其是阿拉伯地区，骆驼发展出了其独特的进化优势：储备和保存水的能力。这一能力使骆驼能够在沙漠中长期生存。

关于骆驼的驯化，也是争论不断。目前，多数学者认同单峰驼在距今 6000 年以前驯化于西亚、阿拉伯南部和北非，而双峰驼在距今 4500 年以前驯化于中亚（Reitz and Wing，2008）。我国考古中较早发现的骆驼，是柴达木盆地诺木洪遗址发掘出了“骆驼粪”（吴汝祥，1963），其年代在距今 2800 年左右。新疆轮台的群巴克墓地发现的骆驼也是在距今 2800 年左右。近年来在马鬃山的发掘中据说也发现了大致同时期的骆驼骨骼，但一直没见到正式的报告。新疆石人子沟遗址出土的骆驼距今 2400～2200 年（尤悦等，2014）。我国古文献中骆驼多称橐驼，又称牥牛、封牛等，相关记载见于《山海经》《逸周书》《穆天子传》《战国策》《史记》等。这说明至少在战国时期，骆驼已经在我国北方干旱区有较广的分布。

相比较而言，双峰驼更适应海拔较高、气候寒冷的山区。骆驼被驯化以后，沿着亚洲的干旱带扩散。骆驼体型很大，身高在 2m 以上，一个成年人只够到骆驼的肩膀处，体长有 3m，双峰驼的两个驼峰之间有 0.5m 的间距。单峰驼和双峰驼在容貌和体态上有差别，但是两者可以自由结合产下后代，且后代可育。骆驼硕大而带有肉垫的蹄子使它能在人迹罕至的荒原上以两倍的速度，驮运两倍重量于自身的货物。在历史时期遍布沙漠的丝绸之路，骆驼是运输主力。

驴是首先在非洲被驯化的（Beja-Pereira et al.，2004）。中国的驴就是从非洲传入中东再经过中亚传入的。其传入的时间当在春秋战国时代，据《汉书·西域传》中记载，鄯善国、乌秏国“有驴”。《汉书·匈奴传》中说，“驴”是匈奴的“奇畜”。汉昭帝平陵 2 号从葬坑中就发现了驴骨（袁靖，2007）。东汉杜笃《论都赋》中，有“驱骡驴，驭宛马”之语。驴在古代中国也是常见的家畜，因其适宜粗食，容易饲养，在不能选驿马的时候（骑马有时候被法律禁止，且马比较昂贵），驴是很好的替代品，且驴体型较小，也比较适宜行走崎岖狭窄的山道。

由以上内容可知，从沙漠草原地带的游牧民族最常见的三种牲畜马、牛、羊中，牛和羊被最早驯化，传入中国北方草原地带的时间也比较早，应在距今 6000～5000 年。马被驯化的历史最晚，传入中国北方沙漠-草原地带的时间不会早于距今 4000 年。驴和骆驼驯化的时间最晚，传入中国的时间也晚。但是，中国沙漠及其毗邻区域的生业模式不是一成不变的，农业在某些时段和某些区域还是占有很重要的地位。家畜不仅提供肉、奶、皮毛等资源，也是重要的交通运输工具。

二、粟、黍、小麦、大麦等农作物的起源与传播

1. 粟、黍的驯化和传播

粟和黍都是禾本科植物，但它们是不同的种。粟的别名狗尾巴粟就形象地勾勒出了它的外貌，基因研究证明，粟和水稻的祖先在距今5000万年以前友好“分手”（Zhang et al.，2012）。现在还不能完全确定黍的祖先，它的外貌倒是和水稻有几分相像。粟和黍的籽粒加工以后就是小米/黄米。目前考古发现最早的栽培小米出自北京门头沟的东胡林遗址，年代在距今9000～10000年间，这也是目前世界上发现的最早的小米籽粒。另外，在内蒙古赤峰敖汉旗的兴隆沟遗址，通过浮选出土了大量的距今约8000年的小米，其实是以炭化黍粒为主（赵志军，2014）。实际上，距今8000～7000年，中国北方许多地点陆续出现了粟、黍农业，如甘肃的大地湾、河北的慈山、河南的裴李岗等。可以推测，粟和黍的驯化应该远在此之前就开始了。

全新世中期仰韶文化的繁荣，见证了粟和黍农业的快速扩张，黄土高原及周边的这一时期的遗址，大多有粟、黍农业的存在，无论是科尔沁沙地周边还是鄂尔多斯高原，无不如此。距今5000～4000年期间，粟、黍传播到河西走廊和青藏高原东部，近年来在新疆的通天洞遗址也发现了大致同时期的黍。在距今4500～4000年传入中亚的山地走廊地带，距今3500年之后传入西亚和欧洲，并向北到达米努辛斯克盆地（安成邦等，2020a）。

2. 小麦和大麦的驯化与传播

小麦是起源于西亚地区的作物，起源地在安纳托利亚高原的一隅，即今天土耳其东南和叙利亚北部，时间在距今10500～9500年（Tanto and Willcox，2006）。时至今日，这些地方仍然生长着野生小麦。稍晚或者大致同时，从地中海西岸到伊朗的扎格罗斯山脉等地陆续出现了小麦的种植，这一广大的区域，西起今日的巴勒斯坦、约旦、叙利亚等地，向东延伸到两河流域，由于在地图上好像一弯新月，所以被称为“新月沃地”（Fertile Crescent）（Riehl et al.，2013）。

如同中国北方的黍是粟的伴生兄弟一样，在西亚小麦起源的时候，大麦是它伴生的兄弟（Zeder，2008；Riehl et al.，2013）。里海东岸位于“新月沃地”的边缘，很早就开始发展农业，至少在距今7500年，里海东岸就出现了以小麦和大麦为主要作物的农业和饲养山羊绵羊等家畜的畜牧业，小麦在距今5000年左右传播到了准噶尔盆地西北缘的通天洞遗址。在距今4000多年以前，我国河西走廊和山东出现了小麦，其后，北方很多农业地区陆续出现了小麦。

大麦具有早熟、耐旱、耐盐、耐低温、耐瘠薄等特点，因此在寒凉地区栽培非常广泛。

三、东西方文化交流与中国沙漠带生业模式的变迁

在中国沙漠弧或者沙漠带，大致来说，农业的出现在东部早，在西部晚。在这一地区，目前已知的农业最早出现在科尔沁沙地周边的兴隆洼文化中，其年代当在距今 8000 年以前，目前已知的作物以黍为主（赵志军，2014）。当然，从科尔沁沙地这个时期的各个遗址中的发现来看，兴隆洼文化时期虽然已经开始驯化并种植农作物，但是其经济生活的主体是采集渔猎经济（藺小燕，2007）。

到了全新世中期，特别是距今 7000～5000 年间的仰韶文化时期，粟、黍农业以及彩陶扩展到毛乌素沙地、库布齐沙漠以及河西走廊等地，粟、黍农业和饲养家畜成为这些区域重要的生业模式，辅以狩猎采集。在科尔沁沙地及其毗邻地区，农业有了一定程度的发展，到了红山文化时期，红山文化的居民主要从事农业，还饲养猪、牛、羊等家畜，兼事渔猎。在呼伦贝尔沙地、浑善达克沙地等纬度较高的地区，以渔猎采集经济为主。

到了龙山文化时期，气候的温暖湿润程度开始下降，人类活动的时空特征也有不同。科尔沁沙地及鄂尔多斯高原诸沙漠及其毗邻区域的农业分布范围和重要性都出现了变化，其空间分布向水热条件更优越的区域集中，在科尔沁沙地，其东南缘此时期的遗址分布密度明显增加，沙地内部的遗址很少（详见第七章）；在鄂尔多斯高原诸沙漠，一方面是遗址空间分布进一步向黄河两岸及其支流集中，另一方面，生业模式中虽然农业仍然占据首位，但畜牧经济的重要性显著上升（详见第六章）。浑善达克沙地和呼伦贝尔沙地的遗址数量下降。在阿拉善高原的诸沙漠及河西走廊，马厂文化和齐家文化等有一定程度的扩展，除了农业和畜牧业的发展，冶金技术是这个时期这一区域史前文化的最大特色。在古尔班通古特沙漠周边，出现了以畜牧经济为特色的诸文化，以切木尔切克文化为其代表。当然，值得一提的是，通天洞遗址出现了距今 5200～4300 年的小麦和黍（于建军，2021）。总体来看，这个时期在中国沙漠带出现了石峁遗址、皇娘娘台遗址等著名的遗址，代表了这个时期沙漠带的最高发展水平。

到了青铜时代（补充说明一下，齐家文化可以看作是中国青铜时代的早期或者铜石并用时代的文化，这相当于欧亚草原带青铜文化的中晚期，但在我国是属于青铜时代早期），文化面貌变化迅速，且地方特色明显。以科尔沁沙地的夏家店上层文化为例，经济生产是以畜牧业为主的，农业生产和制陶技术都不如夏家店下层文化那样发达。在农业生产结构也出现了一个新的显著变化，即由以粟和黍为主向粟、黍、大豆、大麻等多品种转化。制陶技术方面与夏家店下层文化相比，差别更为显著。夏家店上层文化诸遗址的陶器大都是夹砂陶，质地疏松，制作亦显粗糙。各种器皿均为手制，不见轮旋整修的痕迹，器壁常常厚薄不匀，一些器物各部分的接合处易于断裂，都是氧化焰烧成，以红褐色为主。陶器的类型也比较少，一般为鼎、鬲、豆、罐、盆、钵数种。

在呼伦贝尔沙地和浑善达克沙地，遗址的数量明显减少。呼伦贝尔沙地周边的哈克文化逐渐消亡，在青铜时代晚期和铁器时代，出现了石板墓文化。在鄂尔多斯高原和阿拉善高原诸沙漠，一方面，出现了许多仅分布于小区域的地方性文化；另一方面，这些文化中

都呈现出多种经济形式的混合，如腾格里沙漠和河西走廊东端的沙井文化，出现了大麦、小麦、粟、黍的混合农业，以及畜牧、狩猎等多种经济形式。无独有偶，这种大麦/小麦-粟/黍的农业，及其与畜牧业紧密结合的混合经济，也出现在柴达木盆地沙漠中的诺木洪文化以及新疆天山以南的诸文化中。显然，东西方文化交流在这个时期的沙漠带文化中，留下了深刻的烙印。

如前文所述，颜那亚文化的扩展掀起了欧亚草原带第一个东西方文化交流的高峰。颜那亚-竖穴墓文化是欧亚草原西部最具代表性的、铜石并用时代的考古学文化，其核心的年代为公元前3300～前2600年，处于铜石并用和青铜时代偏早的阶段。该文化早期居民的经济模式被认为是以牧业为主，同时从事采集和渔猎，而与之同时或略晚，分布在阿尔泰山-萨彦岭-米努辛斯克盆地的阿凡纳谢沃文化的人群，被认为是颜那亚文化向东传播而形成的，其生业形态也被认为是以经营畜牧业为主（Koryakova and Epimakhov，2007）。

这些遗存都有相当数量的饲养动物，如发现的羊、牛和马的骨骼，结合前文关于马的驯化过程来推测，这个时期的马，仍然是驯化中的马，有相当大的野马的成分。畜牧业虽然重要，但采集和渔猎也不可或缺。阿凡纳谢沃文化主要分布包括了现今哈萨克斯坦东北部、俄罗斯西伯利亚的米努辛斯克盆地等区域，近年来在新疆的西部也发现了这一文化的遗存（于建军，2021）。然而，阿凡纳谢沃文化与颜那亚文化的一个重要的不同点在于饲养动物的构成。颜那亚-竖穴墓文化的很多遗存中的动物种类除了牛、马和羊之外，还有家猪，而阿凡纳谢沃的遗存中则不见猪的踪影。这种无猪畜牧的现象，在以后的欧亚草原中部的奥库涅沃文化、安德罗诺沃文化以及卡拉苏克等文化的考古遗存中是一脉相承的（Koryakova and Epimakhov，2007）。

欧亚草原的青铜时代是否存在种植农业呢？安德罗诺沃文化是存在农业种植的，包括新疆发现的许多安德罗诺沃文化遗存中，都有农业存在的证据（Kuzmina，2008；Wang et al.，2020）。安德罗诺沃文化遗址中出土了大量的人工饲养动物骨骼，包括羊、牛、马等。早期的辛塔什塔遗址中还发现了双峰驼的骨骼，说明畜牧业也是其主要的经济形态之一。安德罗诺沃文化分布的地域十分广阔，包含了诸如森林地带、草原地带和沙漠绿洲等不同的自然地理形态，不同地区安德罗诺沃文化的畜牧和农牧结合的经济形态也会有所不同。

对于安德罗诺沃文化是否出现游牧的问题，目前还没有定论。Kuzmina认为，安德罗诺沃文化的畜牧是一种定居的放牧方式，但也认为，由于畜群中马匹的存在，畜群（包括羊群）即使在冬季雪大的情况下，仍然可以吃到雪下的牧草，因而存在游牧方式是可能的。她推测安文化的最后期已经具备了游牧的准备，处在从定居牧业向游牧的转型期（Kuzmina，2007）。

中国和哈萨克斯坦边界附近的Begash遗址和Tasbas遗址可以看作是这一时期的代表。Begash遗址位于哈萨克斯坦七河流域，地处卡拉塔尔河（Karatal）上游的科克苏（Kuksu）河岸上。该遗址位于天山山脉阿拉套山北坡，附近是以半干旱的草原植被为主，海拔950m，距离居住址500m的东北部是墓葬区。该遗址最重要的发现是青铜时代的遗存，除了陶器之外，还包括了饲养动物羊、马和牛的骨骼，炭化的小麦和黍、粟的种子等多类遗物（Frachetti et al.，2010；Spengler et al.，2014b）。由于这是跨越了数千年的多层堆积的遗址，早期青铜时代的聚落建筑与晚期的遗迹相互叠压；发掘者认为，在同一地点发现的公元前3世纪至公元1年前后的遗迹，可能是塞人或乌孙人的聚落建筑；遗迹被近代哈萨克游牧民族的建筑所叠压，而且聚落建筑形式比较接近；发掘者分析了遗址内涵，最终认定这是一个游牧遗存（Frachetti et al.，2010）。

Tasbas遗址在Begash遗址以东大约100km的位置，仍然属于科克苏河上游，海拔约1500m，比Begash遗址的海拔高出600多米。该遗址所处草原与Begash遗址相似，属于当地牧民的夏牧场。面南背北，北依一座小山丘，南面十余公里外是河谷平原，宽广的河谷对面是高耸入云的天山（阿拉套）山脉。这里也发现了小麦和黍、粟遗存（Spengler et al.，2014b）。这个遗址与Begash遗址同样被视为青铜时代季节性游牧的临时居址，也就是游牧的萌发期。

龙山时代晚期的欧亚草原诸文化，已经掌握了很多重要的技术，如牛、羊、马的畜养，小规模的农业，铜器的制造等，特别是乌拉尔山南部东侧的辛塔什塔文化拥有大型的聚落，发明了轮辐式的马车。从迄今的发现看，这些新的物种、新的发明均可能影响到中国沙漠带。中国沙漠带此时期的遗址，如四坝遗址、石峁遗址、夏家店遗址中发现的许多东西方文化交流的证据，为研究龙山时代各地区文化交流提供了一个很好的例证。这个双向的交流过程可以追溯到更早，仰韶文化时期，仰韶彩陶的分布出现了空前的扩张，而西亚的小麦、绵羊、黄牛和冶金术也传入中国，山西襄汾陶寺遗址出土的铜铃、铜环等铜器，欧亚草原风格青铜器和在甘青新疆地区流行的动物纹饰，包括我国西北地区出土的早期小件铜工具、兵器和装饰品，与中亚和西亚的铜器从形制和种类上都别无二致，其年代为距今4300～4100年（王巍，2016）。

考古学已证明，在原始的农耕中心形成之后，驯化物种和农业生产技术就会向其他适宜农耕的区域扩展。例如，“新月沃地”的小麦与大麦种植，就向东西两翼分别扩展，东北到伊朗北部，进而到中亚；东南到南亚次大陆；向西，通过安纳托利亚进入爱琴海诸岛和希腊，再深入欧洲大陆。中国北方和南方分别培育的小米、水稻，中美洲培育的玉米，也逐步向周围地带扩散。就亚欧大陆而言，在经历了数千年的缓慢发展之后，中国沙漠带的许多地点，都相继出现了农业或者农牧混合经济，由此分散构成了一个绵亘于中国北部的弧形农业-畜牧混合经济区（图8-3），并成为和中原农耕文明区紧密联系、相互依存的中国文化的重要组成部分。从图8-3中也可以看出，欧亚草原带的米努辛斯克盆地在青铜时代随着粟、黍的传入，稳定碳同位素值出现了明显的增长，但稳定氮同位素却保持了相对稳定，也就是说，从新石器时代到历史时期，它们的饮食中肉奶蛋白的摄入比例相对稳定；对蒙古高原的分析结果表明，从史前到历史时期，或者说从畜牧到游牧阶段，它们的饮食中肉奶蛋白的摄入比例相当稳定，农业对它们的影响很小。而在中国沙漠带，普遍经历了农业中粟、黍的比例逐步降低，肉奶蛋白的摄入保持稳定或者增加的过程。这两个带从饮食结构及其变化过程上来考察是存在区别的，不能混为一谈。

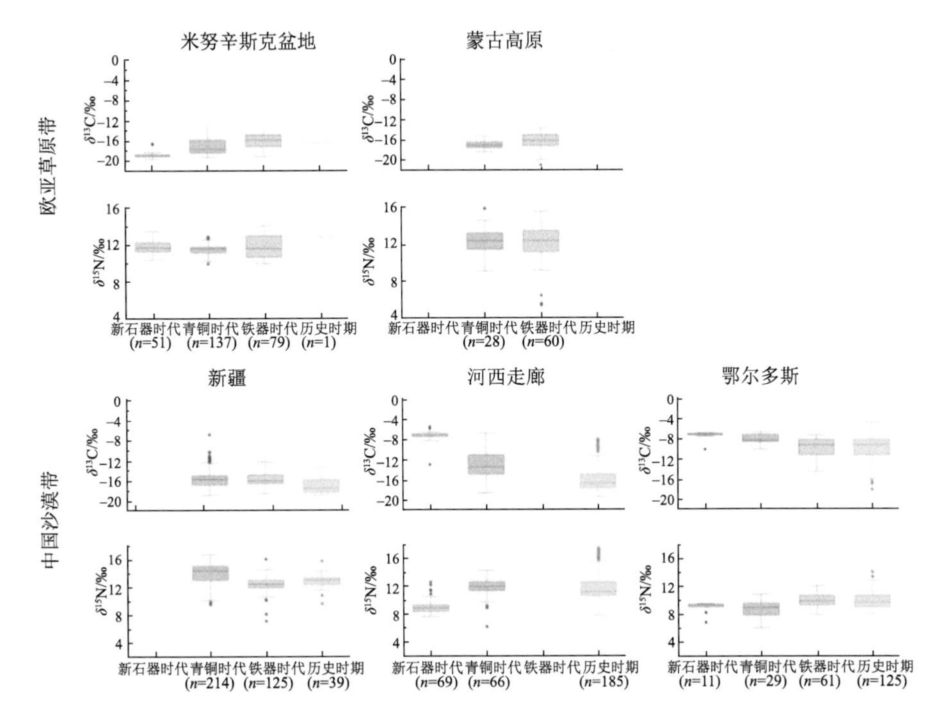

图 8-3 青铜时代至铁器时代中国沙漠带与欧亚草原带生业模式的对比

农耕往往比牧业能养活更多的人口，也具有更高的人口生育率。农耕经济的扩张会引起人口迁移和物种、技术的传播，但这些迁移和传播还基本被限定在相对适宜进行农耕活动的范围之内，也就是说它会受到气候和生态的很大影响，需要很长时间的培育，农作物才会扩展到寒温带。欧亚草原带大部位于寒温带，游牧最终确立了其优势地位，而在游牧社会与农耕社会之间，就是沙漠-山地草原地带。沙漠-山地草原的绿洲农业和周边山地的牧业组成的混合经济，正是农耕与游牧社会的过渡，兼有两者的经济形式。正是这种跨越两种社会的属性，使得人群、物种和技术跨越地理、气候和生态的界限，在欧亚大陆实现了东西方文化的深度交流，使得不同区域人类社会受益于多样性的文化，社会的发展都得到了有力的促进和提高，并形成了类似于马太效应的正反馈。这种跨大陆的交流，先是从欧亚大陆扩展至非洲，后来扩展到美洲和大洋洲。从这个角度来说，沙漠带在跨大陆和全球化的交流中，厥功至伟；也正是在这一动态的交流过程中，形成了沙漠带独有的经济和社会面貌。

中国沙漠带的人类活动历史悠久，但其生业模式的变迁，除了受全新世气候变化的影响外，东西方文化的交流也是非常重要的影响因素。在全新世早中期，沙漠带诸文化以畜牧狩猎加上原始农业为主要生业模式，在纬度较高的呼伦贝尔沙地等区域，没有原始农业。到了青铜时代，这里开始出现了空间上的分化，在纬度较高的呼伦贝尔沙地、古尔班通古特沙漠北缘，仍然以畜牧狩猎为主，而在纬度较低的区域，不仅普遍饲养牛羊等家畜，而且兼营粟、黍农业，到后期出现了大麦、小麦农业，如塔克拉玛干沙漠周边诸绿洲以及河西走廊等地。到了青铜时代晚期和铁器时代早期，当游牧的旋风席卷欧亚草原带的时候，沙漠带也受到了显著的影响，如鄂尔多斯高原农业分布的区域缩小，具有欧亚草原游牧特征的器物明显增多，塔克拉玛干沙漠周边出现了游牧与畜牧-农业混合经济并存的现象。侯匈奴崛起，中国沙漠带的大部被纳入匈奴的势力范围之内。

四、中国沙漠带与丝绸之路的运输方式

关于历史时期丝绸之路的路线和文化交流，前文的章节都有提及，不再赘述，这里对中国沙漠带的交通工具及交通方式略做概括。在沙漠带的大部分区域，运输方式是车辆运输、畜力运输、人力运输，个别地区有水路运输。人力运输无须多言，这里仅对车辆运输、畜力运输、水路运输等方式做一概括。

1. 车辆运输

中国最早的全国性交通路网，当属秦始皇建成的通达全国的“直道、驰道”系统，这个路网系统在秦王朝及其以后的中国历史上都产生过巨大影响和作用。直至今天，秦直道遗迹还清晰可辨，历历在目。司马迁曾经目睹了秦直道的状况，他在《史记》中说：“吾适北边，自直道归，行观蒙恬所为秦筑长城亭障，堑山堙谷，通直道。”他所说的，很可能就是南起云阳的林光宫（今陕西省淳化县北），北达九原郡（今内蒙古自治区包头市西）的交通大道，全长 1800 里（今约 700km）。这条通衢大道的遗迹，至今在子午岭、榆林等地仍然可以看到。西汉时期，陆路交通在秦朝的基础上又有了新的发展，经河西走廊连接西域诸国是其中重要的一条路线。

有了道路就可以乘车，汉代乘车比较普遍。从武威磨嘴子汉墓出土的马车由箱、轮、辕、伞盖等组成，通体彩绘，应当属于官员的座驾。兰州曾经出土过一辆东汉时期的车，有一个长方形的车厢，车厢的左右和后端都有木板，应该属于可以运货的“货车”。

乘坐车辆是有等级限制的。在汉代，乘车与否以及乘什么样的车代表了一个人的身份如何。《史记·平准书》记载：“天下已平，高祖乃令贾人不得衣丝乘车。”但这个禁令似乎没有得到严格执行，所以就有了汉武帝时期的算缗、告缗制度。汉朝时人们习惯把一千文钱串在一起，称为一缗，算是面值比较大的货币了。“算”是一百二十文钱。所谓“算缗”，是针对商家的税收法令，规定价值二缗的货物要上缴一算的税；小手工业者的产品税收减半，每四缗收一算；农民不用缴这个税。元光六年（公元前 129 年），朝廷就以交通工具为对象课税，即为“算车船”，除官吏、三老 （古代掌教化的乡官，秦置乡三老，西汉置县三老）及北边骑士外，有轺车者，每辆抽税一算，商人的车，则征收两算；船五丈以上者，每只船抽税一算（王美涵，1991）。从中可以推测，商人拥有的车船是比较多的。

乘车和社会地位相关，所以古代上层社会普遍喜欢乘车马出行。内蒙古和林格尔汉墓中的壁画生动地体现了这一点。和林格尔在秦属云中郡，西汉置定襄郡，唐代置单于大都护府，其后历代都设县置郡，历史悠久。古墓的主人是东汉时期负责管理北方乌桓、鲜卑等少数民族事务的最高军政长官——护乌桓校尉。壁画内容不但反映了墓主的仕途经历，还反映了墓主升迁赴任时的车马出行图。画中有车乘十辆，车子皆有顶盖。图画中的马匹生动逼真，乘马身姿轻捷，驾马步伐沉稳，并驭而驾的马步伐整齐，狩猎场中的马腾跃疾

驰，观之各具风姿（内蒙古文物工作队，1974）。

在科尔沁沙地和浑善达克沙地周边的辽墓中，也发现过很多的车马出行图。库伦一号墓是大型砖室墓，墓主身份显赫，故墓葬中的壁画内容丰富，墓中的车马出行图描绘了契丹贵族出行时盛大的场面和奢侈的排场。壁画中的轿形车甚为华丽，车厢顶部镶嵌火焰珠，四边挂短帷，四角挂流苏（王泽庆，1973）。

对于平民百姓来说，多乘比较简便的轺车，即四面敞露的、形制较小的车。轺车以马牵引。武威磨嘴子西汉墓出土的车子就是这一类的。但是马毕竟是比较昂贵的家畜，所以平民百姓多乘牛车，即牛拉的车。新疆维吾尔自治区裕民县巴尔达库尔山发现的岩画里有牛车出现。在河西走廊武威市的磨嘴子、旱滩坡、雷台汉墓、清源镇、长城乡等地的汉墓中，多次发现汉代木牛车、铜牛车、陶牛车。旱滩坡出土的牛车模型中，木车高轮、辐八根，双长辕，车厢为长方形。这种高轮车应该是当时运输货物和人们乘坐的主要工具之一。车辆运输的效率，《九章算术·均输》中的描述是："六人共车，车载二十五斛，重车日行五十里，空车日行七十里。"

2. 畜力运输

沙漠地区的畜力运输主要依赖于马、驴、骆驼等。

"马者，兵甲之本，国之大用"，汉代伏波将军马援的这番话道出了马对于古代国家和军队的重要性。和牛、驴等相比，马的奔跑和行走速度要快得多。所以，最紧急重要的信息以驿骑飞马传递，借助沿途驿站的换马接力，"一驿过一驿，驿骑如星流"，对传递速度和期限有严格的限定，好比是现代的快递，限期必达，速度快，成本高。汉代在全国各地设传置以传递邮件，因此各传置都设有马厩养马备用。《汉旧仪》记述说："奉玺书使者……其骑驿也，三骑行，昼夜千里为程。"

著名的敦煌悬泉置遗址就是汉代邮驿机构的代表，当时这里有工作人员三四十人，马若干匹，车辆若干，可以说是一个很完备的"邮政事务所"。这样的"邮政事务所"，不仅提供信息传递服务，还为往来人员提供食宿补给。除了接待官方工作人员，也接待商旅和外国使团。秦汉以后，国家在交通干道上，每隔一定距离，设置驿、邮、置等不同名称的驿站，配备马匹和车辆，以满足公私之需。唐代在全国设置传驿1639所，按性质分为五类：陆驿、水驿、水陆驿、监、牧等，朝廷不仅对驿丁、驿车、驿马、驿船数量及用驿流程皆有严格规定，而且对驿程也有规范。在居延汉简和敦煌文书中，都有关于河西等地的驿站、路线、里程等的详细记载，至今可以据之重现古代的邮驿线路（徐雪强和张萍，2018）。

每条驿路上的马匹不在少数，除了我们熟悉的河西走廊等地的驿路，有时候在草原沙漠地区根据需要新开驿路。《资治通鉴》记载唐代时北方诸酋长奏称："臣等既为唐民，往来天至尊所，如诣父母，请于回纥以南，突厥以北开一道，谓之参天可汗道，置六十八驿，各有马及酒肉以供过使，岁贡貂皮以充租赋。"除了邮驿而外，骑兵、官员的仪仗都要用马。如前面提及的和林格尔汉墓中的墓主的仪从都骑在矫健的马上。吏员在办理公务的时候也可以骑乘公用马匹，这样的马被称为"乘马"或者"占用马"。

马毕竟是重要的战略资源，且饲养不易，所以长距离、大规模的物资运输，主要依赖驴、骆驼。驮物的牲畜可以通行不适合车辆通行的路。《汉书·西域传》里记载汉武帝迎接李广利归来的时候下诏书说："汉军破城，食至多，然士自载不足以竟师，强者尽食畜产，羸者道死数千人。朕发酒泉驴橐驼负食，出玉门迎军"，明言给大军运输食物补给的是驴和橐驼，橐驼即骆驼。汉武帝击大宛，"驴橐驼以万数赍粮"，以驴和骆驼作为军事运输的主力。驴虽然负重比马小，但它耐力好，还省草料，是皮实耐用的代表。驴和马杂出来的骡子也是常见的驮畜。古代丝绸之路往来的商人，最主要的运输方式就是驮运，而不是车运。在敦煌壁画《胡商遇盗图》中，胡商的货物就是驮在骡马背上的，419 窟人字坡右端绘有毛驴驮物。吐鲁番阿斯塔那号墓出土文书《唐开元二十一年石染典买马契》及《唐开元二十一年石染典买骡契》记载，商人石染典随行以供驮运的是十头驴。

综合来说，骆驼最适合沙漠地带的运输，情况紧急的时候，骆驼只要喂其少量的盐，就可 7 ～10 天不吃草料，不饮水，这非常切合丝绸之路上水草缺乏、水源宝贵的实情。十六国时期吕光大举进军西域，回师东归时，载运战利品依靠庞大的驼队，数量达 2000 余头（《魏书》）。《周书》有这样的记载："夸吕又通使于齐。凉州刺史史宁觇知其还，袭之于州西赤泉，获其仆射乞伏触状、将军翟潘密、商胡二百四十人，驼骡六百头，杂彩丝绢以万计。"汉代以后的考古发现中多见骆驼的形象，它确实在丝绸之路上发挥了重要作用。清代由归化城（今呼和浩特市）往新疆的交通运输，就主要是依赖骆驼来完成的：至与西北省外交通，则视内地情势大异。中经大漠，流沙塞途，气候寒冷，非独人烟稀少，水草亦多恶劣。沿途所经各站，且多不毛之地，牛马当之，势难远行，遑论负重，故西北商运大道，皆驼路也（绥远通志馆，2007）。当时著名的商号大盛魁就有 1500～2000 峰自备的骆驼。从归化城出发，沿宁夏、甘肃边界西行，以驼运货 70 日，空驼约 40 日可到古城、乌鲁木齐（内蒙古公路交通史志编委会，1997）。

3. 水路运输

古代沙漠长城地带偶有水路运输。《后汉书·王霸传》称其"凡与匈奴、乌桓大小数十百战，颇识边事，数上书言宜与匈奴结和亲，又陈委输可从温水漕，以省陆转输之劳，事皆施行。"温水当在北京附近。金代潞水实行漕运后，北京附近的温榆河就一直作为潞水的水源河。到了明代，因军事防卫和陵寝守护需要，曾利用温榆河进行漕运。《明史·河渠志》记载："由天津达张家湾曰通济河，而总名曰漕河。其逾京师而东若蓟州，西北若昌平，皆尝有河通，转漕饷军。"

相对来说，在整个沙漠带，黄河可以算是比较好的能通过水路进行运输的河流。最早的黄河上游的大规模水运，当是北魏年间运输军粮。当时准备从薄骨律镇（今宁夏灵武附近）运送 50 万斛军粮到沃野镇（今内蒙古五原县西），如果走陆路，最近距离也有 800 里，且中间要穿越库布齐沙漠，不仅行车艰难，而且需要很长时间。最后他们造船通过水运把军粮运到了目的地，省时省力（《通典》）。此后历代都利用黄河进行水运。为加强对黄河水运的监管，唐朝还设立六城水运使，专门管理今日宁夏、内蒙古一带黄河上的水运。元代郭守敬曾经从兴州 "顺河而下，四昼夜至东胜"（《新元史》），在古代可谓神速！

其实在黄河上游，更普遍的运输工具是羊皮筏子，古名浑脱，《后汉书》中就已经有了记载。民国年间，大型羊皮筏子载重可达 15t，运输区域以兰州为中心，西起青海贵德，东达宁夏、绥远。抗战前，西北各省出口的皮毛等大宗货物均通过皮筏运至绥远、包头，再通过平绥路运出。兰州至包头往返一次需 3～4 个月（陈乐道和王艾邦，2003）。

沙漠带的运输方式与游牧、农耕区相比，既有共性，也有区别。这既和当时社会生产水平有关，也和这里的环境条件有关。例如，在古代的中原地区，车辆运输和水路运输始终是国家最主要的运输手段，尤其是大运河更具有特别重要的政治意义。而在草原地区，骑马游牧是常态，且草原地带地势起伏相对和缓，车轮高大、构造简单的高车就可以通行，所以被广泛使用。北朝时的铁勒人就以造车闻名，他们造的车“车轮高大，辐数至多”（《魏书》），很适应草原环境，故此他们也被称为“高车人”。古时蒙古族使用的勒勒车在今天的偏远地区仍然可以见到，它完全用桦木或榆木制成，不用铁件，结构简单，易于制造和修理，可以载重行走在草原上。清代从内地通往蒙古草原的商队，也大多是利用高轮车。唯有在沙漠带，在现代交通发展以前，骆驼始终负担着长途交通的重任。即使在现代交通的发端时期，这里的交通也是很困难的。抗战时期，为了把一批物资从叶城运到兰州，车队于 1944 年 10 月 4 日从兰州出发，1945 年 2 月 7 日返回兰州，往返行程 8393km，历时 127 天之久（中国公路交通史编审委员会，1990）。而现在的火车，往返只需要三四天。今昔对比，我们更加钦佩古人的坚韧与顽强，也更加能体会沙漠带环境之特殊、交通之艰难。

第三节　中国沙漠及其毗邻地区对中华文明的贡献

中国或者中华，这是我们对于自己的文明和族群的自我称谓。在目前已知的中国古代文献中，“中国”一词最早出现于东周时期成书的《尚书》和《诗经》等书中。例如，在《尚书・周书・梓材》篇中，记载了周成王追述往事的话：“皇天既付中国民越厥疆于先王”。考古发现中，最早的“中国”一词，出现在西周早期周成王时期的青铜器——何尊之上。该尊 1963 年出土于陕西省宝鸡市东北郊的贾村，现藏于陕西省宝鸡青铜器博物院。何尊器高 39cm、口径 28.6cm、重 14.6kg，口圆体方，内底铸铭文 12 行 122 字，大意是成王五年四月，周王开始在成周营建都城，对武王进行丰福之祭。其铭文中“宅兹中国”（大意为我要住在天下的中央地区）是“中国”出现最早的文字记载（马承源，1976）。无论最早的“中国”是指都城洛邑和中央之地，还是后来的“中国”是指中原王朝，之所以称为“中国”，是因为它们都与华夏民族的形成与发展联系在一起。“中国”一词的概念经历了这样一个演变过程：由单指都城洛邑和中央之地，扩大为主要指中原王朝，即华夏民族所居住的黄淮江汉的共同地域，最后才延伸为以中原为核心的历代封建王朝，近代以来，已完全演变成为一个统一的多民族国家的称谓（王震中，2018）。

“中华”的概念出现得相对要晚一些。成书于唐初的《唐律疏议》中说：“中华者，中国也。亲被王教，自属中国，衣冠威仪，习俗孝悌，居身礼仪，故谓之中华。”1901 年，著名学者梁启超在其著作《中国史叙论》将中国的历史进程分为三个阶段，即上世史、中世史、近世史：上世史，自黄帝以迄秦之一统，是为中国之中国，即中国民族自发达自争竞自团结之时代也；中世史，自秦统一后自清代乾隆之末年，是为亚洲之中国，即中国民族与亚洲各民族交涉繁赜竞争最烈之时代也；近世史，自乾隆末年以至于今日，是为世界之中国，即中国民族合同全亚洲民族。与西人交涉竞争之时代也。从中可以看出，梁启超认为中华民族的形成于“上世史”，即“自黄帝以迄秦之一统”这一阶段。1905 年，梁启超进一步在《历史上中国民族之观察》中说：中国民族自始本非一族，实由多民族混合而成（梁启超，1989）。这就是说，中华民族指中国境内所有的民族，各民族为一家，是多元混合的。中华文明也是由中华民族共同缔造的。

从古至今，中国就是由各民族祖先共同缔造的，而汉民族是主体。作为中华民族主体的汉族是由华夏族发展而来的，华夏族是汉族的前身。所以，中国人常称自己是“华人”“华夏儿女”。而华夏族又是由多个古代民族融合而来的，《史记·五帝本纪》记载黄帝“置左右大监，监于万国”，说明当时古代民族很多。历经数千年的风雨沧桑，1949 年以后，确定了 56 个民族。中华文明是中华民族共同的物质与精神文明的结晶。中国沙漠带对中华文明的贡献，从发展的角度来说，它至少包含两个层次或者阶段：一是中华文明起源发展中的贡献，二是中华民族发展壮大过程中的贡献。

一、中国沙漠带对中华文明起源的贡献

从社会发展来看，“文明”一词用来指一个社会已经由氏族制度解体而进入有国家组织的阶级社会的阶段。中国文明是在中国土地上土生土长的文明，历史悠久，源远流长。关于文明的标准也有很多，至今没有统一的标准。但在诸多的关于文明标准的讨论中，金属冶炼、城市、礼仪或者礼仪性建筑都是其中的重要内容（李伯谦，1995；叶万松，2011）。苏秉琦把中国考古学文化划分为六大区域，提出了著名的条块说，六大区域包括以燕山南北长城地带为重心的北方，以山东为中心的东方，以关中陕西、晋南、豫西为中心的中原，以环太湖为中心的东南部，以环洞庭湖与四川盆地为中心的西南部，以鄱阳湖—珠江三角洲一线为中轴的南方。他还提出著名的“满天星斗”说和“古国—方国—帝国”发展模式说等，严文明随后将中国史前文化格局形容为“一个巨大的重瓣花朵”，“中原文化区”独占花心之正位，“奠定了以汉族为主体的、统一的多民族国家的基石”，进一步丰富了中华文明起源的理论构架（苏秉琦，1999；严文明，2011）。中国沙漠带在中华文明起源中的作用，至少可以从金属冶炼、礼制、城市等方面分析。

新石器时代中期的仰韶文化在中国文明的形成过程中是一个关键性的奠基阶段。仰韶文化不仅自身空前繁荣，而且派生出被苏秉琦先生概括的兄弟文化如后冈文化、马家窑文化、海生不浪文化、红山文化等关联文化，且对大致同时的海岱地区的大汶口文化、江汉地区的屈家岭文化、江淮地区的青莲岗文化以及江浙地区的崧泽文化等形成辐射式影响，奠定了共同的“中国”的文化基础（苏秉琦，1999）。

距今6000～5000年是中国史前时代的转折期。这个时期各地区同步发展，且密切交流，形成了张光直定义的“中国相互作用圈”、“最初的中国”或“文化上的早期中国”（张光直，2013）。仰韶文化庙底沟阶段，“中国相互作用圈”取得了突飞猛进式的发展，全新世大暖期中期相对适宜的地理环境优势，率先完善的粟、黍农业，在中原地区形成了空前的人口规模和体量优势，其文化影响如流淌的水银般向周边区域扩张，这种影响在庙底沟阶段达到顶峰，在空前广阔的范围内形成了大致统一的文化面貌，其范围西到渭河流域，东达伊洛及郑州，南到河南南部，北抵大青山。而仰韶文化典型的文化因素如小口尖底瓶、曲腹盆等的影响与辐射范围更广，在西至甘青、东至辽西的范围内都留下了鲜明的文化烙印。

这个时期之所以是“最初的中国”，是因为这时候在仰韶文化的范围内，形成了共同的文化特征和文化交流圈，从建筑样式、器物类型、礼制规范等方面表现出了极大的共性，而和这个文化圈之外的其他文化的各种特征又能明显区别。这些共同特征在后世的中国文化中得到了很好的继承和体现。在仰韶文化时期，从甘青地区到中原再到科尔沁沙地周边，人群的基因也表现出很大的关联性；到了青铜时代晚期，当来自中国北方的人群扩散到青藏高原以后，这一联系在更大的空间范围内体现（Ning et al.，2020）。

1. 青铜冶炼方面的贡献

最近，在更广大的欧亚大陆青铜世界体系的视角下观察中国文明起源的研究日渐流行。仰韶文化晚期，冶金技术就已经在甘青地区出现。冶金技术不仅体现了中国西北地区的文化与欧亚草原的互动交流，同样在西北地区内部各个遗址文化子系统之间也大量存在着交互式影响。这种交流在龙山文化时代更加深入，到了青铜时代更达到了空前的频次。

中原的“青铜时代”，主要指的是夏商西周时期。而在甘青地区，这个时代要更长一些。有学者对甘青地区早期铜器出土遗址及文化系统进行梳理，并对器形分类、功能用途展开探讨，认为甘青地区早期铜器可分为早、晚两期：早期铜器的年代范围应当在公元前3300～前1430年之间，主要代表文化为马家窑文化、齐家文化和四坝文化。晚期铜器的年代范围为公元前1600～前600年，主要代表为卡约文化、辛店文化、寺洼文化、诺木洪文化及沙井文化等，这些文化所对应的时期皆在西周晚期至战国早期，有些文化的下限可延伸至西汉时期（朱强盛，2016）。

从甘青地区齐家文化与欧亚草原地带的青铜文化对比来看，具有典型代表性的装饰品是安德罗诺沃文化的一大特色，如同本章第一节中所述，许多学者已经论述过河西走廊等地的青铜器和米努辛斯克盆地的联系。从冶金技术特征来看，大多数学者都认为齐家文化的铜器材质是从红铜发展到青铜，并且与中原地区有紧密联系。这说明了甘青地区的铜器在内部文化圈进行了比较好的融合和交流，为与其他文化的交流奠定了基础，如二里头文化作为中原考古系统中的典型文化，齐家文化作为甘青地区颇具特点的文化，两者之间的互动和交流的表现更为明显。例如，两地的铜牌饰、绿松石制品以及绿松石镶嵌工艺，同时出现在甘青地区的齐家文化、鄂尔多斯南缘的齐家文化菜园类型遗存及中原地区的二里头文化也体现了一种文化上的相互影响（王金秋，2001）。

对比来看，两者之间的文化模式具有传入和吸收两种交流方式。齐家文化里面的兽面铜牌饰与中原二里头文化中的环首刀已经有了相互融合的因素，为了满足上层阶级的审美，彼此基本器型不变，但是在实体物上交流、衍化出的产物又有明显的地域特色，因为兽面铜牌饰在形制和类型上应该属于级别较高的遗存，而环首刀与玉圭一同出现在随葬中型墓葬之中，也表明了这一器物的稀有性质。

但比较来看，在中国沙漠带的很多地域，如河西走廊、天山南北、鄂尔多斯等地，其早中期的铜器以刀、牌饰等实用器或者装饰品为主，其礼仪性质不是特别明显。而在这一时期，中原的青铜器作为工具和农具的比例要远小于作为礼器和武器的比例。夏商西周的青铜武器和礼器的得到广泛应用，也正是在中原，形成了最早的王朝。

2. 礼仪和玉器方面的贡献

从礼仪及玉器等角度而言，红山文化是必须要提及的。事实上，红山文化中发现的坛、庙、冢以及玉器等重要的文明因素，倍受学者的重视。在科尔沁沙地及其毗邻区域，早在兴隆洼文化中玉器已经从石器分化出来，并被赋予重要的审美和意识形态意义。相比较而言，欧亚草原带同时期或者稍晚的石器中也有玉器制品，但它们的玉器仍然混同于石器，并没有形成独立的品类和审美意义。到了红山文化时期，玉器的使用是其文化的一大特点。在全部红山文化遗存的器物之中，玉器占据了主要的地位。红山文化出土的玉器不仅数量众多、种类繁多，而且制作也比较精美。目前发现的红山玉器大多出土于墓葬之中，尤其是红山文化墓葬之中的随葬品几乎都是玉器，显示出“唯玉为葬”的特点。玉器在墓葬之中的摆放大多是左右对称，并且很多都是成组出现的，有着强烈的非实用色彩。可以推测，红山文化玉器中大部分都是祭祀礼器，少数为装饰品。

在出土的红山文化的众多玉器中，龙形玉更具有特别的意义，因为中华民族自诩为“龙的传人”，红山文化中出土的龙形玉可以看作是中华龙的源头之一。最为大众熟知的就是在内蒙古自治区赤峰市翁牛特旗朝格温都苏木赛沁塔拉出土的一件大型玉龙，被称为“中华第一玉龙”（张琦，2017）。这件玉雕龙，猪首龙身，整体呈“C”形，在玉器的中间有一个对穿的单孔，以绳穿孔悬挂后，玉龙的首尾正好位于一条水平线上，造型虽然简单却有一种气势不凡、神态生动的感觉。除了“C”形玉雕龙之外，在红山文化遗址中出土的很多的兽形玉也呈现出猪首龙身的造型。另外，红山文化玉器中有很多表现的都是猪的形象，大致上有猪面形、猪龙形、猪形和猪手形等，这么多猪的造型说明猪已经成为红山文化先民图腾崇拜的一种神灵动物。

在红山文化出土的玉龙中间都钻有小孔，考古发掘出的玉龙都是穿绳挂在墓主人胸前的，而玉龙又可能是巫师用来进行祭祀活动的礼器。孙守道和郭大顺（1984）提出：以玉为葬，以玉为祭，是红山文化上层建筑的重要组成部分，也是我国距今五千年前后、由石器时代向青铜时代过渡期各地诸文化遗存的一个共同时代特点。由此反映出氏族成员的等级化和氏族显贵的出现，这是原始氏族公社走向解体、阶级出现的重要标志之一。

刘国祥把出土红山文化玉器大体分为五大类：装饰类、工具类、动物类、人物类、特殊类（刘国祥，2004）。红山文化数量繁多的玉器，其制作都非常精美，特别是很多的玉器上面还都有一个对穿的单孔，这样的玉器的加工制作本身就是非常复杂、工序很多的一项劳动过程。这些毫无疑问地表明制作诸如此类的玉器不仅需要极其高超的技艺，而且需要长时间的劳动，这就不是一般人可以在劳动之余轻易完成的了，意味着制作这些玉器的人员必须从以获取生存资料为目的的劳动中脱离出来，专门从事玉器的制作加工。由此可以推测，在当时肯定已经出现了一批玉器手工业者，由他们来专门制作各种繁杂的玉器，这也就意味着在当时农业与手工业出现了分工，并且手工业有了进一步的发展。而这些专门从事手工业的人，他们劳动的产品不是用来交换或者售卖，而是专门地供奉给祭祀、葬礼等活动。

中国的尚玉习俗少见于其他国家。在中国，玉器被广泛应用于祭祀、朝觐、丧葬、装饰等各个领域，甚至被后世赋予道德观念而人格化，赋玉以德，以玉喻人进而逐渐形成一系列关于玉器的传统观念。孔子将玉归纳为十一德，比拟于君子之德，赋以玉详尽的伦理道德内涵："……君子比德于玉焉，温润而泽，仁也；缜密以栗，知也；廉而不刿，义也；垂之如队，礼也；叩之其声清越以长，其终诎然，乐也；瑕不掩瑜，瑜不掩瑕，忠也；孚尹旁达，信也；气如白虹，天也；精神见于山川，地也；圭璋特达，德也；天下莫不贵者，道也。《诗》云'言念君子，温其如玉'，故君子贵之也"（《礼记·聘义》）。尚玉习俗对中国古代礼制的形成起到了重要的推动作用。刘国祥（2004）中论证，红山文化晚期已经形成了一套比较完备的玉礼制系统，其内涵是通过随葬玉器的数量、种类及组合关系的变化反映出不同墓主人间的等级差异，从而在用玉方面形成有一套固定制度。可以说，在红山文化中，玉器已经成了礼的物质载体之一，惟玉为葬以及玉器摆放与组合等用玉方式，除了表现等级的分化之外，还能表现出其使用方式、方法等制度化的属性，这也正是礼制文明的物化表现。红山文化和良渚文化共同形成了我国史前玉器礼制的基础。

此外，红山文化牛河梁女神像的发现引起了考古界的震动。从出土女神塑像的规格角度来看，在牛河梁女神庙遗址出土的几尊女神像之中，相当于真人三倍的有一尊，二倍的至少有一尊，其余皆为真人大小。与我国同时代出土人物塑像的遗址如半坡、马家窑等遗址中出土物相比较，牛河梁女神像不仅规模要大得多，塑造技术也要高超得多。更为突出的是，女神像在塑造技术和造型上已经比较高超，其各个部位比例讲究协调，与真人比例相似，面部形象与神态追求逼真。苏秉琦先生认为，"女神"是由5500年前的"红山人"模拟真人塑造的神像（或女祖像），而不是后人想象创造的"神"，"她"是红山人的女祖，也就是中华民族的"共祖"，苏秉琦先生早就提出红山文化的坛、庙、冢象征中华文明的曙光是有其合理性的（苏秉琦，1999）。

3. 城市发展方面的贡献

从城市发展的情况来看，距今 5000 年之后，即仰韶文化晚期城址的大量发现是一个很有趣的现象。目前已知的中国这个时期的史前城址分布有三个重心，一个是黄河下游两岸，一个是长江中下游地区，一个是四川盆地。这个时期正是仰韶文化解体，东亚季风开始衰退的时期，所以，这个时期出现了许多的史前城址，可谓意味深长。而到了庙底沟二期，中原几乎没有发现城址，但在鄂尔多斯高原，开始出现了石城（详见第六章）。到了龙山文化时期，尤其是龙山文化晚期，在鄂尔多斯及其毗邻地区出现了以石峁遗址为代表的大型古城，城墙体量巨大（图 8-4），不仅有内外城结构，而且出现了中国后世城池常见的瓮城等结构。石峁遗址的瓮城，在规模和形制上已经十分成熟，与战国时期基本相同；石峁遗址并用夯土和石墙，可以从中找到很多中国古代建筑技术的滥觞；皇城台的台顶面积 8 万余平方米，有夯土基础、池苑等建筑，体现出早期广场的特点；皇城台二、三级石墙墙体内，有横向插入用于支撑的纴木，纴木下面还用石板支护，这和宋代《营造法式》记载的：城“每筑高五尺，横用纴木一条”的记载吻合，这一发现，大大提前了这一建筑技术的应用历史（国庆华等，2016）。

图 8-4　石峁遗址城墙局部

石峁遗址是鄂尔多斯高原周边诸多古城的代表。在科尔沁沙地的夏家店下层文化中，也出现了许多大大小小的石城，有的石城也建有马面。城址的涌现不仅表明了不同文化群体间的冲突和竞争加剧，而且也表明同一群体内部的分化与阶层化。尤其是类似于石峁遗址这样超大古城的出现，首先说明社会组织能力有了实质性的飞跃，可以组织大范围的劳动力进行长时间的集中劳作，也说明了当时社会生产力的巨大飞跃，可以承受大量劳动力脱离食物生产的巨大压力。此外，芦山峁遗址的院落建筑群或可被视为龙山文化晚期至夏商周时期宫殿建筑的重要源头。

在龙山文化时期，中国沙漠带的古城，至少给后世中国的城池留下了相关特点的建筑布局、建筑方式。最早出现于该区域内的马面、瓮城、角台等建筑，基本都被中国古代城址直接继承，以至于在以后长达近四千年的城防布局中，城门、瓮城、马面、角台、瓮城等的布局未曾有太大改变，其基础应该奠定于此时。

“国之大事，在祀与戎”，中国沙漠带史前时期的雏形城市和青铜器两大文明因素，以及玉器代表的礼仪制度，为中华文明的起源做出了不可磨灭的贡献，其影响远达后世。例如，《周礼》就说“以苍璧礼天，以黄琮礼地，以青圭礼东方，以赤璋礼南方，以白琥礼西方，以玄璜礼北方”，这样的祭祀制度为后世历代王朝所承袭。

二、中国沙漠带对中华民族发展壮大过程中的贡献

从目前的普遍认识来说，夏商周三代以降，逐步形成了中华民族的雏形。《左传》中已开始使用“华夏”或“华”称中原地区，华夏族从形成之时起，即是一个多部族的共同体、融合体；《春秋左传正义·卷五十六》疏：“中国有礼仪之大，故称夏；有服章之美，谓之华。”这说明“华夏”更多的是文化心理和礼仪的认同，而非血缘或者其他生物属性的归纳。数千年来，华夏作为中华民族的核心，在团结各民族以及各民族的融合方面起到了巨大的“向心”作用（叶林生，2002）。

中国历史上发生过很多次民族的融合，比较大的有春秋至秦汉时期、魏晋南北朝时期、宋辽金元时期，以及清代（张之恒，2015）。在商周时期，中原已经进入了文明阶段，而包括中国沙漠带在内的广大的区域，仍然处在这个文明圈之外，并与之激烈互动。这个时期主要是夷狄、匈奴等与华夏的融合。夏、商、周向来被认为是包含在华夏之内的，这三者形成了西周时期华夏的雏形；但是细数夏、商、周之发展历程，禹兴于西羌、商本出东夷、周出自戎狄，可以说，华夏源自蛮夷戎狄，且蛮夷戎狄先出，而后有华夏，所以有学者说“华夏为蛮夷戎狄所化成”“华夏是蛮夷戎狄异化又同化的先进产物”（张正明，1983）。

北狄族最早被记录在《春秋》《左传》《国语》等古代典籍中。其中《史记·匈奴列传》较为详细和系统地梳理了先秦至西汉初年北方边疆的族群种类及流变，“匈奴，其先祖夏后氏之苗裔也，曰淳维。唐虞以上有山戎、獫狁、荤粥，居于北蛮，随畜牧而转移。”《晋书·匈奴列传》记载：“匈奴之类，总谓之北狄……夏曰薰鬻，殷曰鬼方，周曰獫狁，汉曰匈奴。其强弱盛衰、风俗好尚区域所在，皆列于前史。”可以看出，中国古代文献把早期的北方民族与晚期出现的匈奴视作一脉相承的族群，匈奴是北方族群的代表，而且认为在中国北方沙漠地带和草原地带的诸民族均为游牧民族。

1949年以来，考古资料的积累对以上认识提出了挑战。林沄（2008）旗帜鲜明地说：把众多的戎狄和诸胡混为一谈，是一个重大的历史误会。他认为戎狄在战国之前长期居于中国北方长城地带，其空间分布大致分为三个部分，西面是文献中的“西戎”，从商代延至东周，这部分人群在陕甘青地区留下了寺洼、辛店、卡约等大体相近又各具特色的文化遗存；东部亦为戎，如西周后期至春秋早期夏家店上层文化代表的山戎遗存；中间陕西和山西一带，主要是文献上的“狄”及其祖先（如鬼方），相关遗存最少。

类似地，田广金和郭素新（2005）将中国长城地带春秋战国时期的诸北方民族遗存大致划分为三个文化：从东到西有北京和河北北部的“山戎文化”；内蒙古中南部以鄂尔多斯为中心的“鄂尔多斯式青铜器文化”；以陇山为中心的甘宁地区的“西戎文化”。他们又将内蒙古中南部的“鄂尔多斯式青铜器文化”细分为“西园类型”、“毛庆沟类型”和“桃红巴拉类型”。

兼营农牧的戎狄是中原与草原游牧人之间的“缓冲器”，春秋以后，戎狄或者被灭，或者融入华夏，又或者向西、向北退却与林胡、楼烦、东胡等民族融合，华夏各国开始直面新的人群——胡人。从戎狄与胡的遗存中看，就是胡人遗存中车马器居多、兵器多、装

饰腰部的牌饰和带扣多，而戎狄多中原青铜器和融合型铜器、青铜工具，胡人表现了更多的战争与胡服骑射的气息（杨建华，2009）。

战国中期，北方长城地带是中原强国与蒙古高原南下的北亚人种集团争夺的拉锯地段（林沄，2008）。尤其是春秋中期以来，长城地带原住民的文化面貌发生了重大的变化，鄂尔多斯地区青铜文化的面貌也为之改变，游牧色彩愈加浓厚，以牛马羊头殉牲的习俗大范围流传开来，动物装饰艺术的题材和内容也进入了全新的发展阶段，春秋晚期到战国初，匈奴文化因素在鄂尔多斯、阴山河套地区广泛传播。中原文化因素几乎完全退出北方草原-沙漠地带。在阴山两狼山口发现的春秋晚期战国早期的呼鲁斯太墓和杭锦旗桃红巴拉墓都表现出连接大漠南北的复合文化特征，其中桃红巴拉墓中的人骨鉴定显示出明显的北亚蒙古人种特征，一般把它们看作是先匈奴文化。稍晚于桃红巴拉的阿鲁柴登墓、西沟畔2号墓和玉隆太匈奴墓就已经被认为是代表了早期的匈奴（田广金和郭素新，2005）。阿鲁柴登墓位于杭锦旗阿门其日格乡阿鲁柴登林场南3km处，地处毛乌素沙地的北部边缘，并在这里发现了著名的匈奴王金冠。金冠通高7.3cm、带长30cm、重1394g。由鹰形冠饰、半球形冠顶和冠带组合而成，其上浮雕多处动物纹饰鹰顶金冠有“草原瑰宝”之誉。

这样可以看出，匈奴的地域范围是逐渐扩展的。《史记·匈奴列传》《汉书》《后汉书》《三国志》等均有关于匈奴的记载，匈奴的名字最早见于《史记·秦本纪》：惠文君更元七年（公元前318年），“韩、赵、魏、燕、齐帅匈奴共攻秦”。此时，匈奴是北方诸胡的一部。匈奴的出现，标志着战国时期北方民族是胡而非狄，中国北方的民族关系正在发生深刻的变化。匈奴人最大的历史功绩就在于建立了我国历史上第一个游牧政权，从而使我国北方沙漠-草原地带跨入了新的历史时期。

匈奴吞并东胡、楼烦诸部而壮大，所以说，匈奴民族同样是多源的。总体来说，在草原地带发展的游牧民族，有其自身独特的发展序列、文化特征分布区域。但不同部落集团其文化面貌又有宏观的共同性，在春秋战国时期鄂尔多斯地区和漠北游牧文化遗存在葬俗和随葬品方面反映出明显的共性，这说明他们在生产方式、生活习俗、经济形态、文化传统和意识形态方面都是十分接近的，正是这种共同性为后来匈奴联盟的产生和匈奴帝国的建立奠定了基础。战国中晚期，匈奴、乌孙、东胡诸部竞逐，匈奴延续到了最后。随着匈奴建国，活动范围变得更加广泛，中外有关匈奴遗存的考古发现也以此为时间界限，在早期阶段，匈奴的考古遗存集中在中国的北方草原地带，即阴山南北和阴山以南地区的考古发现，而蒙古和外贝加尔的匈奴遗存，均是冒顿建国之后的遗存。在我国阴山以北的草原上发现的匈奴遗址，如吉呼郎图匈奴墓群（位于内蒙古自治区锡林郭勒盟苏尼特右旗），在时间上晚于河套和鄂尔多斯地区的匈奴遗址。

匈奴最强盛时，所控制的范围囊括了中国北方草原地带和蒙古国的广大地域，其势力所及，北起贝加尔湖、叶尼塞河流域，南至今我国山西、河北北部及河套地区，东起辽东平原，西迄天山南北。单于庭设在河套、阴山一带。匈奴政权的建立和其统治范围的扩大，使北方草原-沙漠地带各游牧部落、部族得以消除以往彼此之间的壁垒（当然，这个过程是通过一系列的征战完成的），获得了在相当大范围里相互交往的必要条件，随之而来的就是各游牧部落、部族之间经济、文化空前规模的交流。

秦汉之际，匈奴强盛，号称控弦之士数十万。汉匈之间的战争在沙漠-草原地带持续了数百年。随着汉匈接触的增多，双方在物质和文化层面上交流的范围逐渐扩大，程度逐渐增强。从物质方面来说，汉朝输入匈奴的主要有粮食、丝织品、生活用具、武器、礼器。举例来说，西岔沟墓地是西汉时期典型的匈奴墓地。出土文物中具匈奴特点的文物占大多数，但其中出土一定数量明显属于汉文化性质的文物，包括铁制工具：斧、镑、缓、锄；日常生活中的刀锥以及弦纹陶壶、绳纹陶罐和灰陶豆；铜制品如铜镜、带钩、铜策、铜铃及镀金铜牌饰等；兵器有汉式剑、环首刀以及刻有汉字的铜矛；甚至还有五铢钱，可见匈奴使用汉物比较广泛，涉及生活的许多方面。匈奴输入中原的主要是大量的牲畜、铜饰和毛织品（孙守道，1960）。

经过数百年的战争，匈奴大部陆续内附，余部西迁，进入欧亚草原西部。例如，公元 46 年前后，匈奴国内发生严重的自然灾害，人畜饥疫，死亡大半。匈奴开始分裂为南北两部。后日逐王比率 4 万多人南下附汉称臣，称为南匈奴，被汉朝安置在河套地区；而留居漠北的称为北匈奴。北匈奴从公元 65～72 年不断入侵东汉边塞，而东汉则联合南匈奴，共同征伐北匈奴，从公元 83～85 年，北匈奴人先后有七十三批南下附汉，北匈奴力量大大削弱。后来鲜卑从东部猛攻北匈奴，杀死了优留单于，北匈奴大乱，加上又发生蝗灾，北匈奴人民饥馑，内部冲突不断，危机连连。东汉乘此时机，于公元 89～91 年与南匈奴联合夹击北匈奴，大败北匈奴军，迫使其率残部西逃乌孙与康居。北匈奴在西域遭到汉朝的反击，已无法立足。大约在公元 160 年，北匈奴继续西逃，来到了锡尔河流域的康居国。从此后北匈奴不断西迁，成为罗马人的劲敌。而留在中国境内的匈奴，或融入汉族，或融于鲜卑等中国古代民族，最终也成为中华民族的一部分（《后汉书·南匈奴列传》；王柏灵，2004）。

匈奴的历史是中华民族融合发展的一个缩影。自从有中华文明以来，民族融合的现象未曾停止过。那么，为什么如此频发的民族融合没有改变我们的民族属性和文化内涵呢？一方面，因为华夏始祖及其后裔随着农耕技术的不断提高，保有较高的生活水平，人口大量增加，日后虽然与周边民族不断发生冲突与融合，但由于人口数量保持绝对优势，从而使外来的基因流并不能从根本上改变整个民族的遗传特征；另一方面，这样的融合，也使得我国古代民族的基因得以传承。举例来说，秦始皇统一全国后，从各地征调劳工为其建陵，对这些劳工的线粒体研究表明，他们有的来自北方地区，有的来自南方地区，分子差异分析表明他们与汉族差异不显著；共享序列分析中，这些劳工人群中有很大一部分在现代汉族中找到了共享，说明即便是早在 2000 多年前的中国，人群交流也是非常频繁的，而且这些来自不同地区的人群对汉族都存在一定的遗传贡献（Xu et al.，2008）。

我们的文化通过教育、科技、社会制度等途径，得以代代传承，未曾断绝，而且不停地吸收消化外来文化的先进成分，使得中华文明成为人类历史上唯一传承数千年未曾中断的文明。类似的民族融合，在春秋至秦汉时期、魏晋南北朝时期、宋辽金元时期，以及清代反复发生（张之恒，2015）。游牧民族勇猛善战，依靠放牧为生，加之经济发展的不平衡，以致经常南下掠夺。但是无论他们如何强悍，在入主中原之后都毫无例外地开始向农耕习俗转变，并带来一些新的风尚，共同参与了中华文明的发展和壮大，成了中华民族的一分子。中华文明的外在表现如饮食文化、茶文化、酒文化乃至政治制度、生产方式无一例外都是民族融合的产物。民族融合推动了古代中国多民族统一国家的发展壮大，促进了社会政治、经济、文化事业的繁荣发展，中华各个民族共同创造了中国辉煌灿烂的历史。中国沙漠带作为游牧与农耕的接触地带，发挥了其独特的作用。

参考文献

阿拉善盟政协文史资料研究委员会. 1989. 阿拉善盟言文史 第六辑. 呼和浩特：内蒙古社会科学院.
阿娜尔. 2018. 内蒙古准格尔旗川掌遗址人骨研究. 吉林：吉林大学.
艾冲. 1990. 明代陕西四镇长城. 西安：陕西师范大学出版社.
安成邦, 王伟, 段阜涛, 等. 2017. 亚洲中部干旱区丝绸之路沿线环境演化与东西方文化交流. 地理学报, 72: 875-891.
安成邦, 王伟, 刘依, 等. 2020a. 新疆全新世环境变迁与史前文化交流. 中国科学：地球科学, 50(5): 677-687.
安成邦, 张曼, 王伟, 等. 2020b. 新疆地理环境特征以及农牧格局的形成. 中国科学：地球科学, 50(2): 295-304.
安金槐. 1992. 中国考古. 上海：上海古籍出版社.
安志敏. 1959. 青海的古代文化. 考古, (7): 375-383.
奥尔罕・帕慕克. 2007. 我的名字叫红. 沈志兴译. 上海：上海人民出版社.
巴依达吾列提, 郭文清. 1983. 伊犁哈萨克自治州新源县出土一批青铜武士俑等珍贵文物. 新疆大学学报：哲学・人文社会科学版, (4): 86.
白万荣. 1994. 青海考古学成果综述. 青海社会科学, (1): 82-89.
彼得・弗兰科潘. 2016. 丝绸之路：一部全新的世界史. 杭州：浙江大学出版社.
毕硕本. 2015. 空间数据分析. 北京：北京大学出版社.
蔡大伟, 孙洋, 汤卓炜, 等. 2014. 中国北方地区黄牛起源的分子考古学研究. 第四纪研究, 34(1): 166-172.
曹建恩, 孙金松, 胡晓农. 2009. 内蒙古和林格尔县新店子墓地发掘简报. 考古, (3): 3-14.
曹建恩, 党郁, 孙金松. 2018. 清水河县下塔石城内城墙发掘简报. 草原文物, 15(1): 20-33, 129.
草原丝绸之路与中蒙俄经济走廊建设研究课题组. 2020. 草原丝绸之路对亚欧大陆历史进程的影响研究概论（一）——草原丝绸之路上的沿线政权. 赤峰学院学报（哲学社会科学版）, (3): 53-57.
常娥, 张全超, 朱泓, 等. 2007. 内蒙古包头市西园春秋时期墓地人骨线粒体 DNA 研究. 边疆考古研究, (1): 364-370.
陈超. 2001. 正确阐明新疆民族史. 乌鲁木齐：新疆人民出版社.
陈淳. 1994. 考古学文化概念之演变. 文物世界, 4: 18-27.
陈发虎, 吴薇, 朱艳, 等. 2004. 阿拉善高原中全新世干旱事件的湖泊记录研究. 科学通报, 49(1): 1-9.
陈广庭, 王涛. 2008. 西部地标：中国的沙漠戈壁. 上海：上海科学技术文献出版社.
陈国科, 王辉, 李延祥, 等. 2014. 甘肃张掖市西城驿遗址. 考古, 7: 3-17.
陈宏. 2018. 末代皇帝溥仪与末代王爷德穆楚克栋鲁普关系探究. 大连大学学报, 39(4): 36-40.
陈建立, 毛瑞林, 王辉, 等. 2012. 甘肃临潭磨沟寺洼文化墓葬出土铁器与中国冶铁技术起源. 文物, 8: 45-53.
陈乐道, 王艾邦. 2003. 黄河航运的见证——民国皮筏档案解读. 档案, (6): 36-38.
陈良. 1983. 丝路史话. 兰州：甘肃人民出版社.
陈希儒. 2004. 山丹史话. 兰州：甘肃文化出版社.
程军. 2017. 13-14 世纪陆上丝绸之路交通线复原研究. 西安：陕西师范大学.
次旦扎西. 2004. 西藏地方古代史. 拉萨：西藏人民出版社.
崔永红. 2015. 青海丝绸之路：玉石之路、羌中道研究. 青海民族大学学报：社会科学版, 41(3): 38-42.
戴向明, 戴富杰, 包青川. 1997. 内蒙古托克托县海生不浪遗址发掘报告. 考古学研究, 19-39.
党宝海. 2006. 蒙元驿站交通研究. 北京：昆仑出版社.
邓辉. 1998. 论辽代的平地松林与千里松林——兼论燕北地区辽代的自然景观. 地理学报, 65(z1): 90-97.
邓新波. 2019. 汉朝与匈奴交流的见证：蒙古国高勒毛都 2 号墓地 M1 出土的玉璧. 大众考古, (9): 52-56.
丁风雅, 赵宾福. 2018. 海拉尔河流域四种新石器文化遗存辨析. 中国历史文物, (10): 6-14.
董耀会, 吴德玉, 张元华. 2019. 明长城考实. 南京：江苏凤凰科学技术出版社.
杜建民. 1993. “青铜时代”新论. 史学月刊, 2: 9-15.
杜培. 2010. 试论塞尔柱突厥人的伊斯兰化. 长春：东北师范大学.
杜玉娥. 2018. 柴达木盆地植被与湖泊时空格局及其对气候变化的响应. 兰州：兰州大学.

额济纳旗文物管理所. 2012. 额济纳旗巴彦陶来遗址调查简报. 草原文物, 1: 8-16.
樊保良. 1994. 中国少数民族与丝绸之路. 西宁: 青海人民出版社.
樊自立, 马英杰, 艾力西尔·库尔班, 等. 2004. 试论中国荒漠区人工绿洲生态系统的形成演变和可持续发展. 中国沙漠, 24: 10-16.
范富. 2011. 清代康雍乾时期入迁河西走廊移民研究. 兰州: 西北师范大学.
范宪军. 2016. 西城驿遗址炭化植物遗存分析. 济南: 山东大学.
方豪. 2008. 中西交通史（上）. 上海: 上海人民出版社.
房玄龄, 褚遂良, 许敬宗, 等. 1982. 晋书. 北京: 中华书局.
费多罗维奇. 1962. 沙漠地貌的起源及其研究方法. 北京: 科学出版社.
冯宝, 魏坚. 2018. 石虎山类型生业模式初探. 农业考古, 160(6): 22-29.
冯恩学. 2002. 俄国东西伯利亚与远东考古. 长春: 吉林大学出版社.
冯晗, 鹿化煜, 弋双文, 等. 2013. 末次盛冰期和全新世大暖期中国季风区西北缘沙漠空间格局重建初探. 第四纪研究, 33(2): 252-259.
冯家升, 程溯洛. 1981. 维吾尔族史料简编. 北京: 民族出版社.
冯文勇. 2008. 鄂尔多斯高原及毗邻地区历史城市地理研究. 兰州: 兰州大学.
甘肃省嘉峪关市史志办公室. 2006. 肃州新志校注. 北京：中华书局.
甘肃省文物考古研究所. 1998. 民乐东灰山考古: 四坝文化墓地的揭示与研究. 北京: 科学出版社.
甘肃省文物考古研究所. 2001. 永昌西岗柴湾岗. 兰州: 甘肃人民出版社.
甘肃省文物考古研究所. 2005. 酒泉西河滩新石器时代晚期——青铜时代遗址. 2004 年中国重要考古发现. 北京: 文物出版社.
高靖易, 侯光良, 兰措卓玛, 等. 2019. 河西走廊古遗址时空演变与环境变迁. 地球环境学报, 10(1): 12-26.
高荣. 2004. 月氏、乌孙和匈奴在河西的活动. 西北民族研究, (3): 23-32.
高星, 王惠民, 刘德成, 等. 2009. 水洞沟第 12 地点古人类用火研究. 人类学学报, 28(4): 329-336
高星, 王惠民, 关莹. 2013. 水洞沟旧石器考古研究的新进展与新认识. 人类学学报, 32(2): 121-132.
葛剑雄. 2021. 丝绸之路与西南历史交通地理. 思想战线, (2): 57-64.
顾朝林. 1992. 中国城镇体系——历史·现状·展望. 上海: 商务印书馆.
管超, 刘丹, 周炎广, 等. 2017. 库布齐沙漠水沙景观的历史演变. 干旱区研究, 34(2): 395-402.
管理, 胡耀武, 胡松梅, 等. 2008. 陕北靖边五庄果墚动物骨的 C 和 N 稳定同位素分析. 第四纪研究, (6): 1160-1165.
郭平梁, 刘戈. 1995. 回鹘史指南. 乌鲁木齐: 新疆人民出版社.
郭物. 2012. 新疆史前晚期社会的考古学研究. 上海: 上海古籍出版社.
郭砚琪. 2017. 梁启超对我国近代史学的贡献. 文史月刊, (6): 79-80.
国家文物局. 2011. 中国文物地图集·甘肃省分册. 北京: 测绘出版社.
国庆华, 孙周勇, 邵晶. 2016. 石峁外城东门址和早期城建技术. 考古与文物, (4): 88-101.
韩春鲜, 肖爱玲. 2019. 丝绸之路天山南部东段交通线路的历史变迁. 长安大学学报：社会科学版, 21(3): 69-76.
韩建业. 2007. 新疆的青铜时代和早期铁器时代文化. 北京: 文物出版社.
何佳, 孙祖栋. 2016. 扎赉诺尔人及扎赉诺尔文化研究综述. 黑河学刊, (2): 21-22.
何彤慧. 2010. 毛乌素沙地历史时期环境变化研究. 北京: 人民出版社.
贺晓浪, 段中会, 苗霖田, 等. 2019. 陕北毛乌素沙漠区潜水含水层富水性及动态变化特征. 西安科技大学学报, 39(1): 88-95.
侯光良. 2019. 丝绸之路青海道及出土文物. 大众考古, (3): 38-41.
侯光良, 张雪莲, 王倩倩. 2015. 晚更新世以来青藏高原人类活动与环境变化. 青海师范大学学报（自科版）, (2): 60-69.
胡汝骥. 2004. 中国天山自然地理. 北京: 中国环境科学出版社.
胡小鹏, 张嵘, 张荣. 2013. 西北少数民族史教程. 兰州: 甘肃人民出版社.
华立. 1995. 清代新疆农业开发史. 哈尔滨: 黑龙江教育出版社.
黄银洲, 王乃昂, 何彤慧, 等. 2009. 毛乌素沙地历史沙漠化过程与人地关系. 地理科学, (2): 206-211.
贾笑冰. 2019. 新疆温泉县呼斯塔遗址发掘的主要收获. 西域研究, 1: 139-141.
姜林祥. 2004. 儒学在国外的传播与影响. 济南: 齐鲁书社.
焦天龙. 2008. 西方考古学文化概念的演变. 南方文物, (3): 101-107.
景爱. 1988. 平地松林的变迁与西拉木伦河上游的沙漠化. 中国历史地理论丛, (4): 25-38.
景爱. 2000. 沙漠考古. 北京: 百花文艺出版社.
景爱. 2002. 走近沙漠. 沈阳: 沈阳出版社.
景学义. 2016. 内蒙古阿拉善左旗头道沙子遗址调查简报. 考古与文物, (1): 8.
李炳东, 俞德华. 1996. 中国少数民族科学技术史丛书（农业卷）. 南宁: 广西科学技术出版社.
李并成. 1992. 唐代河西戍所城址考. 敦煌学辑刊, (Z11): 6-11.
李并成. 1995. 汉张掖属国考. 西北民族研究, (2): 60-64.
李伯谦. 1995. 中国文明的起源与形成. 华夏考古, (4): 18-25.
李恭, 丁岩. 2004. 陕西横山发现史前聚落遗址. 中国文物报, 2004 -8 -20(1).
李江风. 2003. 塔克拉玛干沙漠和周边山区天气气候. 北京: 科学出版社.

李进新. 2003. 新疆宗教演变史. 乌鲁木齐: 新疆人民出版社.
李康康, 秦小光, 杨晓燕, 等. 2019. 新疆罗布泊地区晚更新世末期人类活动新证据. 中国科学: 地球科学, 49(2): 50-59.
李凭. 2000. 北魏平城时代. 北京: 社会科学文献出版社.
李榕, 闫琪, 刘继文. 2019. 新疆沙漠石油作业人员职业紧张与高血压关系的队列研究. 新疆医科大学学报, 42(7): 943-947.
李天雪, 汤夺先. 2002. 略论吐谷浑的游牧型商业经济及对其外交政策的影响. 青海民族大学学报: 社会科学版, (4): 87-91.
李文实. 1981. 吐谷浑族与吐谷浑国——吐谷浑历史考察之一. 青海社会科学, (1): 88-91.
李新乐, 陆占东, 丁波, 等. 2018. 近 30 年乌兰布和沙漠东北边缘气候变化趋势及周期特征. 气候变化研究快报, 7(2): 83-92.
李逸友. 1991. 黑城出土文书（汉文文书卷）. 北京: 科学出版社.
厉声. 2006. 中国新疆历史与现状. 乌鲁木齐: 新疆人民出版社.
连吉林. 1999. 准格尔旗大宽滩城圪梁古城址//中国考古学会. 中国考古学年鉴. 北京: 文物出版社.
梁启超. 1989. 饮冰室合集. 北京: 中华书局.
林梅村. 2015. 塞伊玛-图尔宾诺文化与史前丝绸之路. 文物, (10): 49-63.
林沄. 2008. 林沄学术文集二. 北京: 科学出版社.
蔺小燕. 2007. 兴隆洼文化经济形态分析. 赤峰学院学报: 汉文哲学社会科学版, 28(6): 16-18.
刘光华. 2009. 甘肃通史. 兰州: 甘肃人民出版社.
刘国祥. 2000. 关于赵宝沟文化的几个问题. 北方文物, (2): 8-17.
刘国祥. 2004. 东北文物考古论集. 北京: 科学出版社.
刘幻真. 1991. 包头西园春秋墓地. 内蒙古文物考古, (1): 13-24.
刘佳慧, 张韬, 王炜, 等. 2005. 内蒙古湿地的定义探讨. 内蒙古农业大学学报: 自然科学版, 26(2): 121-124.
刘景铎. 2003. 透析治疗中的水平衡. 家庭医学, (5): 6.
刘露雨, 张永, 刘依, 等. 2022. 近万年来内蒙古东部地理环境与人类活动遗址关系研究. 第四纪研究, 42(1): 236-249.
刘树林. 2007. 浑善达克沙区现代沙漠化过程及其成因机制研究. 兰州: 中国科学院寒区旱区环境与工程研究所.
刘树林, 王涛, LIUShu-lin, 等. 2005. 浑善达克沙地地区的气候变化特征. 中国沙漠, 25(4): 557-562.
刘志一. 1992. 克什克腾旗上店小河沿文化墓地及遗址调查简报. 草原文物, (Z1): 77-83.
楼佳. 2018. 新石器时代中国长江下游地区水牛家养化文化特征的 C, N, O 稳定同位素研究——以跨湖桥遗址与田螺山遗址为例. 杭州: 浙江大学.
吕恩国. 1988. 新疆和硕新塔拉遗址发掘简报. 考古, 5: 399-407.
吕嘉. 2003. 柴达木沙漠化现状及防治对策. 柴达木开发研究, (3): 43-45.
马承源. 1976. 何尊铭文初释. 文物, (1): 64-65.
马大正, 成崇德. 2006. 卫拉特蒙古史纲. 乌鲁木齐: 新疆人民出版社.
马国荣. 1985. 唐代吐蕃在新疆的活动及其影响. 新疆社会科学, (5): 91-98.
马明志, 翟霖林, 张华, 等. 2019. 陕西延安市芦山峁新石器时代遗址. 考古, (7): 29-45.
马文宽. 1994. 辽墓辽塔出土的伊斯兰玻璃——兼谈辽与伊斯兰世界的关系. 考古, (8): 66-73.
梅建军, 高滨秀. 2003. 塞伊玛-图宾诺现象和中国西北地区的早期青铜文化. 新疆文物, 1: 47-57.
孟池. 1957. 从新疆历史文物看汉代在西域的政治措施和经济建设. 文物, (7): 27-34.
孟洋洋. 2016. 西汉朔方郡属县治城考. 西夏研究, (3): 90-96.
米海萍. 2018. 从柴达木盆地出土文物看古代青海丝绸之路的地位. 石河子大学学报(哲学社会科学版), 32(6): 94-101.
米文平. 1981. 鲜卑石室的发现与初步研究. 文物, (2): 1-7.
默青. 1984. 流沙的性质. 内蒙古林业, (3): 30-31.
那仁巴图. 2012. 额济纳居延汉长城保护现状及利用前景//张德芳, 孙家洲. 居延敦煌汉简出土遗址实地考察论文集. 上海: 上海古籍出版社.
内蒙古公路交通史志编委会. 1997. 内蒙古古代道路交通史. 北京: 人民交通出版社.
内蒙古社会科学院蒙古史研究所, 包头市文物管理所. 1984. 内蒙古包头市阿善遗址发掘简报. 考古, 2: 97-108, 193
内蒙古文物工作队. 1974. 和林格尔发现一座重要的东汉壁画墓. 文物, (1): 8-23, 79-84.
内蒙古文物考古研究所. 1994. 内蒙古文物考古文集（第一辑）. 北京: 中国大百科全书出版社.
内蒙古文物考古研究所. 1997. 内蒙古文物考古文集（第二辑）. 北京: 中国大百科全书出版社.
内蒙古自治区文物考古研究所. 2001. 万家寨水利枢纽工程考古报告集. 呼和浩特: 远方出版社.
欧阳修, 宋祁. 1997. 新唐书 第三册. 长沙：岳麓书社.
潘晓玲, 曾旭斌, 张杰, 等. 2004. 新疆生态景观格局演变及其与气候的相互作用. 新疆大学学报（自然科学版）, 21: 1-7.
平婉菁, 张明, 付巧妹. 2020. 古 DNA 研究: 洞察欧亚东部大陆人群历史. 光明日报, 2020-10-15.
朴真浩. 2020. 夏家店下层文化聚落, 经济与社会形态研究. 北京: 中国社会科学院研究生院.
钱国权. 2008. 清代以来河西走廊水利开发与生态环境变迁研究. 兰州：西北师范大学.
乔同欢. 2016. 汉代地方城市防御体系研究. 西安: 西北大学.
切尔内赫, 库兹明内赫. 2010. 欧亚大陆北部的古代冶金: 塞伊玛-图尔宾诺现象. 王博, 李明华译. 北京: 中华书局.

仇士华. 2015. ^{14}C 测年与中国考古年代学研究. 北京: 中国社会科学出版社.
屈建军, 郑本兴, 俞祁浩, 等. 2004. 罗布泊东阿奇克谷地雅丹地貌与库姆塔格沙漠形成的关系. 中国沙漠, 24(3): 294-300.
渠翠平, 关德新, 王安志, 等. 2009. 近 56 年来科尔沁沙地气候变化特征. 生态学杂志, 28(11): 2326-2332.
任乐乐. 2017. 青藏高原东北部及其周边地区新石器晚期至青铜时代先民利用动物资源的策略研究. 兰州: 兰州大学.
任瑞波. 2016. 西北地区彩陶文化研究. 长春: 吉林大学.
任瑞波. 2017. 彩陶文化在史前丝绸之路的演进. 收藏与投资, 4: 100-103.
任式楠. 1994. 兴隆洼文化的发现及其意义——兼与华北同时期的考古学文化相比较. 考古, (8): 710-718.
任式楠. 1998. 中国史前城址考察. 考古, (1): 1-16.
陕西省考古研究院. 2016. 陕西佳县石摞摞山遗址龙山遗存发掘简报. 考古与文物, (4): 1-13.
邵会秋, 吴雅彤. 2020. 早期游牧文化起源问题探析. 北方文物, 1: 28-37.
沈爱凤. 2009. "斯基泰三要素"探源——上古亚欧草原艺术述略之一. 苏州工艺美术职业技术学院学报, 3: 33-38.
石云涛. 2007. 三至六世纪丝绸之路的变迁. 北京: 文化艺术出版社.
司马迁. 1982. 史记. 北京: 中华书局.
宋绍鹏. 2017. 阿塔卡马沙漠自然地理特征及其原因分析. 西安: 陕西师范大学.
宋卫哲. 2013. 青海虎符石匮石刻艺术考. 青海师范大学学报：哲学社会科学版, (4): 81-84.
苏秉琦. 1999. 中国文明起源新探. 北京: 人民出版社.
苏赫, 田广林. 1989. 草原丝绸之路与辽代中西交通. 昭乌达蒙族师专学报（哲学社会科学版）, (4): 1-11.
苏俊礼, 汪结华, 李江萍, 等. 2016. 巴丹吉林和腾格里沙漠降水特征初步分析. 干旱气象, (2): 261-268.
苏巧梅, 陶伟恒, 章诗芳. 2020. 基于点空间格局法的地表地质灾害点格局研究——以汾西煤矿为例. 太原理工大学学报, 51(5): 649-654.
绥远通志馆. 2007. 绥远通志稿. 呼和浩特: 内蒙古人民出版社.
孙守道. 1960. "匈奴西岔沟文化"古墓群的发现. 文物, (Z1): 12.
孙守道, 郭大顺. 1984. 论辽河流域的原始文明与龙的起源. 文物, (6): 11-17.
孙卫春. 2008. 明代延绥镇国防措施的演变与成因分析. 宁夏社会科学, (4): 114-117.
孙筱平, 杨再. 2002. 草原沙漠化与沙尘暴. 家畜生态学报, 23(3): 61.
孙永刚. 2007. 西辽河上游科尔沁沙地环境演变与红山文化经济模式分析. 辽宁师范大学学报: 社会科学版, 30(1): 121-123.
孙周勇, 邵晶, 邵安定, 等. 2013. 陕西神木县石峁遗址. 考古, (7): 15-24.
孙周勇, 邵晶, 赵向辉, 等. 2018. 陕西榆林寨峁梁遗址 2014 年度发掘简报. 考古与文物, (1): 3-16.
索秀芬, 李少兵. 2011. 红山文化研究. 考古学报, (3): 301-326.
谭其骧. 1991. 简明中国历史地图集. 北京: 中国地图出版社.
唐雯雯. 2019. 中国北方地区史前城址研究. 石家庄: 河北师范大学.
滕海键. 2005. 也论富河文化经济形态. 赤峰学院学报: 汉文哲学社会科学版, 26(4): 22-23.
提什金, 张良仁, 牧金山. 2017. 阿尔泰的古代游牧民族. 大众考古, 7: 74-85.
田广金. 1976. 桃红巴拉的匈奴墓. 考古学报, (1): 18.
田广金, 郭素新. 2005. 北方文化与匈奴文明. 南京: 江苏教育出版社.
田卫疆. 2001. 正确阐明新疆历史. 乌鲁木齐: 新疆人民出版社.
仝涛, 孟柯, 毛玉林, 等. 2020. 青海乌兰县泉沟一号墓发掘简报. 考古, (8): 19-37.
杔格. 2021. 柴达木对中国意味着什么. 中学生百科, (12): 30-32.
万辛. 2019. 宋代的青海道. 西安: 陕西师范大学.
汪英华, 孙祖栋, 单明超, 等. 2020. 内蒙古扎赉诺尔蘑菇山北遗址 2019 年调查报告. 人类学学报, 39(2): 173-182.
王柏灵. 2004. 匈奴史话. 西安: 陕西人民出版社.
王聪延. 2021. 解忧公主在西域及其历史奉献. 兵团党校学报, (4): 102-108.
王洪娇. 2016. 秦汉时期鄂尔多斯高原城镇体系研究. 兰州: 兰州大学.
王建新. 2013. 丝绸之路的历史与重建新丝绸之路. 西安: "中国梦: 道路・精神・力量"——陕西省社科界第七届(2013)学术年会.
王金秋. 2001. 谈二里头遗址出土的铜牌饰. 中原文物, (3): 18-20.
王霖. 2005. 地球揭秘之谜. 长春: 吉林大学出版社.
王琳, 武虹, 贾鑫. 2016. 西辽河地区史前聚落的时空演变与生业模式和气候历史的相关性研究. 地球科学进展, 31(11): 1159-1171.
王美涵. 1991. 税收大辞典. 沈阳: 辽宁人民出版社.
王乃昂, 赵强, 胡刚, 等. 2003. 近 2 ka 河西走廊及毗邻地区沙漠化过程的气候与人文背景. 中国沙漠, (1): 97-102.
王鹏. 2020. 中国青铜时代的欧亚草原背景. 读书, 2020(10): 10.
王绍东, 郑方圆. 2015. 论秦直道是昭君出塞的最可能路线. 商丘师范学院学报, 31(4): 58-61.
王守春. 2000. 10 世纪末西辽河流域沙漠化的突进及其原因. 中国沙漠, 20(3): 238-242.
王巍. 2016. 汉代以前的丝绸之路——考古所见欧亚大陆早期文化交流. 中国社会科学报, 2016-1-12.
王炜林, 马明志. 2006. 陕北新石器时代石城聚落的发现与初步研究. 中国社会科学院古代文明研究中心通讯, 11: 40-41.

王炜林，马明志. 2007. 陕西省吴堡县关胡疙瘩新石器时代遗址//中国考古学会. 中国考古学年鉴. 北京：文物出版社.
王炜林，马明志. 2009. 横山县拓家峁寨山新石器时代遗址//中国考古学会. 中国考古学年鉴. 北京：文物出版社.
王炜林，马明志，杜林渊. 2005. 陕西吴堡县后寨子峁遗址发现庙底沟二期至龙山早期遗存. 中国文物报, 2005-9-21(1).
王巍. 2014. 中国考古学大辞典. 上海：上海辞书出版社.
王文光，段红云. 1997. 中国古代的民族识别. 昆明：云南大学出版社.
王熙章，李红燕. 1994. 利用TM资料测量毛乌素沙地面积的方法和结果. 遥感技术与应用，(1): 42-47.
王小庆. 2006. 赵宝沟遗址出土石器的微痕研究——兼论赵宝沟文化的生业形态. 考古学集刊, 16: 124-150.
王泽庆. 1973. 库伦旗一号辽墓壁画初探. 文物, (8): 30-35, 73-78.
王震中. 2018. 从华夏民族形成于中原论“何以中国”. 信阳师范学院学报：哲学社会科学版, 38(2): 1-5.
王宗维. 1984. 张骞出使西域的路线. 西北大学学报：哲学社会科学版, (4): 41-47.
魏坚. 2000. 试论永兴店文化. 文物, (9): 64-68.
魏文寿，刘明哲. 2000. 古尔班通古特沙漠现代沙漠环境与气候变化. 中国沙漠, (2): 178-184.
温锐林，肖举乐，常志刚，等. 2010. 全新世呼伦湖区植被和气候变化的孢粉记录. 第四纪研究, 30(6): 1105-1115.
乌恩岳斯图. 2007. 北方草原考古学文化研究——青铜时代至早期铁器时代. 北京：科学出版社.
乌恩岳斯图. 2008. 北方草原考古学文化比较研究：青铜时代至早期匈奴时期. 北京：科学出版社.
巫新华. 2019. 塔克拉玛干沙漠腹地南部区域新发现的斯皮尔古城情况综述. 新疆艺术：汉文, 2: 4-12.
吴焯. 1992. 佛教东传与中国佛教艺术. 杭州：浙江人民出版社.
吴福环. 2009. 新疆的历史及民族与宗教. 北京：民族出版社.
吴吉春，盛煜，赵林，等. 2018. Characteristics and implication of sand-wedges in Qaidam Basin, Northeast Qinghai-Tibetan Plateau. 第四纪研究, 38(1): 86-96.
吴礽骧. 1990. 河西汉塞. 文物, (2): 45-60.
吴汝祥. 1963. 青海都兰县诺木洪搭里他里哈遗址调查与试掘. 考古学报, (1): 17-44.
吴正. 1991. 浅议我国北方地区的沙漠化问题. 地理学报, 46(3): 266-276.
吴正. 1995. 中国的沙漠. 北京：商务印书馆.
吴正. 2009. 中国沙漠及其治理. 北京：科学出版社.
武沐. 2009. 甘肃通史•明清卷. 兰州：甘肃人民出版社.
席永杰，滕海键，季静. 2011. 夏家店下层文化研究述论. 赤峰学院学报：汉文哲学社会科学版, 32(5): 1-2.
夏雷鸣. 2005. 罗布泊小河墓地考古发掘的重要收获. 新疆社会科学信息, (5): 30-31.
夏倩倩，张峰. 2016. 塔克拉玛干沙漠腹地克里雅河尾闾圆沙三角洲AMS ^{14}C年代学测定及相关历史地理问题刍议. 第四纪研究, 36(5): 1280-1292.
夏正楷，邓辉，武弘麟. 2000. 内蒙西拉木伦河流域考古文化演变的地貌背景分析. 地理学报, 55(3): 329-336.
谢端琚. 2002. 甘青地区史前考古. 北京：文物出版社.
谢继胜. 2002. 西夏藏传绘画：黑水城出土西夏唐卡研究（彩版图集）. 石家庄：河北教育出版社.
谢文全，张兴国，潘晓芳. 2021. 1995-2015年中国耕地时空演变特征研究. 信阳师范学院学报（自然科学版）, 34(2): 242-247.
解缙，姚广孝，等. 2009. 永乐大典. 北京：大众文艺出版社.
解生才. 2017. 草原王国吐谷浑伏俟城. 中国土族, 3: 36-47.
心海法师. 2011. 大唐玄奘. 北京：文化艺术出版社.
新疆对外文化交流协会. 1992. 新疆概况. 乌鲁木齐：新疆人民出版社.
新疆社会科学院民族研究所. 1980. 新疆简史. 乌鲁木齐：新疆人民出版社.
新疆文物考古研究所. 2013. 新疆萨恩萨伊墓地. 北京：文物出版社.
徐朗. 2020. “丝绸之路”概念的提出与拓展. 西域研究, (1): 140-151.
徐苹芳. 2012. 中国历史考古学论集. 上海：上海古籍出版社.
徐旺生. 2005. 中国家水牛的起源问题研究（上）. 四川畜牧兽医, 32(5): 1.
徐雪强，张萍. 2018. 唐代丝绸之路东中段交通线路数据集(618-907年). 中国科学数据：中英文网络版, 3(3): 7.
许清海，杨振京，崔之久，等. 2002. 赤峰地区孢粉分析与先人生活环境初探. 地理科学, 22(4): 453-457.
许新国. 2001. 寻找遗失的“王国”——都兰古墓的发现与发掘. 柴达木开发研究, 2: 66-70.
许新国. 2004. 郭里木吐蕃墓葬棺版画（上）. 柴达木开发研究, (2): 32-33.
闫璘，王俐茹. 2019. 西海郡故城新莽钱范与流通货币考论. 中国钱币, (4): 17-24.
闫延亮. 2012. 河西史探. 兰州：甘肃人民出版社.
严文明. 2011. 中华文明的始原. 北京：文物出版社.
杨春. 2007. 内蒙古西岔遗址动物遗存研究. 长春：吉林大学.
杨富学. 2017. 河西考古学文化与月氏乌孙之关系. 丝绸之路研究集刊, (1): 29-45, 347.
杨建华. 2009. 中国北方东周时期两种文化遗存辨析——兼论戎狄与胡的关系. 考古学报, (2): 155-184.
杨巨平. 2007. 亚历山大东征与丝绸之路开通. 历史研究, (4): 150-161.

杨利普. 1987. 新疆综合自然区划概要. 北京: 科学出版社.
杨利普. 1989. 新疆维吾尔自治区地理. 乌鲁木齐: 新疆人民出版社.
杨萍. 2015. 中国东部沙区全新世砂质古土壤与古气候变化. 杭州: 浙江师范大学.
杨小平, 杜金花, 梁鹏, 等. 2021. 晚更新世以来塔克拉玛干沙漠中部地区的环境演变. 科学通报, 66 (24): 3205-3218.
杨谊时, 张山佳, Oldknow C, 等. 2019. 河西走廊史前文化年代的完善及其对重新评估人与环境关系的启示. 中国科学: 地球科学, 49(12): 2037-2050.
杨泽蒙. 1997. 内蒙古凉城县王墓山坡上遗址发掘纪要. 考古, (4): 18-25.
杨泽蒙, 胡延春, 李兴盛. 1990. 内蒙古包头市西园新石器时代遗址发掘简报. 考古, (4): 9-20, 27.
姚正毅, 王涛, 周俐, 等. 2006. 近 40 年阿拉善高原大风天气时空分布特征. 干旱区地理, 29(2): 6.
叶笃正. 2004. 需要精心呵护的气候. 广州: 暨南大学出版社.
叶林生. 2002. “华夏族”正义. 民族研究, (6): 60-66.
叶万松. 2011. 中国文明起源“原生型”辩正. 中原文物, (2): 10-34.
叶玉梅. 1994. 元代青藏麝香之路上的纸币——青海柴达木盆地出土的元钞. 青海民族研究, (2): 51-54.
伊本•赫勒敦. 2015. 历史绪论. 银川: 宁夏人民出版社.
佚名. 1984. 陇右稀见方志三种. 上海: 上海书店出版社.
易漫白. 1981. 新疆克尔木齐古墓群发掘简报. 文物, 1: 23-32.
雍际春. 2015. 丝绸之路历史沿革. 西安: 三秦出版社.
尤悦, 王建新, 赵欣, 等. 2014. 新疆石人子沟遗址出土双峰驼的动物考古学研究. 第四纪研究, 31(1): 173-186.
尤悦, 于建军, 陈相龙, 等. 2017. 早期铁器时代游牧人群用马策略初探——以新疆喀拉苏墓地 M15 随葬马匹的动物考古学研究为例. 西域研究, (4): 99-111.
于昊申. 2021. 小河西文化生业模式初探. 农业考古, (1): 17-24.
于建军. 2021. 文脉流传数万年——新疆吉木乃县通天洞遗址考古发掘收获. 文物天地, (7): 7.
余骏陲. 1993. 历史在诉说——昌吉历史遗址与文物. 乌鲁木齐: 新疆青少年出版社.
袁国映. 2008. 荒漠中的风滚草. 北方音乐, (1): 1.
袁建民. 2020. 简述阿拉善旧新石器的演变. 科技风, 406(2): 204.
袁靖. 2007. 动物考古学揭密古代人类和动物的相互关系. 西部考古, 1: 82-95.
袁靖. 2015. 中国动物考古学. 北京: 文物出版社.
袁黎明. 2009. 简论唐代丝绸之路的前后期变化. 丝绸之路, (6): 57-61.
苑振宇. 2014. 基于空间点模式方法的城市商业网点空间特征研究. 南京: 南京大学.
约翰•弗雷德里克•巴德利. 1981. 俄国•蒙古•中国. 吴持哲, 吴有刚译. 上海: 商务印书馆.
曾永年, 冯兆东, 曹广超. 2003. 末次冰期以来柴达木盆地沙漠形成与演化. 地理学报, 58(3): 452-457.
张柏忠. 1991. 北魏至金代科尔沁沙地的变迁. 中国沙漠, (01): 39-46.
张达, 周宏伟, 黄天锋, 等. 2020. 湖南省历史早期聚落遗址时空分布特征及其影响因素. 山地学报, 38(05): 763-775.
张光直. 2013. 中国考古学论文集. 北京：三联书店.
张海. 2014. GIS 与考古学空间分析. 北京: 北京大学出版社.
张杰, 潘晓玲. 2010. 天山北麓山地-绿洲-荒漠生态系统净初级生产力空间分布格局及其季节变化. 干旱区地理, 33: 78-86.
张莉, 韩光辉, 阎东凯. 2004. 近 300 年来新疆三屯河与呼图壁河水系变迁研究. 北京大学学报（自然科学版）, 40(6): 957-970.
张琦. 2017. 红山文化中的玉雕发展. 文艺生活, (1): 25.
张全超, 朱泓. 2011. 新疆古墓沟墓地人骨的稳定同位素分析——早期罗布泊先民饮食结构初探. 西域研究, 3: 91-96.
张全超, 朱泓, 胡耀武, 等. 2006. 内蒙古和林格尔县新店子墓地古代居民的食谱分析. 文物, 1: 87-91.
张山佳, 董广辉. 2017. 青藏高原东北部青铜时代中晚期人类对不同海拔环境的适应策略探讨. 第四纪研究, (37): 708.
张昕煜, 魏东, 吴勇, 等. 2016. 新疆下坂地墓地人骨的 C, N 稳定同位素分析: 3500 年前东西方文化交流的启示. 科学通报, 61: 3509-3519.
张旭. 2020. 内蒙古中南部先秦两汉时期人群龋病与生业模式初探. 农业考古, 1: 7-15.
张雪莲, 仇士华, 张君, 等. 2014. 新疆多岗墓地出土人骨的碳氮稳定同位素分析. 南方文物, 3: 79-91.
张雪莲, 张君, 李志鹏, 等. 2015. 甘肃张掖市西城驿遗址先民食物状况的初步分析. 考古, (7): 110-120.
张杨军, 王世军, 周剑, 等. 2009. 陕西横山县瓦窑渠寨山遗址发掘简报. 考古与文物, (5): 11-17.
张正明. 1983. 先秦的民族结构、民族关系和民族思想——兼论楚人在其中的地位和作用. 民族研究, (5): 1-12.
张之恒. 2004. 中国新石器时代考古. 南京: 南京大学出版社.
张之恒. 2015. 民族融合是中国历史上民族关系的主流//史海侦迹——庆祝孟世凯先生七十岁文集. 北京: 新世界出版社.
张志坤. 1995. 张骞出使西域路线辨正. 中国人民大学学报, (3): 84-86.
章夫. 2017. 沙漠深处, 种植着不朽的印第安文明. 看历史, 1: 101-107.
赵尔巽. 1997. 清史稿. 北京: 中华书局.
赵哈林, 赵学勇, 张铜会, 等. 2003. 科尔沁沙地沙漠化过程及其恢复机理. 北京: 海洋出版社.

赵洪联. 2013. 中国方技史. 上海: 上海人民出版社.
赵慧颖. 2007. 呼伦贝尔沙地45年来气候变化及其对生态环境的影响. 生态学杂志, 11: 1817-1821.
赵森. 2016. 唐前期河西城镇分布体系研究. 兰州: 西北民族大学.
赵勇, 何清, 霍文. 2010. 库姆塔格沙漠周边气候变化特征分析. 干旱气象, 28(3): 291-296.
赵越. 2001. 论哈克文化. 草原文物, (1): 64.
赵志军. 2014. 中国古代农业的形成过程——浮选出土植物遗存证据. 第四纪研究, 34(1): 73-84.
赵志军, 赵朝洪, 郁金城, 等. 2020. 北京东胡林遗址植物遗存浮选结果及分析. 考古, (7): 8.
郑淑蕙. 1986. 稳定同位素地球化学分析. 北京: 北京大学出版社.
郑玉峰, 焦志荣, 于泽民. 2015. 毛乌素沙地气候分析及沙地面积变化. 环境与发展, 27(5): 19-21.
中国公路交通史编审委员会. 1990. 中国公路运输史. 北京: 人民交通出版社.
中国国务院新闻办公室. 2003. 新疆的历史与发展. 北京: 人民出版社.
中国黑戈壁地区生态本底科学考察队. 2014. 中国黑戈壁研究. 北京: 科学出版社.
中国科学院考古研究所. 1996. 大甸子: 夏家店下层文化遗址与墓地发掘报告. 北京: 科学出版社.
中国科学院兰州沙漠研究所. 1980. 塔克拉玛干沙漠风沙地貌图. 北京：地图出版社.
中国人民政治协商会议昌吉回族自治州委员会文史资料研究委员会. 1984. 昌吉文史资料选辑 第1辑（内部资料）.
中国社会科学院考古研究所. 1983. 中国考古学中碳十四年代数据集(1965-1981). 北京: 文物出版社.
中国社会科学院考古研究所. 1992. 中国考古学中碳十四年代数据集(1965-1991). 北京: 文物出版社.
钟金城. 1996. 牦牛遗传与育种. 成都: 四川科学技术出版社.
周德广, 李瑛. 1996. 河西走廊多古城. 丝绸之路, (3): 25-27.
周伟洲. 1985. 吐谷浑史. 银川: 宁夏人民出版社.
周亚利, 鹿化煜, 苗晓东. 2008. 浑善达克沙地的光释光年代序列与全新世气候变化. 中国科学: D辑, 38(4): 452-462.
朱建军. 2020. 青海都兰古墓葬遗址新获文物调查与研究. 兰州大学学报（社会科学版）, 48(2): 83-89.
朱金峰, 王乃昂, 陈红宝, 等. 2010. 基于遥感的巴丹吉林沙漠范围与面积分析. 地理科学进展, 29(9): 1087-1094.
朱俊凤, 朱震达. 1999. 中国沙漠化防治. 北京：中国林业出版社.
朱强盛. 2016. 甘青地区早期文明进程研究. 兰州: 西北民族大学.
朱晓明. 2016. 西北军魂——第一兵团传奇. 党史博采，1: 27-32.
朱永刚, 吉平. 2012. 探索内蒙古科尔沁地区史前文明的重大考古新发现——哈民忙哈遗址发掘的主要收获与学术意义. 吉林大学社会科学学报, (4): 84-88.
朱震达. 1989. 中国的沙漠化及其治理. 北京: 科学出版社.
朱震达, 吴正, 刘恕, 等. 1980. 中国沙漠概论. 北京: 科学出版社.
朱之勇, 张鑫荣, 刘冯军, 等. 2020. 新疆骆驼石遗址石制品研究. 西域研究, (3): 55-64.
左淑正. 2010. 最坚强的生物. 奇闻怪事, 2(2): 7.
Agnieszka H W. 2016. More than meets the eye: fibre and paper analysis of the Chinese manuscripts from the Silk Roads. Science and Technology of Archaeological Research, 2: 127-140.
Anthony D W, Brown D R. 1991. The origins of horseback riding. Antiquity, 246: 22-38.
Arbuckle B S, Öztan A, Gülcur S. 2009. The evolution of sheep and goat husbandry in central Anatolia. Anthropozoologica, 44(1): 129-157.
Atahan P, Dodson J, Li X, et al. 2014. Temporal trends in millet consumption in northern China. Journal of Archaeological Science, 50: 171-177.
Badr A, Muller K, Schafer-Pregl R, et al. 2000. On the origin and domestication history of barley (Hordeum vulgare). Molecular Biology and Evolution, 17(4): 499-510.
Beja-Pereira A, England P R, Ferrand N, et al. 2004. African origins of the domestic donkey. Science, 304: 1781.
Bonani G, Ivy S D, Hajdas I, et al. 1994. AMS ^{14}C age determinations of tissue, bone, and grass samples from the Otztal Ice Man. Radiocarbon, 36(2): 247-250.
Bradley D G, Loftus R T, Cunningham P, et al. 1998. Genetics and domestic cattle origins. Evolutionary Anthropology Issues News & Reviews, 6(3): 79-86.
Bristow C S, Hudson - Edwards K A, Chappell A. 2010. Fertilizing the Amazon and equatorial Atlantic with West African dust. Geophysical Research Letters, 37(14): L14807.
Brown D R, Anthony D W. 1998. Bit wear horseback riding and the Botai site in Kazakstan. Journal Archaeological Science, 25: 331-347.
Chai Z, Xin J, Zhang C，et al. 2020. Whole-genome resequencing provides insights into the evolution and divergence of the native domestic yaks of the Qinghai–Tibet Plateau. BMC Evolutionary Biology, 20: 137.
Chen F, Yu Z, Yang M, et al. 2008. Holocene moisture evolution in arid central Asia and its out-of-phase relationship with Asian monsoon history. Quaternary Science Reviews, 27(3-4): 351-364.
Chen F, Xu Q, Chen J, et al. 2015a. East Asian summer monsoon precipitation variability since the last deglaciation. Sciencetific Reports, 5: 11186.

Chen F, Dong G, Zhang D, et al. 2015b. Agriculture facilitated permanent human occupation of the Tibetan Plateau after 3600 BP. Science, 347: 248-250.

Chessa B, Pereira F, Arnaud F, et al. 2009. Revealing the history of sheep domestication using retrovirus integrations. Science, 324: 532-536.

Cucchi T, Hulme-Beaman A, Yuan J, et al. 2011. Early Neolithic pig domestication at Jiahu, Henan Province, China: clues from molar shape analyses using geometric morphometric approaches. Journal of Archaeological Science, 38 (1): 11-22.

Daly K G, Delser P M, Mullin V, et al. 2018. Ancient goat genomes reveal mosaic domestication in the Fertile Crescent. Science, 361, 85-88.

Damgaard P B, Martiniano R, Kamm J, et al. 2018. The first horse herders and the impact of early Bronze Age steppe expansions into Asia. Science, 360: 1-9.

Diamond J. 1999. Guns, germs, and steel: The fates of human societies. New York: WW Norton & Company.

Dong G H, Wang Z L, Ren L L, et al. 2014. A comparative study of radiocarbon dating charcoal and charred seeds from the same flotation samples in the Late Neolithic and Bronze Age sites in the Gansu and Qinghai provinces, northwest China. Radiocarbon, 56: 157-163.

Dong G, Ren L, Jia X, et al. 2016. Chronology and subsistence strategy of Nuomuhong Culture in the Tibetan Plateau. Quaternary International, 426: 42-49.

Dong G, Li T, Zhang S, et al. 2021. Precipitation in surrounding mountains instead of lowlands facilitated the prosperity of ancient civilizations in the eastern Qaidam Basin of the Tibetan Plateau. Catena, 203: 105318.

Elizabeth P. 2018. Ancient DNA upends the horse family tree. Science, doi: 10. 1126/science. aat3998.

Frachetti M D, Spengler R, Fritz G, et al. 2010. Earliest Direct Evidence for Broomcorn Millet and Wheat in the Central Eurasian Steppe Region. Antiquity, 84: 993-1010.

Fuller D Q, Qin L, Zheng Y, et al. 2009. The domestication process and domestication rate in rice: spikelet bases from the Lower Yangtze. Science, 323 : 1607-1610.

Gaunitz C, Fages A, Hanghj K, et al. 2018. Ancient genomes revisit the ancestry of domestic and Przewalski's horses. Science, 360: 111-114.

Gualtieri M. 1987. Urbanization Fortifications and Settlement Organization: an example from Pre-Roman Italy. World Archaeology, 19(1): 30-46.

Han W, Li S, Appel E, et al. 2019. Dust Storm Outbreak in Central Asia After ~3. 5 kyr BP. Geophysical Research Letters, 46(13): 7624-7633.

Haug G, Ganopolski A, Sigman D, et al. 2005. The seasonal cycle in North Pacific sea surface temperature and the glaciation of North America 2. 7 million years ago. Nature, 433: 821-825.

Heun M, Schäferpregl R, Klawan D, et al. 1997. Site of einkorn wheat domestication identified by DNA fingerprinting. Science, 278: 1312-1314.

Houle J L. 2010. Emergent Complexity on the Mongolian Steppe: Mobility, Territoriality, and the Development of Early Nomadic Polities. Pittsburgh: University of Pittsburgh.

Jia Xin, Sun Yonggang, Wang Lin, et al. 2016. The transition of human subsistence strategies in relation to climate change during the Bronze Age in the West Liao River Basin, Northeast China. The Holocene, 26(5): 781-789.

Jovanović S J, Savić M S, Trailović R D, et al. 2004. Evaluation of the domestication process in Serbia: domestication of neolithic cattle. Acta Veterinaria, 54(5-6): 1-5.

Keller, A, Graefen A, Ball M, et al. 2012. New insights into the Tyrolean Iceman's origin and phenotype as inferred by whole-genome sequencing. Nature Communication, 3: 698.

Keyser C, Bouakaze C, Crubézy E, et al. 2009. Ancient DNA provides new insights into the history of south Siberian Kurgan people. Human Genetics, 126(3): 395-410.

Koryakova L, Epimakhov A. 2007. The Urals and western Siberia in the Bronze and Iron Ages. Cambridge: Cambridge University Press.

Krzewińska M, Kılınç G M, Juras A, et al. 2018. Ancient genomes suggest the eastern Pontic-Caspian steppe as the source of western Iron Age nomads. Science Advances, 4: eaat4457.

Kuzmina E E. 2007. The Origin of the Indo-Iranians. Boston: Brill.

Kuzmina E E. 2008. The Prehistory of the Silk Road. Philadelphia: University of Pennsylvania Press.

Larsen H, Saunders A, Clift P, et al. 1994. Seven Million Years of Glaciation in Greenland. Science, 264: 952-955.

Levy T E. 1983. The emergence of specialized pastoralism in the Southern Levant. World Archaeology, 15(1): 15-36.

Li X, Zhou J, Shen J, et al. 2004. Vegetation history and climatic variations during the last 14 ka BP inferred from a pollen record at Daihai Lake, north-central China. Review of Palaeobotany and Palynology, 132(3-4): 195-205.

Librado P, Khan N, Fages A, et al. 2021. The origins and spread of domestic horses from the Western Eurasian steppes. Nature, 598: 634-640.

Liu L, Lee G A, Jiang L, et al. 2007. Evidence for the early beginning (c. 9000 cal. BP) of rice domestication in China: a response. The Holocene, 17(8): 1059-1068.

Liu F, Li H, Cui Y, et al. 2019. Chronology and Plant Utilization from the Earliest Walled Settlement in the Hexi Corridor, Northwestern China. Radiocarbon, 61(4): 971-989.

Loftus R T, Machugh D E, Bradley D G, et al. 1994. Evidence for two independent domestications of cattle. Proceedings of the National Academy of Sciences of the United States of America, 91(7): 2757-2761.

Long T W, Wagner M, Demske D, et al. 2016. Cannabis in Eurasia: Origin of human use and Bronze Age transcontinental connections. Veget Hist Archaeobot, 26: 245-258.

Lu H, Zhang J, Liu K B, et al. 2009. Earliest domestication of common millet(Panicum miliaceum) in East Asia extended to 10, 000 years ago. Proceedings of the National Academy of Sciences of the United States of America, 106(18): 7367-7372.

Marshall F B, Dobney K, Denham T, et al. 2014. Evaluating the roles of directed breeding and gene flow in animal domestication. Proceedings of the National Academy of Sciences, 111(17): 6153-6158.

Mikhaylov N I, Owen L. 1999. Encyclopædia Britannica. https://www.britannica.com/place/Altai- Mountains.

Ning C, Li T, Wang K, et al. 2020. Supplementary Information Ancient genomes from northern China suggest links between subsistence changes and human migration. Nature Communications, https: //doi. org/10. 1038/s41467-020-16557-2.

Ning T, Li J, Lin K, et al. 2014. Complex evolutionary patterns revealed by mitochondrial genomes of the domestic horse. Current Molecular Medicine, 14: 1286-1298.

O'Leary M H. 1998. Carbon isotopes in photosynthesis. Bioscience, 328-336.

Outram A, Stear A, Bendrey R, et al. 2009. The earliest horse harnessing and milking. Science, 323: 1332-1335.

Peters J, Driesch A V D. 1997. The two-humped camel (*Camelus bactrianus*): new light on its distribution, management and medical treatment in the past. Journal of Zoology, 242: 651-679.

Petraglia M D, Crassard R, Boivin N. 2017. Human dispersal and species movement: from prehistory to the present. Cambridge: Cambridge University Press.

Piperno D R, Flannery K V. 2001. The earliest archaeological maize (*Zea mays* L.) from highland Mexico: new accelerator mass spectrometry dates and their implications. Proceedings of the National Academy of Sciences of the United States of America, 98 (4): 2101-2103.

Pitt D, Sevane N, Nicolazzi E L et al. 2018. Domestication of cattle: two or three events? Evolutionary Applications, 12(1), DOI: 10. 1111/eva. 12674.

Poliakov A V, Svyatko S V, Stepanova N F. 2019. A review of the radiocarbon dates for the Afanasyevo Culture (Central Asia): Shifting towards the "shorter" chronology. Radiocarbon, 61(1): 243-263.

Qu Y T, Hu Y W, Rao H Y, et al. 2017. Diverse lifestyles and populations in the Xiaohe culture of the Lop Nur region, Xinjiang, China. Archaeological & Anthropological Sciences, 10: 2005-2014.

Reitz E J, Wing E S. 2008. Zooarchaeology (2nd edition). Cambridge: Cambridge University Press.

Riehl S, Zeidi M, Conard N J. 2013. Emergence of agriculture in the foothills of the Zagros mountains of Iran. Science, 341: 65-67.

Rossel S, Marshall F, Peters J, et al. 2008. Domestication of the donkey: Timing, processes, and indicators. Proceedings of the National Academy of Sciences, 105 (10): 3715-3720.

Saey T H . 2014. 3 Old humans reveal secrets. Science News, 186(13): 17.

Sage R F, Wedin D A. 1999. The Biogeography of C_4 Photosynthesis: Patterns and Controlling Factors. C4 Plant Biology: 313-373.

Scott G A J. 1995. Canada's Vegetation: A World Perspective. Montreal: McGill-Queen's University Press.

Skoglund P, Ersmark E, Palkopoulou E, et al. 2015. Ancient wolf genome reveals an early divergence of domestic dog ancestors and admixture into high-latitude breeds. Current Biology, 25 (11): 1515-1519.

Spengler R, Frachetti M, Doumani P, et al. 2014a. Early Agriculture and crop transmission among Bronze Age mobile pastoralists of Central Eurasia. Proceding of the Royal Society B, 281: 1-7.

Spengler R, Frachetti M, Doumani P N. 2014b. Late Bronze Age Agriculture at Tasbas in the Dzhungar Mountains of Eastern Kazakhstan. Quaternary International, 348: 147-157.

Sun T, Wang S, Chanthakhoun V, et al. 2020. Multiple domestication of swamp buffalo in China and South East Asiaa. Journal of Animal Breeding and Genetics, 137: 331-340.

Svyatko S V, Mallory J P, Murphy E M, et al. 2009. New radiocarbon dates and a review of the chronology of prehistoric populations from the Minusinsk Basin, southern Siberia, Russia. Radiocarbon, 51(1): 243-273.

Tanto K, Willcox G. 2006. How fast was wild wheat domesticated. Science, 311: 1886.

Taylor W, Pruvost M, Posth C, et al. 2021. Evidence for early dispersal of domestic sheep into Central Asia. Nature Human Behaviour, 5: 1-11.

Vigne J D, Zazzo A, Saliège J F, et al. 2009. Pre-Neolithic wild boar management and introduction to Cyprus more than 11, 400 years ago. Proceedings of the National Academy of Sciences, 106(38): 16135-16138.

Vila C, Leonard A, Gotherstrom A, et al. 2001. Widespread origins of domestic horse lineages. Science, 291: 474-477.

Waelbroeck C, Labeyrie L, Michel E, et al. 2002. Sea-level and deep water temperature changes derived from benthic foraminifera isotopic records. Quaternary Science Reviews, 21(1): 295-305.

Wang T T, Fuller B T, Wei D, et al. 2016. Investigating dietary patterns with stable isotope ratios of collagen and starch grain analysis of dental calculus at the Iron Age cemetery site of Heigouliang, Xinjiang, China. International Journal of Osteoarchaeology, 26: 693-704.

Wang W, Liu Y, Duan F, et al. 2020. A comprehensive investigation of Bronze Age human dietary strategies from different altitudinal environments in the Inner Asian Mountain Corridor. Journal of Archaeological Science, 121: 105201.

Warmuth V, Eriksson A, Bower M A, et al. 2012. Reconstructing the origin and spread of horse domestication in the Eurasian steppe. Proceedings of the National Academy of the Sciences of the United States of America, 109(21): 8202-8206.

Wen R, Xiao J, Chang Z, et al. 2010. Holocene precipitation and temperature variations in the East Asian monsoonal margin from pollen data from Hulun Lake in northeastern Inner Mongolia, China. Boreas, 39: 262-272.

Xiao J L, Xu Q H, Nakamura T, et al. 2004. Holocene vegetation variation in the Daihai Lake region of north-central China: a direct indication of the Asian monsoon climatic history. Quaternary Science Reviews, 23: 1669-1679.

Xu Z, Zhang F, Xu B, et al. 2008. Mitochondrial DNA evidence for a diversified origin of workers building mausoleum for first emperor of China. PLoS ONE, 3(10): e3275.

Yang X, Wan Z, Perry L, et al. 2012. Early millet use in northern China. Proceedings of the National Academy of Sciences, 109(10): 3726-3730.

Zaitseva G I, van Geel, Bokovenko N A, et al. 2004. Chronology and possible links between climatic and cultural change during the first millennium BC in Southern Siberia and Central Asia. Radiocarbon, 46(1): 259-276.

Zeder M A. 2008. Domestication and early agriculture in the mediterranean basin: origins, diffusion, and impact. Proceedings of the National Academy of Sciences of the United States of America, 105(33): 11597-11604.

Zeder M A. 2011. The origins of agriculture in the Near East. Current Anthropology, 52(S4): S221-S235.

Zeder M A, Hesse B. 2000. The initial domestication of goats (capra hircus) in the Zagros Mountains 10, 000 years ago. Science, 287: 2254-2257.

Zhang F, Ning C, Scott A, et al. 2021. The genomic origins of the Bronze Age Tarim Basin mummies. Nature, 599: 256-261.

Zhang G, Liu X, Quan Z, et al. 2012. Genome sequence of foxtail millet (Setaria italica) provides insights into grass evolution and biofuel potentia. Nature Biotechnology, 30(6): 549-554.

Zhang H, Paijmans L A, Chang F, et al. 2013. Morphological and genetic evidence for early Holocene cattle management in northeastern China. Nature Communications, 4(7): 2755.

Zhang M, Fu Q . 2020. Human evolutionary history in Eastern Eurasia using insights from ancient DNA. Current Opinion in Genetics & Development, 62: 78-84.

Zhou X, Yu J, Spengler R N, et al. 2020. 5200-year-old cereal grains from the eastern Altai Mountains redate the trans-Eurasian crop exchange. Nature Plants, 6(2)78-87.

后　记

中国沙漠带对大众来说是一个熟悉而陌生的区域，说熟悉是因为我们每个人在孩提时代就从雄奇狂放的边塞诗中感受过大漠的风尘，说陌生是因为我们多数人都没有去沙漠带大大小小的十数个沙漠（沙地）实地考察过。关于沙漠带的话题，绕不开这里的人类活动。相对于草原和农耕区来说，沙漠环境自有其特色，而这里的人类活动也和草原和农耕区不同，如何正确认识这里的人类活动，是一个值得深入研究的领域。2017 年，在科技基础资源调查专项的支持下，我负责其中的“中国沙漠及其毗邻地区人类活动遗迹调查”课题，得以专注于中国沙漠带的人类活动遗迹调查，一窥中国沙漠带的人类活动的全貌。

调查的过程也是一个学习的过程，我此前也曾经在几个沙漠中做过研究，但都没有像这次一样系统、广泛、深入。通过调查，我认识到了中国沙漠地理特征的多样性，体会到了中国沙漠文化面貌的多元性，感悟到了中国沙漠在文明互鉴中的重要性，理解了中国沙漠在华夏历史上的不可替代性。是的，是不可替代，沙漠带是农耕带与草原带的连接带与过渡带，但又有区别。试想一下，如果沙漠消失，代之以广袤的草原或者农田，那么，发生在中国历史上的农耕与游牧的激烈博弈将会是完全不同的过程，东方文明与外来文明的交流竞争也将会是完全不同的时空面貌。沙漠就像是一个超级过滤器和缓冲器，把来自异域的狂风巨浪化作激越的溪流，使得东西方文明相通而没有相融，这对于人类历史来说是一件幸事，互鉴使得文明更加璀璨辉煌，独立使得文明更加多姿多彩。

中国的沙漠多在交通要道上，这里曾经有剽悍的游牧骑兵隆隆驰过，有森严的汉军甲仗辚辚前行，有恭敬虔诚的僧侣从这里走向心中的佛国，也有仗剑去国的文士曾在此怅望长安的浮云。东西方的交流曾在此结出绚烂的文明之花，穿过时空的层层迷雾，绽放在巍巍雪山之下、漫漫黄沙之中，期待着我们去发掘、去认识。

沙漠带的人类活动遗迹异常丰富，既有大家熟知的大漠古城，也有鲜为人知的地下埋藏。但沙漠环境严酷，加上古今环境的变迁，兼之人为的盗掘等，目前沙漠地区的遗迹普遍面临着严重风蚀或者人为破坏的情况，再过一段时间，许多遗迹将完全消失，后人很难认识沙漠带人类活动的全貌。我们对这里的人类活动遗迹的调查和研究，将为后人留下相对完备的资料。

我从事环境考古工作将近 20 年，但以沙漠地区为聚焦点还是第一次。沙漠地带的工作环境有其特殊性，许多以前的经验在这里并不适用，需要重新探索。例如，在有的沙漠中，盐湖较多，强烈的蒸发导致大量的盐分通过毛细作用上升，使得很多遗物被结晶盐所包裹，在地下水位变化和沙漠地区巨大温差的作用下，遗物逐渐粉化，非常酥脆，对于采样和后期实验处理的要求都非常高。我们通过多年的摸索，总算找到了比较恰当的方法来处理这样的情况。加上疫情的影响，我们这几年一直在满负荷地工作。但通过团队协作，总算获得了比较满意的结果。这本书就是过去多年来的工作中所思所虑的一个小结，更多的是我个人的思想和感悟。

沙漠不仅给人类文明增加了色彩，而且磨砺了我们民族的特质。经历过沙漠风霜洗礼的勇士，都是男儿到死心如铁的铮铮汉子。当他们从这里从容赴戎机的时候，心中是何等的壮怀激烈！遥望先贤，一时多少豪杰！“新栽杨柳三千里，引得春风渡玉关”，一代人杰左宗棠抬棺出征、保我金瓯的壮举，是晚清灰暗的天空中一抹难得的亮色。“风沙霜雪十三年，城郭山川万二千”，张骞深陷异域，却能矢志不渝，“凿空西域”之举为中华文明和世界文明开了新篇！金鼓声已远，车辙今犹存，能够追随无数先贤的脚步，蹚过大漠古道，穿越时空的迷雾与他们对话，幸何如之！谨为记。